人工智能通识课系列教材

# 人工智能通识课基础

主　编◎黄　磊　赵佳荣　胡　祎
副主编◎门雅范　郭　蕊　程雅青　崔磊磊
参　编◎尹顺丽　陈　婧　刘　静　李　曜　张　瑞

电子工业出版社
Publishing House of Electronics Industry
北京·BEIJING

## 内 容 简 介

本书以项目式学习为主线，通过理论与实践相结合的方式，帮助读者全面了解人工智能技术及其应用，培养人工智能素养，提升实践能力。本书内容包括 10 个项目："初识人工智能""AI 与数据处理""与 AI 高效沟通：提示词技巧""内容创作与优化：文心一言的创作魔法""文档处理与优化：WPS 的智能助手""图像设计与创意：WHEE 的魔法画布""阅读理解与辅助：Kimi 的智慧之眼""内容营销与创意：AIGC 技术的营销魔杖""校园助手：私有化大模型推理应用""AIGC 伦理与未来展望"。

本书通过丰富的案例分析、实践操作和小组讨论，不仅能使读者理解人工智能的理论知识，还能培养其解决实际问题的能力，为未来在人工智能时代的学习、工作和生活奠定坚实的基础。

本书可作为职业院校人工智能通识课教材，也可作为人工智能爱好者的参考用书。

未经许可，不得以任何方式复制或抄袭本书之部分或全部内容。
版权所有，侵权必究。

图书在版编目（CIP）数据

人工智能通识课基础 / 黄磊，赵佳荣，胡祎主编.
北京：电子工业出版社，2025. 7. -- ISBN 978-7-121-50565-2

Ⅰ. TP18

中国国家版本馆 CIP 数据核字第 2025HF0928 号

责任编辑：罗美娜　　文字编辑：曹　旭
印　　刷：天津市光明印务有限公司
装　　订：天津市光明印务有限公司
出版发行：电子工业出版社
　　　　　北京市海淀区万寿路 173 信箱　邮编　100036
开　　本：880×1 230　1/16　印张：14.25　字数：310 千字
版　　次：2025 年 7 月第 1 版
印　　次：2025 年 9 月第 4 次印刷
定　　价：49.80 元

凡所购买电子工业出版社图书有缺损问题，请向购买书店调换。若书店售缺，请与本社发行部联系，联系及邮购电话：（010）88254888，88258888。

质量投诉请发邮件至 zlts@phei.com.cn，盗版侵权举报请发邮件至 dbqq@phei.com.cn。
本书咨询联系方式：（010）88254617，luomn@phei.com.cn。

在当今数字化、智能化的时代，人工智能（AI）技术正以前所未有的速度改变着我们的生活方式和工作模式。从虚拟助手到智能客服，从内容创作到数据分析，从智能助手到自动化生产，从个性化推荐到医疗诊断……人工智能的应用已渗透到诸多领域。掌握人工智能的基本知识和应用技能，已成为现代人不可或缺的素养。然而，面对这一技术浪潮，许多人对AI的认知仍停留在表面，缺乏系统化的学习和实践能力。为了帮助读者更好地理解和应用人工智能技术，我们编写了本书，旨在帮助读者系统了解人工智能的核心概念、技术原理及实际应用，培养其运用人工智能工具解决实际问题的能力。本书以项目为导向，通过"初识人工智能""AI与数据处理"等10个项目，循序渐进地引导读者从理论到实践，逐步提升人工智能素养。

本书的每个项目均包含"项目背景""项目分析""相关知识""项目实施""练习与实践"五个部分，注重理论与实践的结合。读者不仅能够学习人工智能的基础知识，还能通过实际操作和小组讨论，深入体验AI技术的魅力，思考其对社会的影响与挑战。

本书的编写团队由人工智能领域的专家和教育工作者组成，内容既注重科学性，又兼顾可读性和实用性。希望通过这本书，能够帮助读者打开人工智能的大门，激发其对技术的兴趣与探索精神，为未来的学习和职业发展做好准备。

人工智能的未来充满无限可能，而学习是通往未来的桥梁。愿每一位读者都能从本书中受益，在人工智能的时代浪潮中提升竞争力，把握机遇，为未来的发展奠定坚实的基础。

为了方便教师教学，本书还配有教学课件、教案和习题答案等，请有此需要的教师登录华信教育资源网免费下载。

由于编者水平有限，书中难免存在不足之处，恳请广大读者提出宝贵意见。

编　者

# 目 录

## 项目 1　初识人工智能 ··· 001

1.1　人工智能的定义与发展历程 ··· 002
1.2　人工智能的分类与应用领域 ··· 005
1.3　人工智能的核心技术解析 ··· 010
1.4　人工智能初体验：通过案例了解 AI 的应用 ··· 017
1.5　人工智能技术的应用实例分析：深入剖析 AI 在各行各业的应用 ··· 030
1.6　实践操作：使用 AI 工具完成简单任务 ··· 037
1.7　小组讨论 ··· 037

## 项目 2　AI 与数据处理 ··· 039

2.1　数据处理的定义 ··· 040
2.2　AI 辅助数据处理的应用场景 ··· 041
2.3　AI 辅助数据处理的常用工具 ··· 042
2.4　AI 辅助数据处理的应用 ··· 043
2.5　实践操作：学生成绩等级评定 ··· 053

## 项目 3　与 AI 高效沟通：提示词技巧 ··· 054

3.1　提示词的定义与元素组成 ··· 055
3.2　提示词的基本编写原则与设计步骤 ··· 056
3.3　提示词在不同场景中的应用 ··· 057
3.4　与 AIGC 进行"角色扮演"：通过对话练习提升沟通技巧 ··· 058

人工智能通识课基础

  3.5 实践操作：用标准化问题"调教"AIGC以提升其响应质量 ························· 072

  3.6 小组讨论：提示词的优化策略及CRISPE框架的应用 ···························· 073

## 项目4 内容创作与优化：文心一言的创作魔法 075

  4.1 AIGC技术简介 ························································································ 076

  4.2 文心一言简介 ·························································································· 077

  4.3 编写活动新闻提示词：通过实例掌握提示词的编写方法 ························· 080

  4.4 自动生成活动新闻稿：体验文心一言的创作能力 ·································· 083

  4.5 实践操作：使用文心一言进行不同类型的内容创作 ······························ 085

  4.6 小组讨论：AIGC技术在工作流程中的应用及其对传统创作方式的影响 ········ 090

## 项目5 文档处理与优化：WPS的智能助手 092

  5.1 WPS AI概述 ··························································································· 094

  5.2 WPS AI功能介绍及其应用场景 ······························································· 095

  5.3 利用WPS AI进行智能化内容创作：提升文档编写效率 ························· 096

  5.4 使用WPS AI的智能表格：简化数据处理与分析过程 ···························· 101

  5.5 通过WPS AI提升演示文稿质量：打造更具吸引力的演示效果 ·············· 105

  5.6 善用WPS AI的PDF阅读功能：轻松实现内容总结与解释翻译 ············ 110

  5.7 实践操作：使用WPS AI进行文档处理与优化 ········································ 113

  5.8 小组讨论：WPS AI在工作流程中的应用及其对传统办公软件的替代性 ········ 122

## 项目6 图像设计与创意：WHEE的魔法画布 124

  6.1 WHEE功能介绍及其在设计领域中的应用 ············································· 126

  6.2 图像生成之使用WHEE制作文创书签：体验AI在图像设计中的高效性 ········ 128

  6.3 使用WHEE进行IP角色形象设计 ························································· 133

  6.4 实践操作：创作主题插画 ········································································ 136

  6.5 小组讨论 ································································································· 137

## 项目7 阅读理解与辅助：Kimi的智慧之眼 139

  7.1 Kimi功能介绍及其在阅读理解与辅助方面的应用 ································· 140

  7.2 Kimi进行多文本阅读与分析：提升信息处理能力 ································· 143

7.3 实践操作：使用 Kimi 进行文献检索与知识问答 ……………………………………147

7.4 小组讨论：Kimi 在辅助阅读中的应用及其对传统阅读方式的影响 ……………150

## 项目 8　内容营销与创意：AIGC 技术的营销魔杖 …………………………………152

8.1 AI 应用开发 ……………………………………………………………………………153

8.2 Coze 平台介绍及其在内容营销与创意中的应用 …………………………………155

8.3 搭建聊天机器人智能体 ………………………………………………………………156

8.4 搭建室内装修设计应用 ………………………………………………………………165

8.5 实践操作：制作招聘智能体 …………………………………………………………180

8.6 小组讨论：招聘智能体的优势与挑战 ………………………………………………181

## 项目 9　校园助手：私有化大模型推理应用 …………………………………………183

9.1 DeepSeek 介绍 …………………………………………………………………………184

9.2 相关概念解释 …………………………………………………………………………185

9.3 DeepSeek 使用指南 ……………………………………………………………………187

9.4 DeepSeek+Dify 模型部署与优化 ……………………………………………………190

9.5 实践操作：创建一个校园助手 ………………………………………………………207

9.6 小组讨论：DeepSeek 本地化部署中出现的问题及解决方案 ……………………207

## 项目 10　AIGC 伦理与未来展望 ………………………………………………………208

10.1 AIGC 技术的伦理问题与风险分析 …………………………………………………210

10.2 中国 AI 行业发展面临的机遇和挑战 ………………………………………………211

10.3 探讨 AIGC 技术在实际应用中面临的版权问题与法律约束 ……………………214

10.4 发现技术的阴暗面，直面 AIGC 技术的伦理问题与风险 ………………………215

10.5 案例分析：AIGC 技术在不同领域的应用及其社会影响 ………………………219

10.6 小组讨论：讨论 AIGC 技术对社会的影响，探讨未来发展方向与应对策略 ……220

# 项目 1

# 初识人工智能

## 项目背景

在当今数字化时代，人工智能已渗透到社会的各个领域，深刻改变着人们的生活和工作方式。从智能手机中的语音助手，到自动驾驶汽车，再到医疗影像诊断、金融风险预测等，人工智能技术正以前所未有的速度推动着产业升级和创新发展。对于高职院校的学生而言，掌握人工智能的基础知识和技能，不仅能够拓宽职业发展道路、适应未来职场，更是培养创新思维和实践能力的重要途径。通过本项目的学习，初步认识和理解人工智能，可为后续深入学习人工智能相关技术和应用奠定基础。

## 项目分析

本项目作为开篇，旨在引导大家走进人工智能的世界。我们在学习过程中，需要理解人工智能的基本概念、发展历程、分类与应用领域，掌握人工智能的核心技术；同时，注重培养自主学习能力和团队协作精神，关注人工智能领域的最新动态和发展趋势。

### 知识目标

▶ **理解人工智能的基本概念**：能准确描述人工智能的定义、核心特征及技术范畴；了解人工智能的发展简史；能够区分人工智能的常见分类。

▶ **了解人工智能应用场景**：列举人工智能在生活中的典型应用领域，理解人工智能对社会经济、职业岗位的影响。

# 人工智能通识课基础

## 🎯 技能目标

▶ **信息检索与分析能力**：能够利用网络资源，有效检索人工智能相关资讯和研究进展，进行信息筛选和分析，形成自己的见解。

▶ **初步应用实践能力**：能够通过案例识别日常生活中的人工智能应用，能够分析人工智能应用场景的技术可行性及潜在风险。

▶ **批判性思维能力**：在面对人工智能相关新闻报道、学术论文或公众讨论时，能够运用批判性思维，评估信息的准确性和可靠性，辨别不同观点的合理性。

## 🎧 素养目标

▶ **伦理意识与社会责任感**：理解人工智能技术应用中涉及的伦理问题，如隐私保护、数据安全、算法偏见等，培养伦理意识和社会责任感。

▶ **创新思维与终身学习**：激发探索人工智能技术的兴趣，培养跨学科解决问题的思维方式，建立适应人工智能时代的终身学习意识，持续关注技术动态并不断提升职业技能。

▶ **团队合作与沟通能力**：通过小组讨论、项目合作等形式，提升团队协作能力和有效沟通技巧，特别是在面对复杂的人工智能项目时，能够分工合作，共同完成任务。

## 1.1 人工智能的定义与发展历程

### 1. 什么是人工智能

人工智能（Artificial Intelligence，AI）是一个广泛的领域，致力于研究、开发能够模拟、增强甚至超越人类智能的理论、方法、技术及应用系统。它融合了计算机科学、数学、逻辑学、认知心理学、神经科学等多个学科的知识，旨在使计算机系统具备学习、推理、感知、理解、决策等智能行为（见图1.1）。

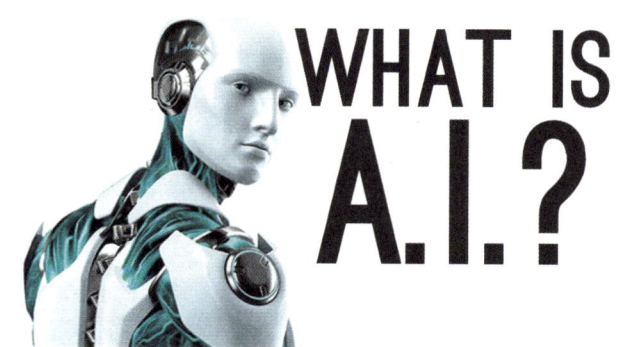

图1.1 AI生成图

## 2. 人工智能的发展

人工智能作为计算机科学的一个重要分支，其发展经历了从萌芽、探索、突破到广泛应用等多个阶段。

### 1）萌芽阶段（20世纪40年代至50年代）

人工智能的概念最早可以追溯到20世纪40年代。1946年，世界上第一台电子计算机ENIAC的诞生为人工智能的发展提供了物质基础。随后，数学家艾伦·图灵在1950年提出了著名的"图灵测试"（见图1.2），为判断机器是否具备智能提供了理论框架。这一时期，人工智能的研究主要集中在符号主义和逻辑推理上，试图通过构建符号系统来模拟人类的智能行为。

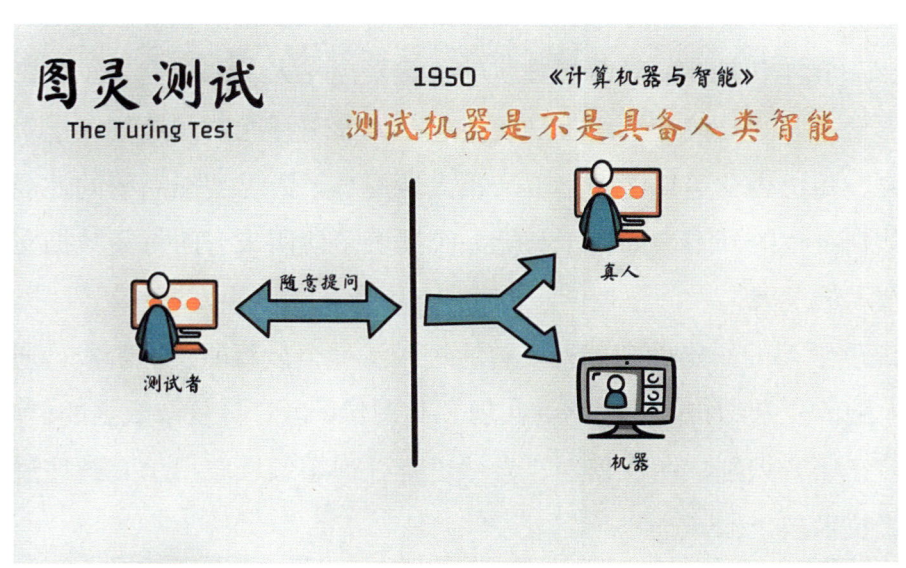

图1.2 图灵测试

### 2）探索阶段（20世纪50年代至80年代）

进入20世纪50年代，人工智能迎来了第一次发展高潮。1956年，在美国达特茅斯学院举行的会议上，与会者首次提出了"人工智能"这一术语，并确立了人工智能的研究方向和目标（见图 1.3）。此后，人工智能领域涌现出许多重要理论和方法，如启发式搜索、专家系统、机器翻译等。然而，由于当时计算机技术的限制和人工智能理论的不成熟，人工智能的发展遇到了诸多困难，进入了低谷期。

图 1.3　人工智能概念的提出

到了 20 世纪 70 年代，随着连接主义（神经网络）的兴起，人工智能的研究开始转向模拟人脑的神经网络结构。尽管这一阶段的研究取得了一些进展，但由于缺乏足够的计算能力和数据支持，神经网络方法的应用仍然受到很大限制。

3）突破阶段（20 世纪 90 年代至 21 世纪初）

进入 20 世纪 90 年代，随着计算机技术的飞速发展，人工智能迎来了第二次发展高潮。这一阶段，机器学习尤其是统计学习方法的兴起，为人工智能的发展注入了新的活力。支持向量机、决策树、随机森林等算法的出现，极大地提高了人工智能系统的性能。同时，互联网的普及和大数据时代的到来，如人工智能系统提供了前所未有的海量数据支持，进一步推动了人工智能技术的发展。

2006 年，深度学习的提出标志着人工智能进入了一个全新的发展阶段。通过构建深层神经网络来模拟人脑的复杂结构，深度学习实现了对图像、语音等复杂数据的自动识别和理解。此后，深度学习在语音识别、图像识别、自然语言处理等领域取得了突破性进展，成为人工智能领域的主流技术之一。

4）广泛应用阶段（21 世纪至今）

进入 21 世纪，人工智能技术已经广泛应用于各个领域。在医疗健康领域，人工智能被用于疾病诊断和基因编辑；在智能制造领域，人工智能提高了生产效率和产品质量；在智慧城市领域，人工智能优化了城市交通和能源管理；在金融服务领域，人工智能提升了风险评估和客户服务能力。此外，人工智能还在教育、娱乐、军事等领域发挥着重要作用。

随着技术的不断进步和应用场景的不断拓展，人工智能正逐步渗透到我们生活的方方面面，成为推动社会进步和产业升级的重要力量。未来，人工智能将在各个领域继续发挥更大的作用，为人类社会的发展贡献更多的智慧和力量。

## 1.2 人工智能的分类与应用领域

### 1. 人工智能的分类

#### 1）按智能水平分类

（1）弱人工智能（Artificial Narrow Intelligence，ANI）。

定义：ANI 是专注于完成特定任务或解决特定问题的人工智能系统。换句话说，ANI 是"单任务"或"专用型"人工智能，无法执行超出其设计范围的任务，但能够在特定领域内表现出色，又称为人工窄域智能。

特点：能够解决特定问题，但不具备通用智能，只能在预定义的范围内工作。

示例：语音识别系统（如 Siri、小爱同学）、图像识别系统（如人脸识别）、智能客服等。

（2）强人工智能（Artificial General Intelligence，AGI）。

定义：AGI 是指能够像人类一样进行推理、学习和创造的人工智能系统，具备与人类类似的智能能力。它不仅能够执行特定任务，还能在多种领域中灵活地学习和执行任务，又称为人工通用智能。

特点：具备通用智能，能够在多种任务和领域中表现出智能行为；具备跨领域推理、适应性学习和自我改进的能力，能够自主学习、推理、规划、感知、理解等。

示例：目前，真正的人工通用智能仍处于研究和探索阶段，但一些研究机构（如 OpenAI 的 GPT 系列）正在逐步接近这一目标。

弱人工智能与强人工智能的对比如图 1.4 所示。

（3）超人工智能（Artificial Super Intelligence，ASI）。

定义：ASI 是超越人类智能的人工智能系统。它不仅在所有任务上都能超越人类的智力，还在推理、创造力和情感理解等方面远超人类，又称为人工超级智能。

特点：智能水平远超人类，能够在复杂任务中表现出卓越的创造力和决策能力；能够自我学习和自我优化，快速适应新环境和新任务；能够独立完成复杂的任务。

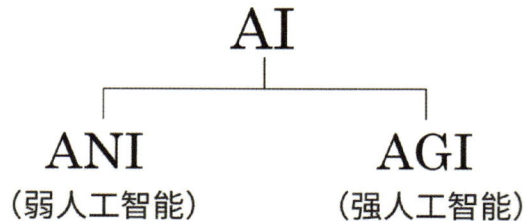

图 1.4　ANI VS AGI

示例：目前，ASI 仍处于理论研究阶段，但被认为是 AI 发展的终极目标。

ANI、AGI 和 ASI 代表不同智能水平的人工智能。ANI 是当前阶段的智能水平，而 AGI 和 ASI 则代表人工智能未来可能达到的智能水平。从技术上来说，AGI 和 ASI 还处于理论研究和探索阶段，实现它们面临许多挑战，但它们的出现将对人类社会、经济和伦理产生深远影响。

2）按发展阶段分类

如图 1.5 所示，人工智能按发展阶段进行分类可以分为三类。

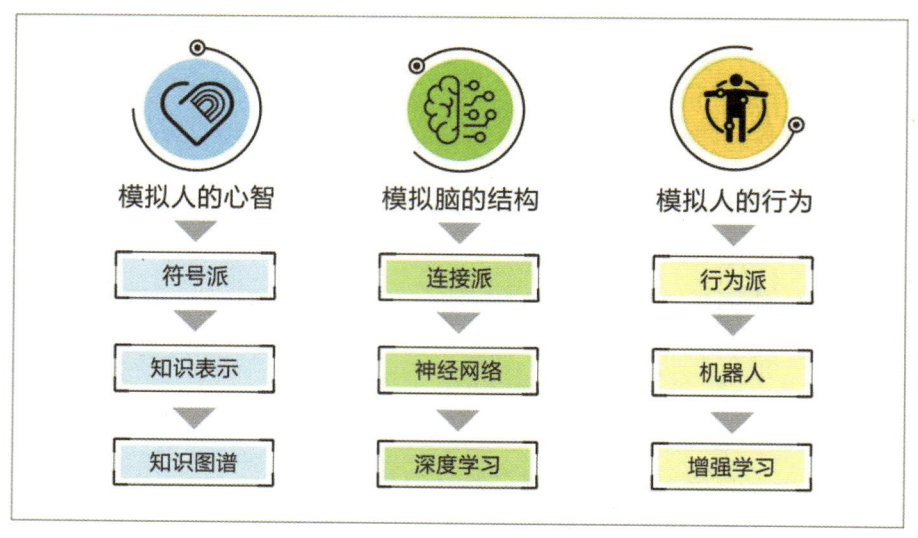

图 1.5　AI 按发展阶段进行分类

（1）第一代 AI（符号主义 AI）。

定义：基于符号逻辑和规则推理，通过符号化的知识表示和逻辑推理来模拟人类的智能行为。

特点：依赖专家知识，适用于规则明确的场景，具有局限性，难以处理模糊、不确定的信息，难以应对复杂多变的现实问题。

示例：早期的专家系统，如医疗专家系统MYCIN，能够根据输入的症状和病史，通过预定义的规则进行疾病诊断。人工智能专家系统如图1.6所示。

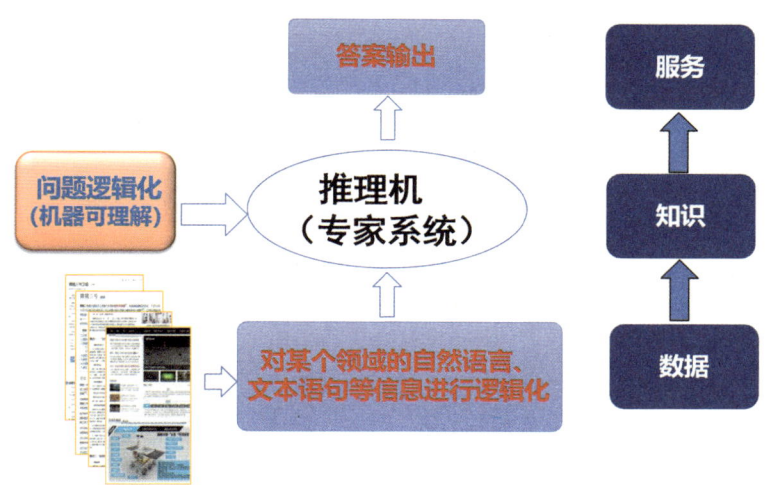

图1.6 人工智能专家系统

（2）第二代AI（连接主义AI）。

定义：基于神经网络和机器学习，通过模拟人脑神经元的连接和学习机制来实现智能行为。

特点：依赖大量数据，能够自动学习和改进，具有一定的自适应能力，但是对数据和计算资源要求较高，且难以理解模型的决策过程。

示例1：深度学习模型。

① 卷积神经网络（CNN）：广泛应用于图像识别领域，如人脸识别系统、自动驾驶车辆的视觉系统等。

② 循环神经网络（RNN）及其变体（如长短期记忆网络LSTM、门控循环单元GRU）：用于处理序列数据，如自然语言处理中的机器翻译、语音识别等。

③ 生成对抗网络（GAN）：用于生成图像、视频等，如图像风格转换、虚拟角色生成等。

示例2：强化学习模型。

强化学习模型用于机器人控制、游戏AI等领域，如AlphaGo通过强化学习击败人类围棋选手（见图1.7）。

图1.7　AI棋艺

（3）第三代AI（混合增强AI）。

定义：结合符号主义和连接主义，强调人机协同，融合多种技术手段以提升系统的可靠性和适应性。

特点：融合多种技术，重视可解释性和安全性。

示例1：人机混合智能系统。

智能驾驶辅助系统是人机混合智能系统之一。其结合了深度学习的感知能力和符号主义的决策推理能力，通过人机协同提供更安全、更高效的驾驶体验，如图1.8所示。

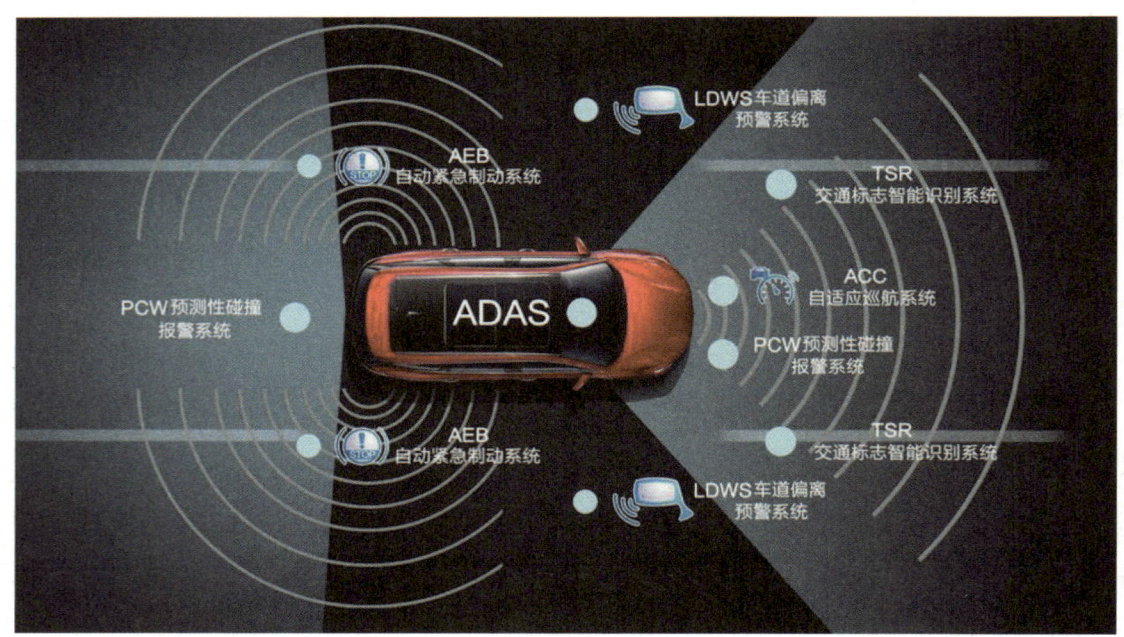

图1.8　智能驾驶辅助系统

示例 2：智能辅助决策系统。

金融风险评估系统是智能辅助决策系统之一。其利用机器学习模型对大量数据进行分析和预测，同时结合专家的知识和经验进行决策，以提高决策的准确性和可靠性。

## 2. 人工智能的应用领域

目前，应用人工智能的主要行业如图 1.9 所示。人工智能的应用覆盖了医疗健康、金融、制造业、交通出行、教育和娱乐等领域。

图 1.9　应用人工智能的主要行业

1）医疗健康

AI 在医疗影像分析、疾病诊断、基因编辑和药物研发等方面发挥着重要作用。通过大数据分析和机器学习技术，AI 能够辅助医生制定更精准的治疗方案，提高医疗效率和质量。

### 2）金融

AI在金融风控、智能投顾、信用评估等方面具有广泛应用。通过大数据分析和机器学习技术，AI能够识别潜在风险，提供个性化的金融服务。

### 3）制造业

AI推动了智能制造的发展，实现了生产过程的自动化、智能化和高效化。通过物联网、大数据和机器学习技术，AI能够优化生产计划、提高生产效率和产品质量。

### 4）交通出行

自动驾驶技术是AI在交通出行领域的重要应用。通过传感器、摄像头和机器学习技术，自动驾驶汽车能够感知周围环境并做出相应决策，实现安全、高效出行。

### 5）教育

AI在教育领域的应用日益广泛，包括智能教学系统、在线学习平台等。通过大数据分析和机器学习技术，AI能够根据学生的学习习惯和能力水平提供定制化的教学方案，改善教学效果和学习体验。

### 6）娱乐

AI在娱乐领域的应用也取得了显著成果，如在游戏、音乐、电影等方面。通过机器学习技术，AI能够生成逼真的游戏场景、音乐旋律和电影剧情，为用户带来更加丰富的娱乐体验。

此外，人工智能还广泛应用于智能家居、农业管理、环境监测、能源优化等多个领域。

## 1.3 人工智能的核心技术解析

人工智能作为一门迅速发展的学科，其核心技术的不断进步是推动其广泛应用的关键。下面将深入解析人工智能的五大核心技术——机器学习、深度学习、自然语言处理、计算机视觉和机器人，并通过具体案例和应用场景帮助读者更好地理解这些技术。

### 1. 机器学习

机器学习是人工智能的一个重要分支，它致力于让计算机从数据中学习，并根据学习到的知识和经验做出决策和预测（见图1.10）。机器学习的关键在于让计算机具备自我学习能力，而不需要对每个特定任务的解决方案进行明确的编程。机器学习涵盖监督学习、无监督学习、强化学习等多种类型。

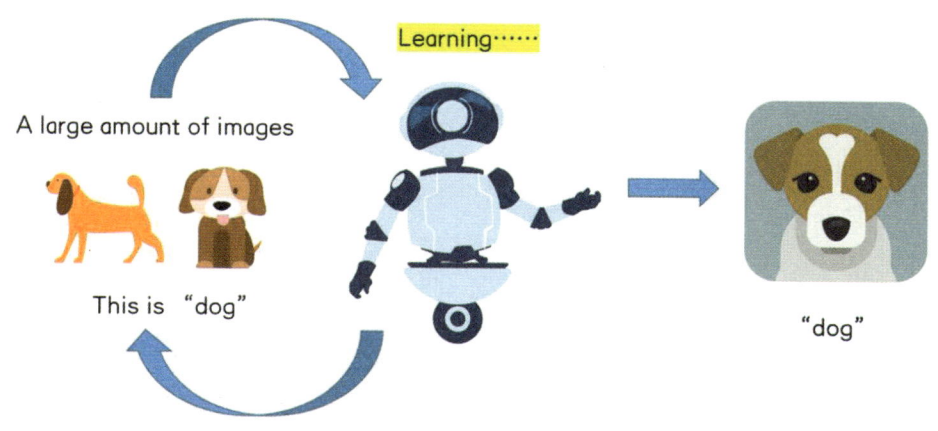

图 1.10　机器学习

（1）监督学习：算法通过已知的输出结果来训练模型。这种类型的机器学习常用于分类和回归任务。

（2）无监督学习：算法在没有标签的情况下从数据中学习模式。这种类型的机器学习常用于聚类和降维任务。

（3）强化学习：算法通过与环境交互来学习最佳策略。这种类型的机器学习常用于决策和优化任务。

案例 1：阿里巴巴的智能推荐系统。

阿里巴巴利用机器学习技术构建了智能推荐系统，通过分析用户的购物历史、浏览行为及搜索记录等数据，精准推送用户可能感兴趣的商品。这项技术不仅提升了用户体验，还显著增加了销售额。

智能推荐示例如图 1.11 所示。

图 1.11　智能推荐示例

案例2：京东物流的智能分拣系统。

京东物流自主研发的AGV智能分拣系统采用了自动导航、视觉识别和机器学习等技术，利用AI替代人工进行自动化分拣。该系统每小时能够完成4000个集包袋的分拣任务，实现了99.99%的分拣准确率。

AGV智能分拣系统如图1.12所示。

图1.12　AGV智能分拣系统

## 2. 深度学习

深度学习是机器学习的一个分支，它使用深层神经网络模拟人脑的工作方式。在图像识别、语音识别、自然语言处理等领域，深度学习已经取得了显著成就。通过构建多层神经网络结构，深度学习算法能够自动提取数据中的特征并进行分类或预测。

案例1：百度的语音识别技术。

百度利用深度学习技术开发的语音识别系统，能够准确识别用户的语音指令并将其转化为文字，广泛应用于智能手机、智能家居及车载系统等场景。通过持续的学习和优化，该系统的识别准确率已达到行业领先水平（见图1.13、图1.14）。

案例2：字节跳动的内容推荐算法。

字节跳动（抖音和今日头条的母公司）利用深度学习算法对海量内容进行智能分析和推荐，根据用户的兴趣和行为习惯，为用户提供个性化的新闻、视频等内容，极大地提升了用户黏性和活跃度（见图1.15）。

图 1.13　百度语音识别类产品的网页展示

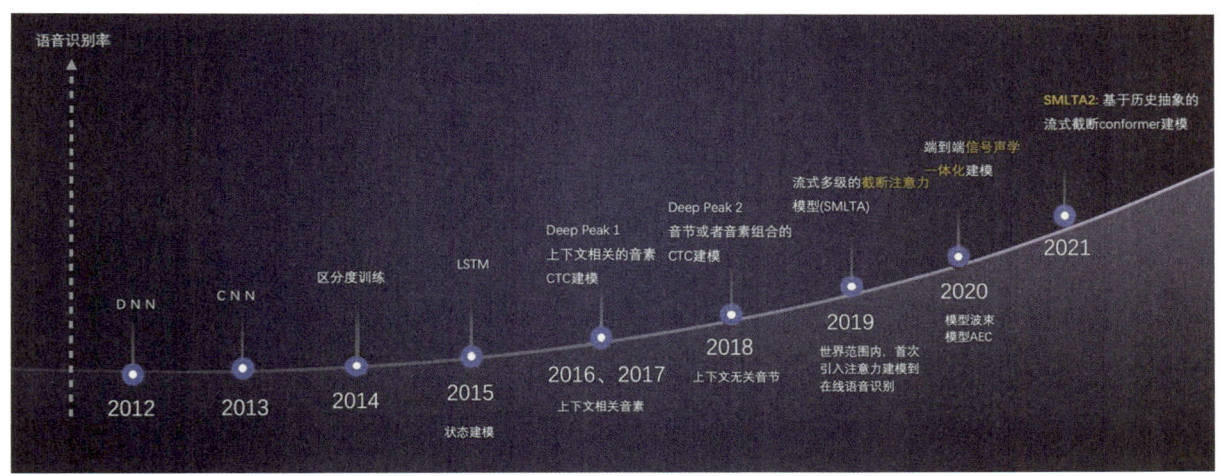

图 1.14　百度语音识别技术发展路线

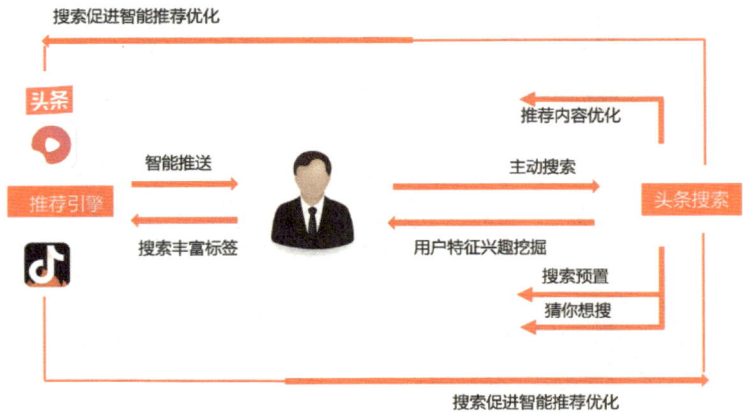

图 1.15　字节跳动的内容推荐示例

### 3. 自然语言处理

自然语言处理（NLP）是人工智能的一个重要应用领域，它使计算机系统能够理解、解析和生成人类语言。NLP 技术包括词法分析、句法分析、语义理解等多个方面。通过 NLP 技术，计算机系统能够实现智能问答、机器翻译、情感分析等功能。

案例 1：科大讯飞的智能客服系统。

科大讯飞利用自然语言处理技术开发了智能客服系统，该系统能够理解和回答用户的自然语言问题，提供全天候服务，广泛应用于银行、电信、电商等行业，有效降低了人工成本，提高了服务效率（见图 1.16）。

图 1.16　科大讯飞智能客服系统在线机器人

案例 2：网易的智能翻译工具。

网易的智能翻译工具基于自然语言处理技术，能够实时翻译歌词、文章等文本内容，支持多种语言互译，为国际交流和文化传播提供了便利。网易有道翻译笔如图 1.17 所示。

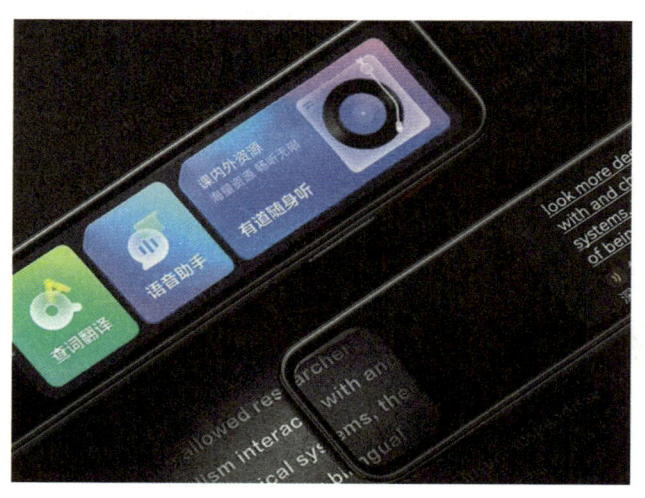

图 1.17　网易有道翻译笔

### 4. 计算机视觉

计算机视觉技术让机器能够"看"世界，涉及图像识别、物体检测等，是自动驾驶、安防监控等领域的关键技术。计算机视觉技术的发展使得机器能够更准确地理解和感知周围环境。

案例 1：海康威视的智能监控系统。

海康威视利用计算机视觉技术开发的智能监控系统能够自动识别异常行为（如入侵、打斗等），并及时发出警报，广泛应用于公共安全、交通管理等领域，有效提升了安全监控的智能化水平（见图 1.18）。

图 1.18　海康威视智能监控系统摄像头

案例 2：商汤科技的人脸识别技术。

商汤科技的人脸识别技术通过深度学习算法对人脸特征进行精确识别，广泛应用于支付验证、门禁管理、机场安检等场景，实现了高效、准确的身份验证，如图 1.19 所示。

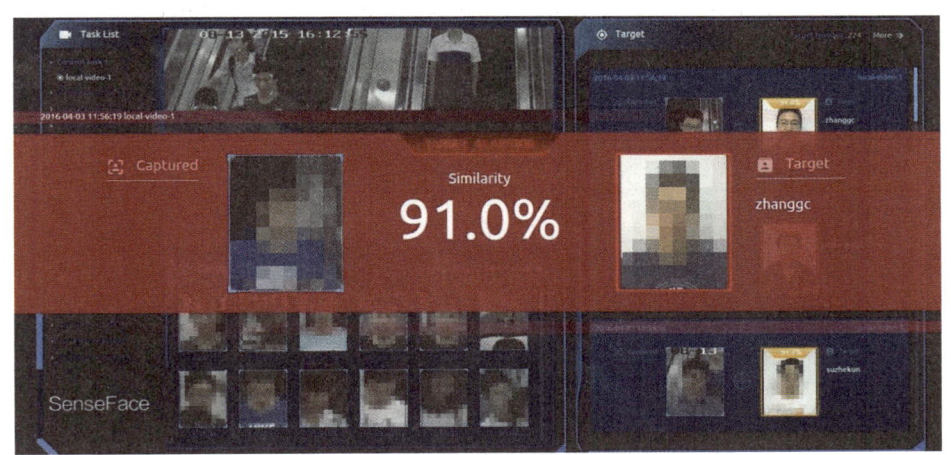

图 1.19　商汤科技的人脸识别技术

## 5. 机器人

机器人技术是人工智能的一个重要应用领域，它涉及机器人的设计、制造、控制和使用等方面。随着人工智能技术的发展，机器人已经能够执行各种复杂任务，如搬运、装配、焊接等。同时，机器人也在医疗、教育、娱乐等领域发挥着重要作用。结合传感器、摄像头、语音识别等技术，机器人能够实现更加智能和自主的操作。

案例1：新松机器人的工业自动化解决方案。

新松机器人的工业自动化解决方案包括装配机器人、搬运机器人等，广泛应用于汽车制造、电子生产等行业，显著提高了生产效率和质量。在物流行业中，其人工智能分拣系统能够快速地识别、分类和打包物品，大大提高了物流效率，如图1.20所示。

（a）实物图

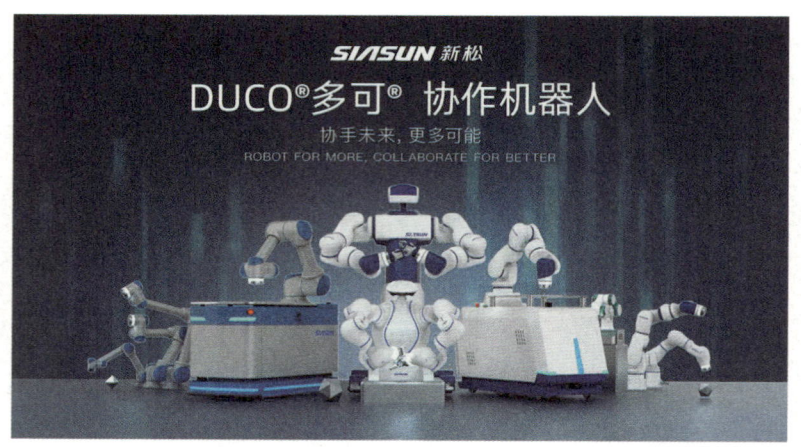

（b）设计图

图1.20 新松机器人

案例2：达闼科技的云端服务型机器人。

达闼科技开发的云端服务型机器人通过云计算和人工智能技术，实现了远程操控和智能决策，可应用于危险环境作业、远程医疗、教育娱乐等多个领域，展现了机器人技术的无限潜力（见图1.21）。

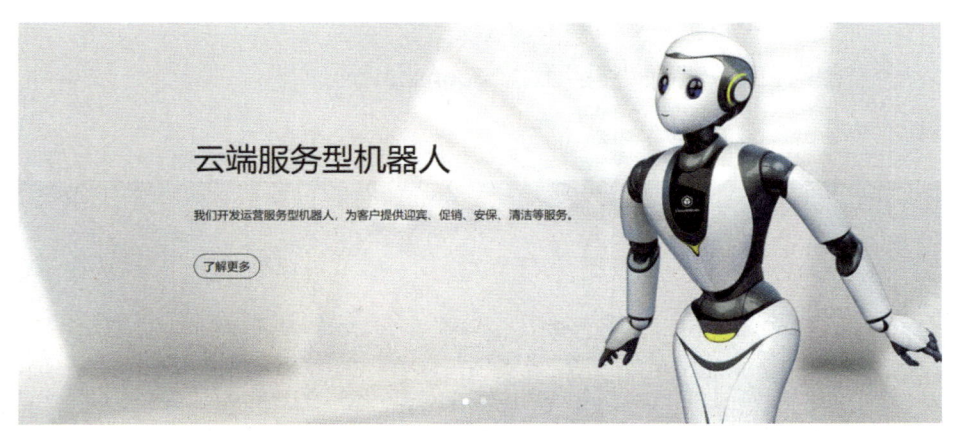

图1.21 达闼科技开发的云端服务型机器人广告页面

综上所述，机器学习、深度学习、自然语言处理、计算机视觉和机器人技术构成了人工智能的核心技术体系。在中国原创企业的推动下，这些技术正在不断促进AI的创新与应用，为我们的生活和工作带来前所未有的变革。

## 1.4 人工智能初体验：通过案例了解AI的应用

**案例介绍：** 在当今数字化时代，人工智能已经渗透到我们生活的方方面面，教育领域也不例外。Kimi是一款基于人工智能的学习助手，能够根据用户需求制订个性化的学习计划。下面将以Kimi为例，为大一新生晓中制订参加2024年大学生职业规划大赛校赛备赛计划。

**案例目标：** 利用Kimi智能助手为大一新生晓中制订2024年大学生职业规划大赛校赛备赛计划，以此体验AI工具在目标规划与资源整合中的作用。

**操作流程**

## 1. 注册 Kimi 账户

（1）访问官方网站。

打开浏览器，输入 Kimi 官网地址。

在主页上，会看到"Kimi 智能助手"和"Moonshot 开放平台"两个选项按钮，单击"Kimi 智能助手"按钮，如图 1.22 所示。

图 1.22　Kimi 官网主页

单击右上角"登录"按钮，进入登录页面，如图 1.23 所示。

图 1.23　登录页面

（2）选择登录方式。

登录有两种方式：手机登录和微信扫码登录，如图 1.24 所示，以手机登录为例进行介绍。

图 1.24　选择登录方式

① 输入手机号→单击"获取验证码"按钮→输入收到的 6 位验证码。

② 勾选"扫码默认已阅读同意《模型服务协议》和《用户隐私协议》复选框"，如图 1.25 所示。

图 1.25　勾选相关复选框

（3）完成登录。

单击"登录"按钮，页面跳转至会话界面，如图 1.26 所示。

图 1.26　会话界面

（4）开启新会话。

单击左侧的"开启新会话"按钮，即可进入会话模式，如图 1.27、图 1.28 所示。

图 1.27　单击"开启新会话"按钮

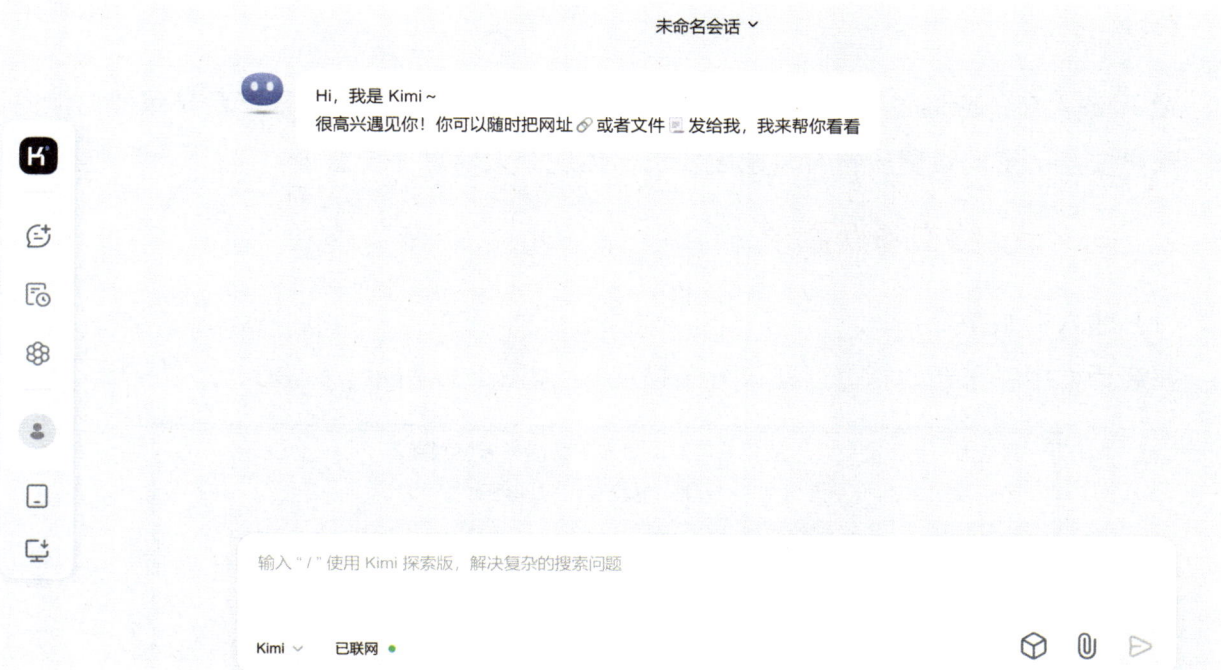

图 1.28　进入会话模式

根据需要可以修改会话名称，如图 1.29 所示。

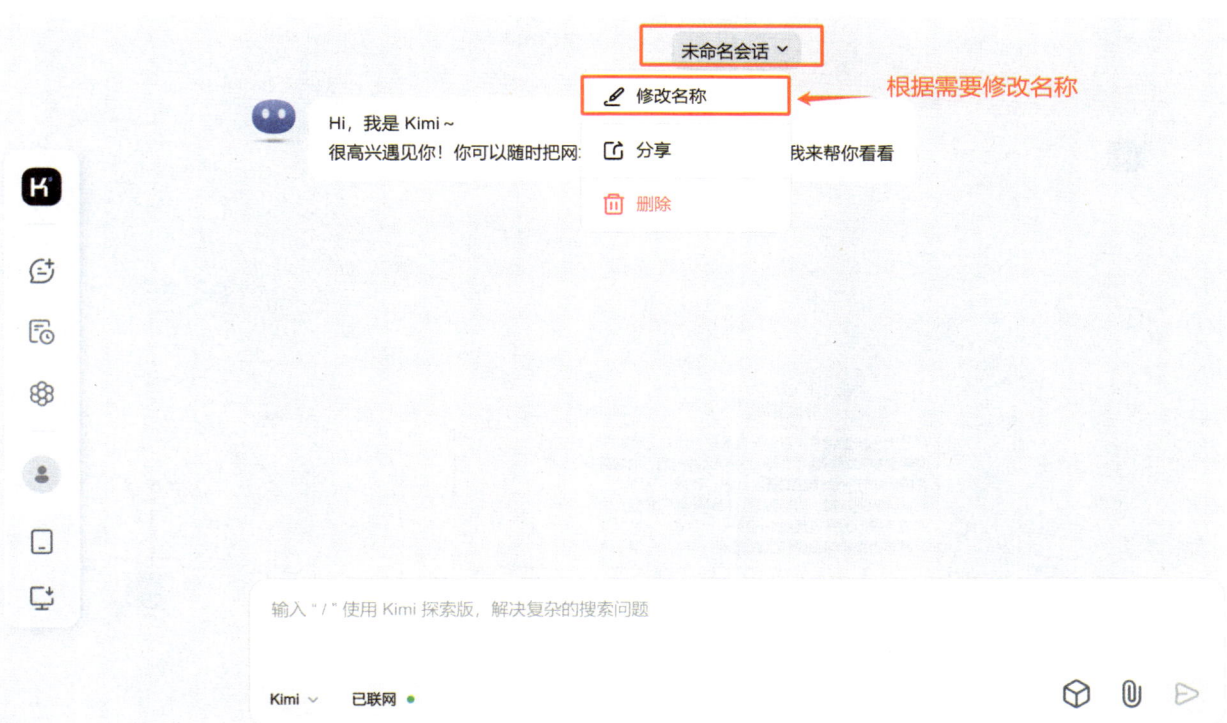

图 1.29　修改会话名称

## 知识点解析

AI 服务入口：应通过官方渠道访问主流 AI 工具，避免使用非授权平台导致数据泄露。

账户安全：密码设置应符合复杂度要求，体现个人信息保护意识。

## 2. 向 Kimi 提交备赛需求

（1）输入初始指令。

在会话框中输入初始指令（建议分条描述），如图 1.30 所示。

> 我是大一新生晓中，专业暂未确定，对人工智能领域感兴趣。
> 需要参加 2024 年大学生职业规划大赛校赛，时间还有 2 个月。
> 请帮我制订一份详细的备赛计划，要求：
> 1. 包含职业认知、目标设定、行动计划三部分；
> 2. 每天投入时间不超过 1 小时；
> 3. 推荐免费学习资源和实践渠道。

图 1.30　输入初始指令

单击"发送"按钮（或按 Enter 键），如图 1.31 所示。

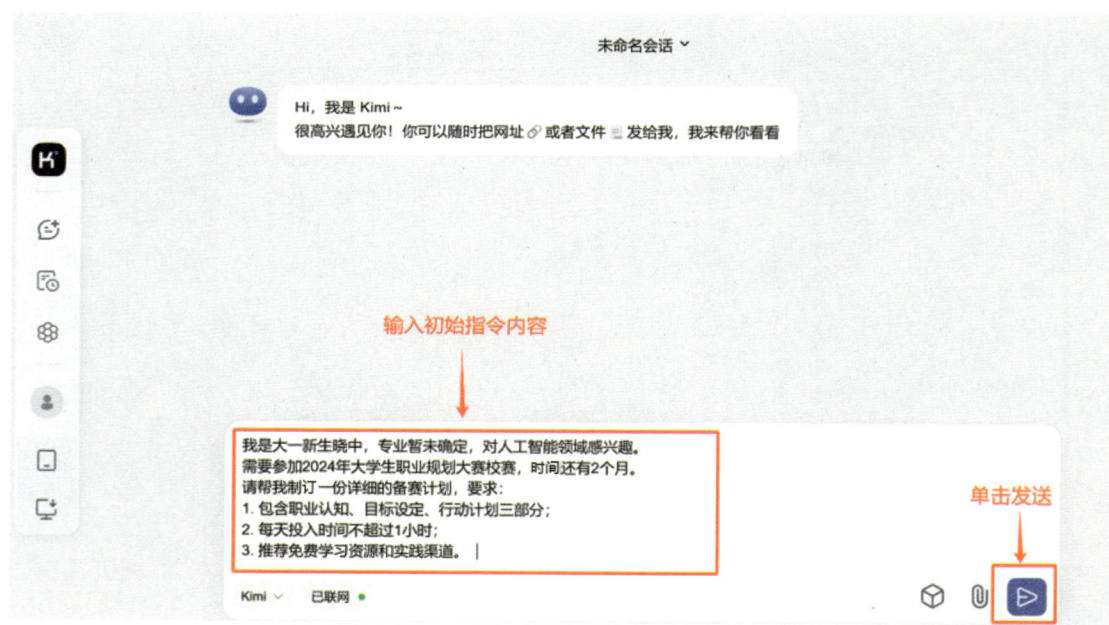

图 1.31　单击"发送"按钮

（2）接收初步计划。

Kimi 生成初步计划，如图 1.32 所示。

初识人工智能　项目 1

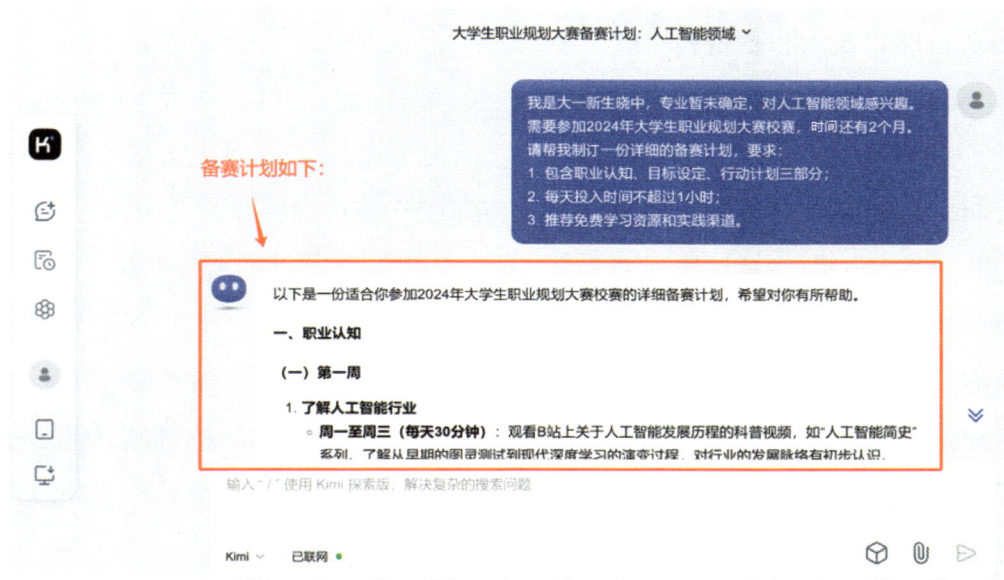

图 1.32　Kimi 生成初步计划

计划具体内容如下：

以下是一份适合你参加 2024 年大学生职业规划大赛校赛的详细备赛计划，希望对你有所帮助。

一、职业认知

（一）第一周

1. 了解人工智能行业

周一至周三（每天 30 分钟）：观看 B 站上关于人工智能发展历程的科普视频，如"人工智能简史"系列。了解从早期的图灵测试到现代深度学习的演变过程，对行业的发展脉络有初步认识。

周四至周五（每天 30 分钟）：阅读知乎上关于人工智能行业现状的热门问题，如"人工智能在哪些领域有广泛应用"。重点关注医疗、交通、金融等热门应用领域，记录下每个领域中人工智能发挥的作用和典型应用场景。

周六至周日（每天 30 分钟）：查阅国家或地方政府发布的关于人工智能产业的政策文件，如《新一代人工智能发展规划》。了解政策对行业发展的支持方向和重点扶持的领域，思考这些政策可能给职业发展带来的机遇。

2. 职业分类调研

周一至周三（每天 30 分钟）：利用官方平台，查找人工智能领域常见的职业分类。重点关注机器学习工程师、数据分析师、算法工程师、人工智能产品经理等职业，记录下每个职业的主要职责、任职要求和薪资范围。

周四至周五（每天 30 分钟）：加入一些人工智能行业交流群，向群里的从业者请教不同职业之间的区别和联系。例如，询问机器学习工程师和算法工程师在实际工作中如何分工协作，数据分析师需要具备哪些独特的技能等，整理成一份详细的职业分类对比表格。

（二）第二周

1. 行业发展趋势分析

周一至周三（每天 30 分钟）：阅读人工智能领域的专业报告，如艾瑞咨询发布的《中国人工智能行业研究报告》。重点关注报告中对行业未来五年发展趋势的预测，包括技术创新方向（如量子计算与人工智能的结合）、市场需求变化（如人工智能在新兴行业的应用拓展）等内容，整理出行业发展的关键趋势点。

周四至周五（每天 30 分钟）：关注人工智能领域的知名专家或学者的公开讲座视频，如清华大学人工智能学院院长的讲座。了解他们对行业未来发展的见解和观点，尤其是对人工智能伦理、可持续发展等方面的看法，思考这些因素对职业发展的潜在影响。

2. 职业前景评估

周一至周三（每天 30 分钟）：查阅招聘网站上人工智能相关职位的招聘信息，统计不同职位的招聘需求和学历要求情况。例如，统计机器学习工程师招聘中学士、硕士、博士学位要求的比例，以及不同地区对该职位的需求差异，分析职业前景。

周四至周五（每天 30 分钟）：结合行业发展趋势和职业前景评估结果，对之前整理的职业分类对比表格进行完善。在表格中增加"职业发展前景"一栏，对每个职业在不同发展趋势下的发展潜力进行评估，如在人工智能与物联网融合趋势下，哪些职业将更具优势。

二、目标设定

（一）第三周

1. 自我评估

周一至周三（每天 30 分钟）：进行自我能力评估，列出自己在编程、数学、逻辑思维、沟通表达等方面的优势和劣势。例如，通过完成一些简单的编程练习（如在牛客网上的基础算法题）来评估编程能力，通过做数学题来评估数学基础，通过参加班级讨论活动来评估沟通表达能力，并记录评估结果。

周四至周五（每天 30 分钟）：思考自己的兴趣爱好和价值观，分析这些因素与人工智能领域职业的契合度。例如，如果你对解决复杂问题有浓厚兴趣，且注重创新和挑战，那么算法工程师等可能更适合你；如果你更关注产品的用户体验和市场推广，那么人工智能产品经理可能更符合你的价值观。

2. 目标职业选择

周一至周三（每天 30 分钟）：结合职业认知阶段的调研结果和自我评估情况，初步确定一个或两个目标职业方向。例如，如果你在编程和数学方面有一定基础，且对技术创新感兴趣，则可以初步选择机器学习工程师作为目标职业。

周四至周五（每天 30 分钟）：针对目标职业，进一步明确职业发展路径。例如，对于机器学习工程师，了解从初级工程师到高级工程师，再到技术专家的晋升路径，包括需要掌握的核心技能、项目经验要求和行业认证情况等，并制订一个短期（大学期间）和长期（毕业后 5～10 年）的职业目标规划。

（二）第四周：目标细化与调整

周一至周三（每天 30 分钟）：与学校的职业规划老师或人工智能专业的学长学姐进行交流，向他们展示自己的职业目标规划，听取他们的意见和建议。例如，老师可能会根据你的实际情况，建议你在大学期间先从数据分析师相关技能入手，为后续转向机器学习工程师打下基础。

周四至周五（每天 30 分钟）：根据反馈意见，对目标职业和职业发展路径进行细化和调整。例如，如果发现目标职业的技能要求过高，那么可以适当调整职业目标，选择一个相对容易入门但又有发展潜力的职业作为过渡，如人工智能数据标注员，同时在大学期间通过学习不断提升能力，逐步向目标职业靠近。

三、行动计划

（一）第五周

1. 学习计划制订

周一至周三（每天 30 分钟）：根据目标职业的技能要求，制订详细的学习计划。例如，如果目标是机器学习工程师，那么学习计划可以包括学习 Python 编程、掌握线性代数和概率论基础知识、学习机器学习算法原理等内容。为每个学习内容设定具体的时间，如每天晚上花 30 分钟学习 Python 语法，每周花 2 小时学习线性代数知识等。

周四至周五（每天 30 分钟）：寻找免费的学习资源。下面推荐一些优质的学习资源：

（1）Python 编程：廖雪峰的 Python 教程，内容系统全面，适合初学者学习。

（2）线性代数和概率论：网易云课堂的"线性代数与概率论基础课程"，由知名高校教师授课，讲解清晰易懂。

（3）机器学习算法原理：吴恩达的 Coursera 机器学习课程，是机器学习领域的经典课程，虽然需要付费，但有免费试听部分，可以先学习试听部分的内容。

2. 实践渠道探索

周一至周三（每天 30 分钟）：了解学校内部的实践机会。例如，查看学校是否有人工智能相关的社团或实验室，如人工智能创新实验室、数据科学社团等。如果有，则积极申请加入，参与社团或实验室组织的项目实践和学术交流活动。

周四至周五（每天 30 分钟）：寻找校外的实践渠道，如线上实践平台"天池大数据竞赛平台"，上面有各种数据挖掘和人工智能竞赛项目，可以报名参加比赛，积累项目经验。

实习机会：关注一些招聘网站上的实习信息，如智联招聘、BOSS 直聘等，搜索人工智能相关企业的实习岗位。虽然作为大一新生可能很难直接获得实习机会，但可以提前了解实习要求和申请流程，为后续申请实习做好准备。

（二）第六周

1. 学习计划执行与监督

周一至周五（每天 30 分钟）：按照学习计划进行学习，每天晚上花 30 分钟学习 Python 语法，每周花 2 小时学习线性代数知识等。在学习过程中，做好学习笔记，记录重点内容和遇到的问题。

周六至周日（每天 30 分钟）：对本周的学习情况进行总结和反思。检查是否完成学习计划中的各项任务，对学习笔记进行整理和复习。针对学习过程中遇到的问题，通过查阅资料、向同学请教等方式进行解决，并将解决方法记录下来，以便后续复习。

2. 实践准备

周一至周三（每天 30 分钟）：如果已经加入学校的人工智能社团或实验室，积极参与社团或实验室组织的活动。例如，参加社团举办的机器学习入门讲座，与其他成员交流学习心得，了解社团或实验室正在进行的项目情况，争取能够参与其中。

周四至周五（每天 30 分钟）：针对线上实践平台的竞赛项目，进行初步的了解和准备。例如，在天池大数据竞赛平台上选择一个适合初学者的竞赛项目，阅读项目背景和要求，了解竞赛的评分标准和数据集情况。同时，学习一些数据预处理和可视化的基本方法，为后续参与竞赛做好准备。

（三）第七周

1. 学习计划调整与优化

周一至周三（每天 30 分钟）：根据之前的学习情况，对学习计划进行调整与优化。例如，如果发现学习线性代数知识的进度较慢，可以适当增加学习时间，或者调整学习方法，如采用观看教学视频和做练习题相结合的方式进行学习。

周四至周五（每天 30 分钟）：对学习内容进行拓展和深化。例如，在学习 Python 的基础上，学习一些常用的数据处理库，如 Pandas、NumPy 等；在学习机器学习算法原理时，了解一些先进的算法模型，如深度学习中的卷积神经网络（CNN）和循环神经网络（RNN）等，并通过阅读相关论文或技术博客进行进一步学习。

2．实践参与与总结

周一至周三（每天 30 分钟）：积极参与学校社团或实验室的项目实践。例如，如果社团正在开展一个基于机器学习的人脸识别项目，则可以负责数据收集和预处理工作，学习使用数据标注工具对人脸数据进行标注，以及对数据进行清洗和标准化处理。

周四至周五（每天 30 分钟）：对参与的实践项目进行总结和反思。记录在项目实践过程中遇到的问题和解决方法。例如，在数据预处理阶段遇到数据缺失问题是如何通过插值或删除等方法进行处理的；在模型训练过程中遇到过拟合问题是如何通过调整模型参数或使用正则化方法进行解决的。同时，思考自己在项目团队中的表现，如是否能够与团队成员有效沟通协作，是否能够按时完成分配的任务等，并针对不足之处进行改进。

（四）第八周

1．学习成果展示与分享

周一至周三（每天 30 分钟）：整理学习成果，制作成 PPT 或其他文档形式。例如，将学习的 Python、线性代数和概率论、机器学习算法原理等知识进行整理，制作一份详细的学习笔记 PPT；将参与的社团或实验室项目实践过程和成果进行总结，制作一份项目报告文档。

周四至周五（每天 30 分钟）：在班级或社团内进行学习成果展示和分享。例如，向同学们展示自己制作的学习笔记 PPT，讲解学习过程中遇到的困难和解决方法，分享学习心得和体会；向社团成员展示参与的项目报告文档，介绍项目的目标、实施过程、取得的成果及自己在项目中的贡献等，通过展示和分享，进一步巩固所学知识，同时也能与同学们进行交流互动，拓宽自己的视野。

2．职业规划大赛参赛准备

周一至周三（每天 30 分钟）：根据职业认知、目标设定和行动计划三个部分的内容，撰写职业规划大赛参赛作品。在职业认知部分，详细阐述对人工智能行业的了解、职业分类调研结果及行业发展趋势分析等内容；在目标设定部分，明确自己的目标职业、职业发展路径及短期和长期职业目标规划；在行动计划部分，详细介绍学习计划、实践渠道探索及学习成果展示与分享等内容，使参赛作品具有逻辑性和完整性。

周四至周五（每天30分钟）：对参赛作品进行反复修改和完善。邀请老师、同学对参赛作品进行审阅和指导，根据他们的意见和建议，对作品中的内容进行调整和优化，如对语言表达进行润色，使作品更加通顺流畅；对数据和案例进行补充和完善，使作品更具说服力等。同时，注意参赛作品的格式要求，如字体、字号、行距等，确保作品符合大赛的规范要求。

四、总结

以上是一份为期两个月的大学生职业规划大赛备赛计划，希望对你有所帮助。在备赛过程中，要保持积极主动的学习态度，充分利用各种免费学习资源和实践渠道，不断提升自己的能力和素质。同时，要注重与老师、同学和行业从业者的交流互动，及时调整和优化自己的职业规划，为未来的职业发展奠定坚实的基础。祝你在职业规划大赛中取得优异的成绩！

### 3. 优化指令细化计划

（1）补充具体要求。

在阅读Kimi生成的初始计划后，发现其缺少比赛评分标准、比赛时间、比赛赛道、资料递交等针对性内容，可以在会话中将相关通知文件附上，并补充具体要求，如图1.33、图1.34所示。

> 请结合《郑州工业安全职业学院关于举办2024年大学生职业规划大赛的通知》内容，调整上述计划，并推荐往届优秀案例参考渠道。

图1.33  优化指令内容

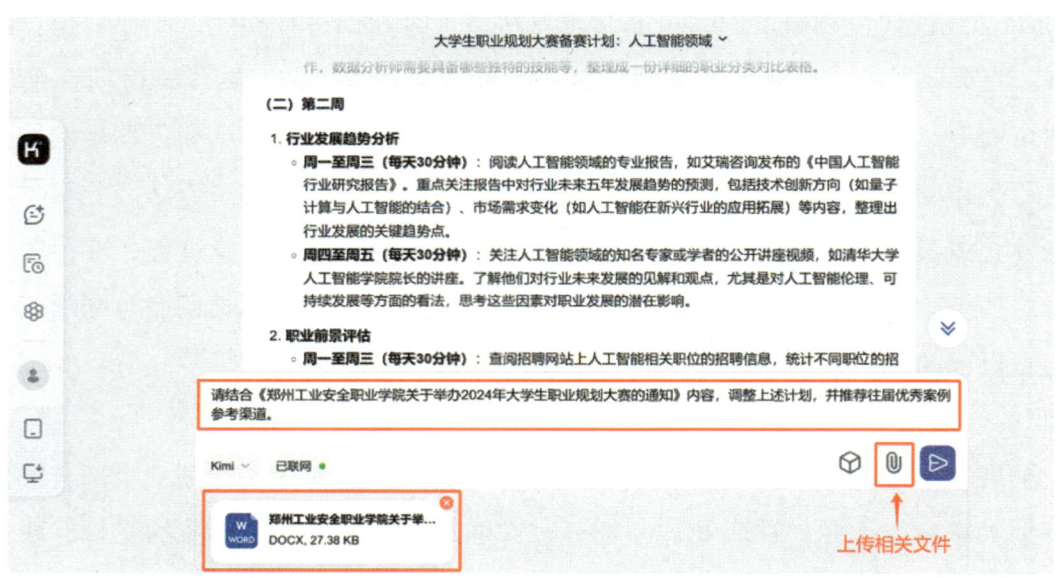

图1.34  提交优化指令并上传相关附件

（2）获取修订版计划。

Kimi 生成含补充内容的修订版计划，如图 1.35 所示。

**往届优秀案例参考渠道**

1. **学校招生就业处网站**：学校招生就业处网站通常会发布往届职业规划大赛的优秀案例和获奖作品，可以登录网站查看相关资料，了解往届同学的职业规划思路和实践经验。
2. **全国大学生职业规划大赛平台**：全国大学生职业规划大赛平台（网址：zgs.chsi.com.cn）上也会展示往届大赛的优秀作品和案例，可以注册登录平台查看相关内容，学习优秀作品的撰写方法和展示技巧。
3. **图书馆**：学校图书馆收藏了一些关于职业规划的书籍和期刊，其中可能包含往届职业规划大赛的优秀案例分析，可以到图书馆查阅相关资料，获取更多的职业规划灵感和思路。
4. **学长学姐**：向参加过往届职业规划大赛的学长学姐请教，了解他们的参赛经验和心得体会，可以获取一些实用的备赛建议和技巧，同时也可以借鉴他们的优秀作品进行参考和学习。

图 1.35 补充内容示例

## 4. 导出生成的内容

单击"复制"按钮，将生成的内容粘贴到 Word 或其他文档中，如图 1.36 所示。

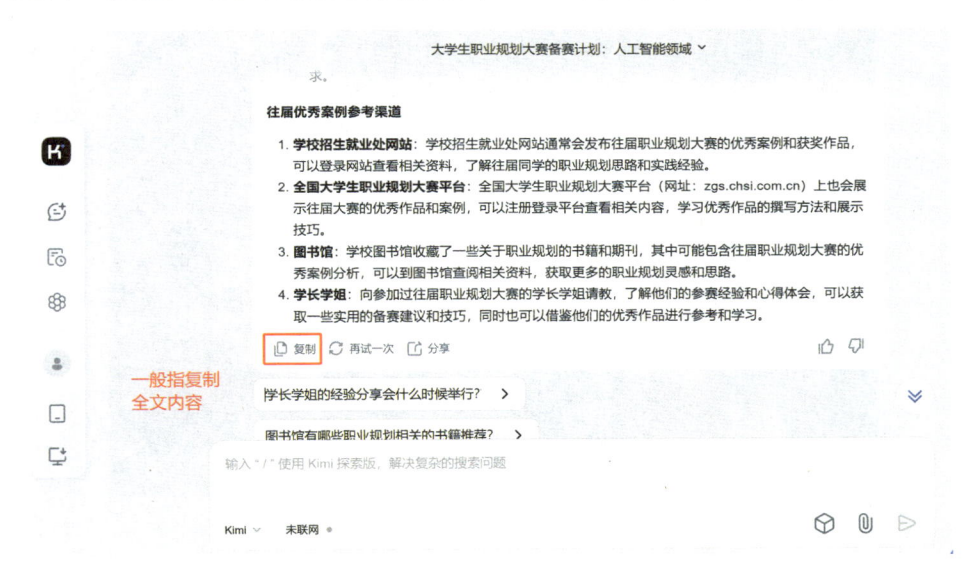

图 1.36 单击"复制"按钮

### 案例总结与反思

通过以上案例，你是否感受到 AI 技术使我们的学习变得更加高效？然而，新技术犹如一把双刃剑。一方面，AI 技术可以帮助我们高效地进行信息整合，如 10 分钟内完成人工需耗费数小时查阅资料才能形成的方案雏形，并提供案例参考等关联资源。另一方面，AI 技术无法模拟评委主观偏好及学生实际学习情况，需结合指导教师的建议进行调整。

## 1.5 人工智能技术的应用实例分析：深入剖析 AI 在各行各业的应用

### 1. 智能制造：AI 驱动工业升级

（1）工业机器人柔性生产线。

技术原理：通过计算机视觉（目标检测）+ 强化学习算法，机器人可自主识别零件类型并动态调整抓取路径。

典型案例：某汽车焊装车间在引入 AI 机器人后，生产线切换车型的时间从 2 小时缩短至 15 分钟，兼容 6 种车型混线生产，如图 1.37 所示。

图 1.37　某汽车焊装车间引入 AI 机器人后

AI 与我们：机电工程专业学生可通过数字孪生仿真平台（如 ABB 集团研发的 RobotStudio）训练机器人编程技能，不接触实体设备即可完成 80% 的调试任务，如图 1.38 所示。

（2）AI 质检系统。

技术原理：基于深度学习的缺陷检测模型（如 YOLOv8），对产品表面划痕、尺寸偏差进行毫秒级识别，如图 1.39 所示。

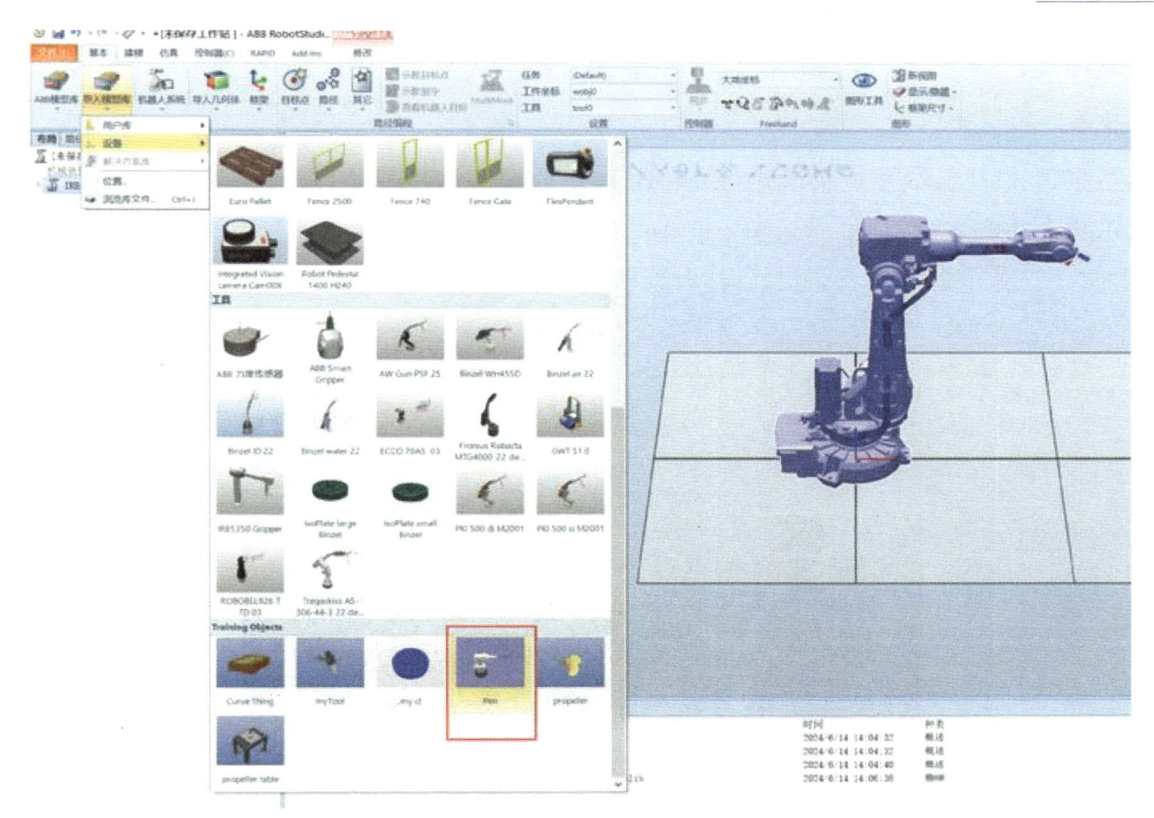

图 1.38　RobotStudio 工作界面

图 1.39　YOLOv8 缺陷检测模型

典型案例：某手机屏幕厂部署 AI 质检系统后，漏检率从 1.2%降至 0.03%，每年因此减少的返工成本超过 500 万元。

AI 与我们：工业互联网专业的学生可参与 AI 模型标注训练（如图像标注），这项技能已被纳入"工业视觉系统运维"1+X 证书的考核标准。

## 2. 智慧农业：AI 助力乡村振兴

（1）智能温室种植。

技术原理：传感器采集温湿度、光照数据→决策树算法生成最优灌溉/补光方案→自动控制设备执行。

典型案例：山东寿光蔬菜基地应用 AI 系统后，节水达 30%、产量提升 25%，农户可通过微信小程序远程监控大棚，如图 1.40 所示。

图 1.40　寿光蔬菜大棚实现智能管理

AI 与我们：农业类专业的学生可以使用开源硬件（如 Arduino）+ TensorFlow Lite 搭建简易的环境监测模型，并将其应用到大学生创新创业项目中。

（2）无人机精准植保。

技术原理：多光谱相机识别病虫害区域→路径规划算法生成喷洒航线→无人机自动避障作业。

典型案例：新疆棉田使用 AI 无人机后，农药用量减少 40%，人力成本降低 60%，如图 1.41 所示。

图 1.41　AI 技术让新疆棉花产业脱胎换骨

AI 与我们：无人机应用技术专业的学生需要掌握 DJI Terra 航线规划软件，该技能与无人机驾驶职业资格证书直接相关。

### 3. 智慧医疗：AI 守护生命健康

（1）智能影像诊断系统。

技术原理：智能影像诊断系统通过 AI 技术，分析患者的症状、病史和检查结果，提供初步的诊断建议，如图 1.42 所示。

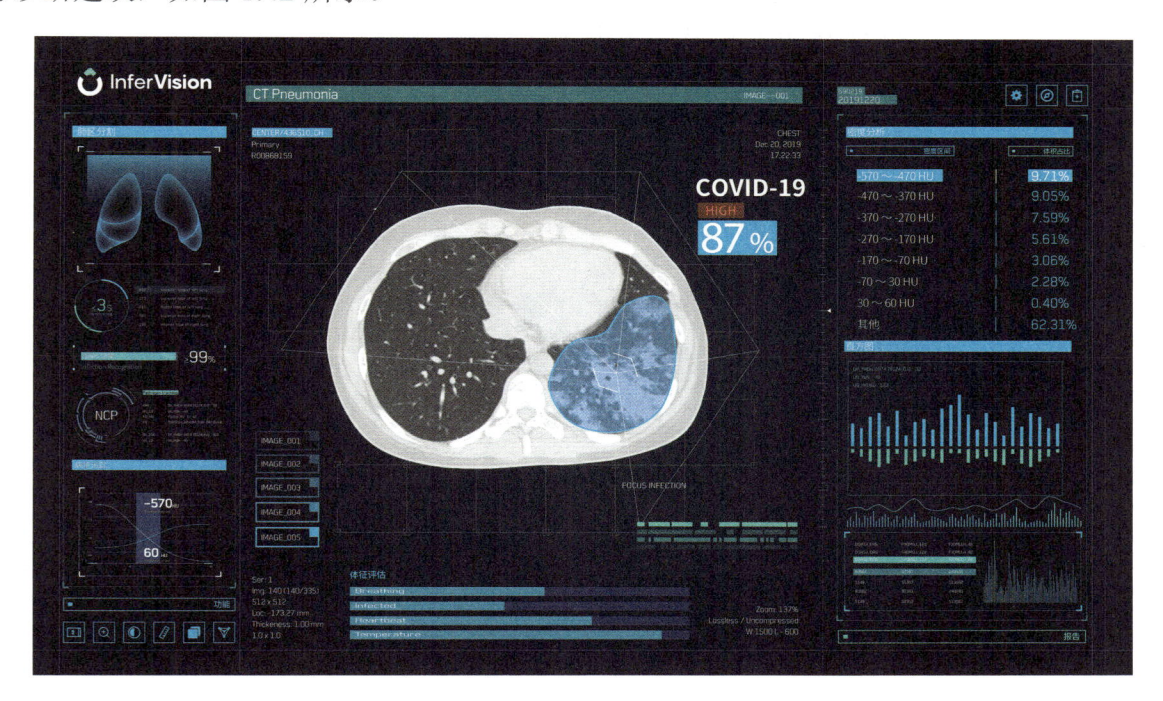

**图 1.42　智能影像诊断系统辅助诊断示例**

典型案例：北京协和医院的肺结节智能影像诊断系统准确率达 90% 以上，可辅助医生筛查早期肺癌。该系统能够自动分析 X 光和 CT 影像，辅助医生快速、准确地发现病变。

AI 与我们：医学影像技术专业的学生需要了解 AI 报告解读规范，避免过度依赖算法结果。例如，结合临床病史进行交叉验证。

（2）校园健康管理。

技术原理：智能手环采集心率、步数数据→预测模型评估疲劳指数→推送个性化休息建议，如图 1.43 所示。

典型案例：某高职院校引入 AI 健康管家后，学生熬夜率下降了 22%，体测合格率提升了 15%。

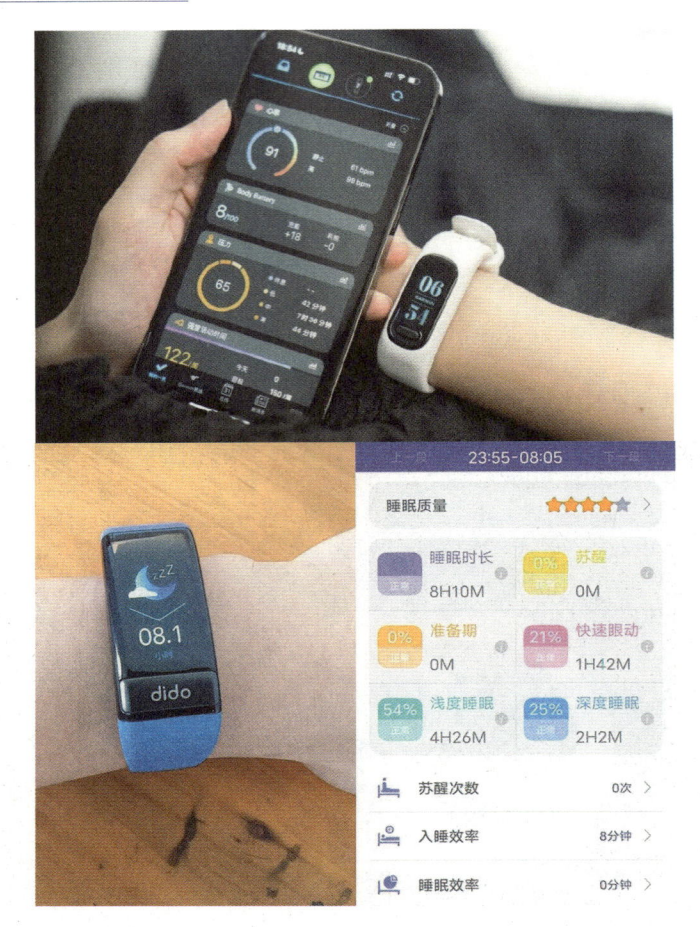

图 1.43　智能手环进行健康监测

AI 与我们：我们可以体验华为 Health Kit 开发平台，设计宿舍作息优化方案作为"Python 数据分析"课程的实践作业。

### 4. 智慧交通：AI 构建未来出行

（1）自动驾驶公交车。

技术原理：激光雷达+多传感器融合→高精度地图匹配→强化学习决策控制系统。

典型案例：郑州郑东新区 L4 级自动驾驶巴士已安全运营 2 年，累计接送乘客超 10 万人次，如图 1.44 所示。

AI 与我们：汽车检测与维修专业的学生需要学习自动驾驶系统的故障诊断，该内容已纳入新版《新能源汽车技术》教材。

（2）共享单车调度。

技术原理：时空预测模型分析用车热点→遗传算法规划最优调度路线→自动通知运维人员，如图 1.45 所示。

图 1.44　郑州郑东新区 L4 级自动驾驶巴士

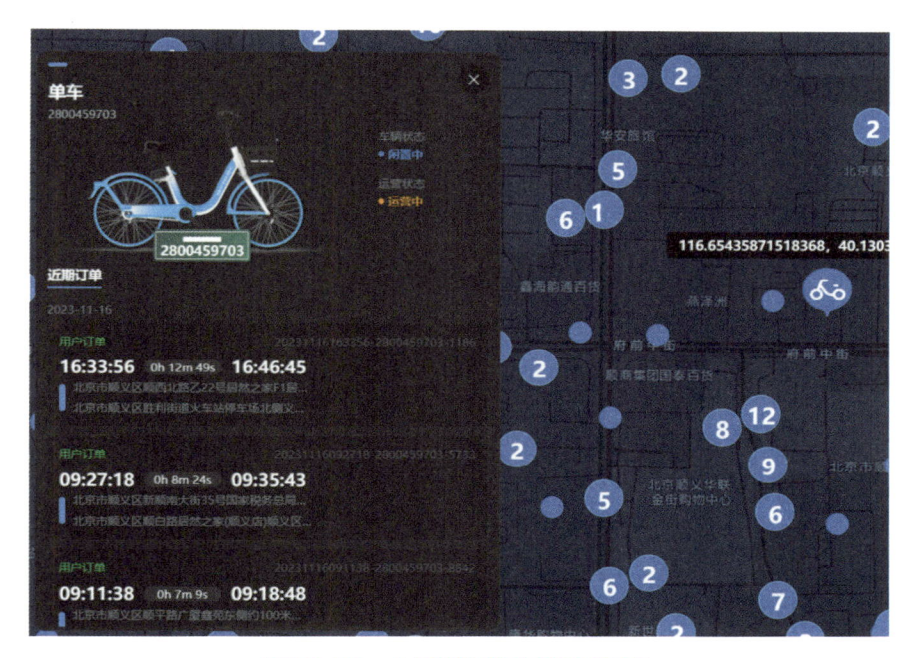

图 1.45　AI 赋能共享单车调度

典型案例：杭州某高校应用 AI 技术对共享单车进行调度后，早高峰单车短缺率从 37% 降至 8%，运维成本减少 45%。

AI 与我们：我们可参与校园共享单车数据采集实践（如使用手机 GPS 记录骑行轨迹），以此培养大数据思维。

## 5. 智慧教育：AI 推动教育改革

（1）学习方式变革。

在教育领域，AI 技术通过大数据分析、个性化推荐等手段，为学生提供定制化的学习服务。一些智能教育平台利用 AI 技术，根据学生的学习进度和兴趣，智能推荐学习资源，提供个性化辅导。此外，AI 导师和学习助手也成为教育领域的新宠，它们能够即时解答学生的疑问，提供个性化的学习建议，提高学生的学习效率。

"智慧职教""学习通"等平台设置的 AI 工作台，可实现自动出题、答疑解惑、学情分析等功能，使学生的学习效率至少提升 30%，如图 1.46 所示。

（a）AI 助教

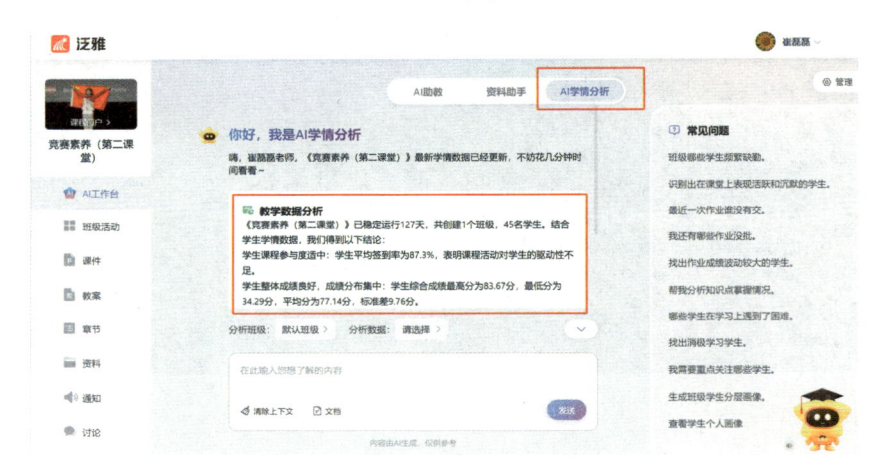

（b）AI 学情分析

图 1.46　辅助教学的 AI 工作台

焊接专业的学生通过使用 VR 头盔等虚拟实训系统，模拟高危场景下的操作，极大地降低了安全风险，如图 1.47 所示。

（2）职业能力重构。

新增岗位：数据标注师、AI 训练师（人力资源社会保障部 2025 年公布的新职业）。

技能升级：数控加工专业的学生需要掌握"AI 工艺参数优化"；护理专业增加了"智能医疗设备操作"模块。

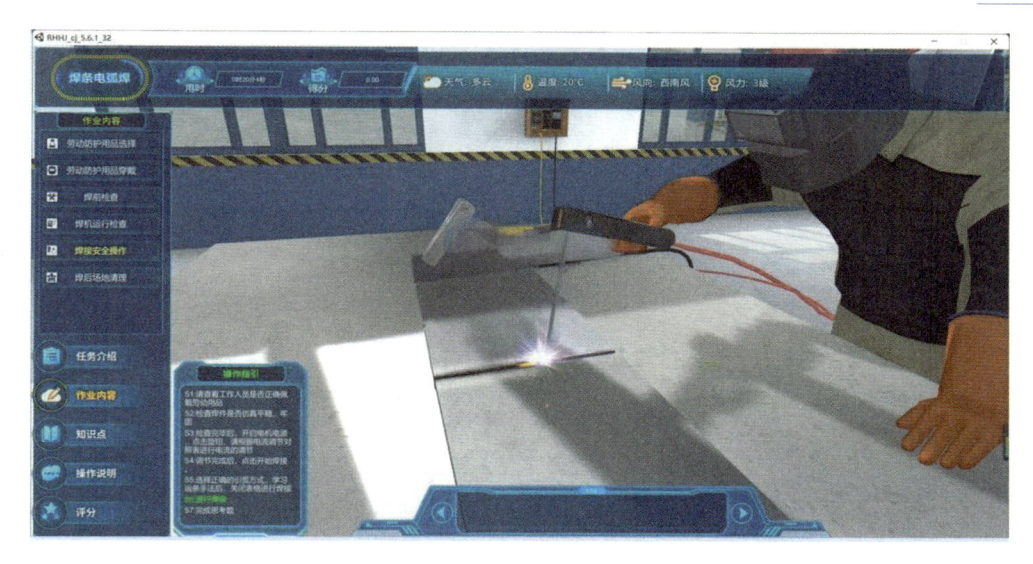

图1.47　融化焊接与热切割3D虚拟实训系统

## 练习与实践

### 1.6 实践操作：使用 AI 工具完成简单任务

在前面的学习中，我们已经对人工智能的定义、发展历程及主要应用领域有了初步的了解。接下来，让我们通过一些实际的 AI 工具，亲身体验 AI 技术是如何提升我们的学习效率和生活便利性的。

实践操作1：任选文心一言、豆包、Kimi 为"人工智能专业认知访谈"设计10个问题，并对比 AI 生成的问题与教师提供的问题之间的差异。

实践操作2：任选一个 OCR（光学字符识别）工具（如百度 OCR、腾讯云 OCR），将图片中的文字转换成可编辑文本，如从课本照片中提取笔记。

实践操作3：任选一个在线翻译工具（如有道翻译），将一篇英文短文翻译为中文。

### 1.7 小组讨论

在使用 AI 工具完成简单任务后，请各小组围绕讨论主题展开讨论，记录讨论结果并提交。

## 1. 讨论主题

分析 AI 的利与弊及其对社会的影响，讨论内容如下。

利：分析 AI 的优势，以及它对社会发展的积极影响。

弊：分析 AI 的劣势，以及它对社会发展的消极影响。

## 2. 评分标准（见表 1.1）

表 1.1 评分标准

| 项目 | 分值 | 说明 |
| --- | --- | --- |
| 讨论参与度 | 40 分 | 小组成员是否积极参与讨论，并贡献自己的观点 |
| 讨论深度 | 40 分 | 小组是否深入分析了 AI 的利、弊和对社会的影响 |
| 汇报质量 | 20 分 | 小组代表的汇报是否清晰、有条理，能否准确传达小组观点 |

## 3. 提交要求

（1）小组讨论记录。

提交小组讨论的记录，包括讨论要点和成员贡献。

（2）小组汇报 PPT。

制作并提交小组汇报的 PPT，内容包括讨论主题、利弊分析、社会影响等。

（3）个人反思。

每位小组成员需要提交一份个人反思，总结自己在讨论中的收获和体会。

# 项目 2

# AI 与数据处理

## 项目背景

随着大数据时代的到来，AI 在数据处理中的应用越来越广泛。例如，某零售企业通过 AI 分析顾客的购买记录，识别特定时段内热销商品的类型和数量，从而精准制定营销策略；在医疗行业，AI 通过分析患者的病历数据，帮助医生更准确地诊断疾病；在智能交通领域，AI 实时分析路况和车辆行驶数据，预测交通拥堵并提前进行疏导；在制造业中，AI 实时监测生产设备的运行数据，预测设备故障并提前维护。AI 不仅能够高效处理大规模数据、进行自动化数据清洗与预处理、提高数据处理的准确性，还能增强数据分析能力、适应动态数据环境、降低人力成本、提升数据处理的灵活性、支持数据驱动的决策、保护数据隐私与安全。因此，AI 已成为企业和组织提升竞争力的关键技术。

初入职场的人在面对大量的数据时，经常不知道如何进行数据处理和分析，在使用 Excel 及其函数功能时常常面临学不会、记不住、不会用等困境。但随着人工智能技术的发展，这些问题迎刃而解。借助 AIGC 工具辅助 Excel 的应用，数据处理的工作可以变得更加高效。

## 项目分析

本项目探究 AIGC 技术在 Excel 数据处理中的应用，包括运用 Kimi 等 AIGC 工具辅助编写 Excel 公式、使用 AIGC 平台自动生成数据处理方案等，并结合 Excel 内置函数，实现复杂数据的自动化处理，为提升 Excel 的办公效率和推动数据分析领域的智能化发展提供新的解决方案。

**人工智能通识课基础**

### 🏆 知识目标

▶ 了解数据处理的定义和应用场景。

▶ 了解 AI 辅助数据处理的常用工具。

▶ 熟悉在 Excel 中生成公式的方法。

### 🎯 技能目标

▶ 能根据数据处理需求和数据表设计提示词。

▶ 能根据 AIGC 工具完成 Excel 表的操作。

▶ 能辨析生成内容的准确性，并做出相应的优化。

### 🎧 素养目标

▶ 具备数据伦理与责任感，遵守相关法律法规，尊重个人隐私，防止数据泄露和滥用。

▶ 坚持真实性和诚信原则，培养诚信意识。

▶ 强调数据安全的重要性，增强国家安全意识。

### 相关知识

## 2.1 数据处理的定义

数据处理是指对原始数据进行收集、清洗、转换、存储、分析和输出等一系列操作的过程。其目的是将原始数据转换为有用的信息，以支持决策、分析、研究或其他应用。

### 1. 数据收集

获取数据的过程就是数据收集，数据可以来自传感器、数据库、用户输入、网络等。

### 2. 数据清洗

数据清洗是指对收集到的数据进行预处理，去除错误、重复、缺失或不一致的数据，提高数据质量，确保数据的准确性和一致性。

### 3. 数据转换

数据转换是指将数据从一种格式或结构转换为另一种格式或结构，以使数据更适合后续的分析和处理。例如，将文本数据转换为数值数据，将日期格式统一化等。

### 4. 数据存储

数据存储是指将处理后的数据存储在适当的介质中，如数据库、文件系统或云，以便于数据的长期保存和快速访问。

### 5. 数据分析

数据分析是指对数据进行统计分析、模式识别、预测建模等操作，以提取有价值的信息，发现数据中的规律、趋势和关联，支持决策和研究。

### 6. 数据输出

数据输出是指将处理和分析后的数据以某种形式输出，如报告、图表、可视化界面等，以便进一步使用。

## 2.2 AI 辅助数据处理的应用场景

AI 辅助数据处理的应用场景如表 2.1 所示。

表 2.1  AI 辅助数据处理的应用场景

| 应用场景 | 描述 |
| --- | --- |
| 数据分析与预测 | AI 驱动的数据分析工具可快速处理海量数据，进行市场预测、风险评估、能源消耗预测等。AI 能够自动完成数据收集、清洗、分析等多个环节的工作，处理多样化类型数据 |
| 自动化办公 | AI 工具（如酷表 ChatExcel）可快速对 Excel 数据进行排序、筛选、汇总等操作，自动生成报告，简化工资表、库存管理等日常办公任务 |
| 智能文档处理 | AI 可读取、解析不同格式的文档，提取关键信息并自动分类处理。例如，在法律领域分析合同，在财务领域处理发票，在人力资源管理领域筛选简历，以减少人工干预 |
| 教育领域 | AI 个性化学习系统可根据学生进度提供定制化的学习资源，智能辅导系统可提供在线辅导，并能自动评分，提高教育评价效率 |
| 金融风控 | AI 可分析大量交易数据，识别异常交易行为，预防金融欺诈。智能投顾系统可分析市场趋势，提供投资建议。AI 客服机器人可解答客户咨询 |

续表

| 应用场景 | 描述 |
|---|---|
| 交通物流 | AI 可优化交通信号控制，缓解拥堵，预测市场需求，优化库存管理。自动驾驶技术的发展和智能物流系统的应用提高了配送效率 |
| 制造业 | AI 可优化生产计划，预测维护需求，监控生产参数，确保产品质量。AI 还可预测供应链中断，调整生产计划，提高效率，降低成本 |
| 医疗行业 | AI 可用于医学影像分析、辅助诊断、疾病预测、药物研发、智能医疗设备管理等。例如，AI 可以分析医学影像检查报告，提供智能诊断建议，加速药物研发过程 |
| 零售业 | AI 可用于零售交易数据挖掘、销售趋势分析、库存管理、个性化推荐等。例如，通过 Spark 等大数据处理框架分析零售交易数据，挖掘销售模式，优化库存 |

## 2.3 AI 辅助数据处理的常用工具

面对海量、复杂的数据，传统的数据处理方法往往显得力不从心。AI 技术的出现为数据处理带来了革命性的变化，不仅提高了效率，还提升了数据处理的准确性和深度。AI 辅助数据处理工具通过自动化、智能化的方式，帮助用户快速完成数据收集、清洗、分析和可视化等任务，极大地简化了数据处理流程。为了帮助大家更好地了解和选择适合自己的 AI 辅助数据处理工具，我们整理了一份适用于不同场景的常用工具列表，如表 2.2 所示。

表 2.2 AI 辅助数据处理的常用工具

| 工具名称 | 主要特点 | 适用场景 |
|---|---|---|
| GitHub Copilot | 人工智能代码生成、实时建议、多语言支持 | 数据预处理、特征工程、代码编写 |
| PandaAI | 自动数据清理、自然语言查询、与 Python 集成 | 数据清理、数据准备 |
| ChatGPT | 自然语言处理、代码解释、数据解释 | 数据分析、代码生成、自然语言交互 |
| Tableau | 数据分析与洞察、预测分析、数据可视化 | 数据可视化、预测分析 |
| KNIME | 可视化工作流程设计器、拖放界面、可扩展平台 | 数据分析、数据挖掘 |
| Dataiku | 协作数据科学、MLOps 功能、视觉数据准备 | 数据科学协作、机器学习 |
| ChatExcel | 自然语言处理、自动化操作、持续交互、一键导出 | Excel 数据处理、数据分析 |
| Formula Bot | AI 驱动的 Excel 公式生成、数据分析、数据可视化 | Excel 数据分析、数据可视化 |
| 办公小浣熊 | 自然语言交互、多格式数据源支持、多轮次对话 | 数据分析、数据清洗 |
| Ajelix | 多功能 AI Excel 工具、商业智能解决方案 | Excel 公式生成、数据可视化 |
| Insightio AI | 智能产品洞察分析、音频/视频/文本数据处理 | 数据分析、客户洞察 |
| ChartAI | 智能图表生成、数据可视化 | 数据可视化、图表生成 |

## 项目实施

## 2.4 AI 辅助数据处理的应用

### 1. AI 辅助 Excel 数据处理提示词编写技巧

1）明确目标和需求

在编写提示词之前，首先要明确你希望通过 AI 完成的具体任务，如数据清洗、数据分析、生成图表或生成报告。明确目标后，可以更有针对性地编写提示词。例如：

（1）我需要对这份销售数据进行清洗，去除重复记录并填充缺失值。

（2）请根据这些数据生成一份销售趋势分析报告。

2）提供具体的数据描述

详细描述数据的结构和内容，包括数据的格式（如表、文本等）、数据的来源及数据的特点。例如：

（1）这份 Excel 表包含两列数据：日期和销售额，日期从 2024 年 1 月 1 日到 2024 年 12 月 31 日。

（2）数据来源于公司的销售系统，包含 1000 条记录。

3）使用清晰的指令语言

在编写提示词时，语言要简洁明了，避免使用模糊或复杂的表达，让 AI 能够快速理解你的需求。例如：

（1）请按照销售额从高到低对数据进行排序。

（2）生成一个柱状图，展示每个月的销售额。

4）结合上下文信息

提供与任务相关的上下文信息，如业务背景、分析目的等。这有助于 AI 生成更符合实际需求的内容。例如：

（1）这份数据用于分析公司 2024 年的销售业绩，目的是找出销售额最高的产品类别。

（2）我们需要通过数据分析来优化营销策略。

#### 5）逐步细化提示词

如果任务较为复杂，则可以先用较宽泛的提示词启动，然后逐步细化。通过逐步细化，我们可以更好地引导 AI 生成符合预期的内容。例如：

初始提示词：对数据进行分析。

细化提示词：分析数据中的销售额趋势，并生成一个折线图。

#### 6）利用模板和示例

如果不确定如何编写提示词，则可以参考一些常见的模板和示例。这些模板和示例可以帮助你快速构建有效的提示词。例如：

请参考以下模板：对[数据集]进行[操作]，并生成[结果]。

#### 7）测试和优化

编写好提示词后，先进行测试，观察 AI 的生成结果是否符合预期。如果不符合，则可以根据生成结果调整和优化提示词。例如：

测试提示词：生成一个饼图，展示各品类的销售额占比。

优化提示词：生成一个饼图，展示各品类的销售额占比，并添加数据标签。

#### 8）提供数据格式和可视化要求

如果需要生成可视化内容，如图表，则要明确指定图表的类型和数据格式。这有助于 AI 生成符合需求的可视化结果。例如：

生成一个柱状图，展示每个月的销售额，并使用蓝色和红色区分不同品类。

## 2. AI 辅助生成 Excel 公式

AI 辅助生成 Excel 公式可以显著提高数据处理的效率和准确性，尤其适用于需要处理大量数据或复杂计算的场景。其不仅能够填充数据，还可以识别和清理数据中的异常值、缺失值和重复值，以及排序和筛选数据。只要我们能清晰地表达自己的需求，它就能生成相应的操作方案，逐步引导我们完成操作。

#### 1）使用 AI 计算平均分

在 Excel 中，当用户需要在单元格中计算平均值时，可以通过 AI 获得计算公式。下面介绍具体的操作方法。

步骤 1：打开学生每周测验成绩表（见图 2.1）。

将学生每周测验成绩表上传到平台（以 Kimi 为例），其中 K 列用于显示每位学生每周测验成绩的平均分。

| | A | B | C | D | E | F | G | H | I | J | K |
|---|---|---|---|---|---|---|---|---|---|---|---|
| 1 | 学生姓名 | 第1周 | 第2周 | 第3周 | 第4周 | 第5周 | 第6周 | 第7周 | 第8周 | 第9周 | 平均分 |
| 2 | 学生1 | 85 | 90 | 88 | 78 | 82 | 85 | 90 | 88 | 92 | |
| 3 | 学生2 | 78 | 85 | 82 | 88 | 90 | 78 | 85 | 82 | 88 | |
| 4 | 学生3 | 90 | 88 | 92 | 85 | 82 | 88 | 90 | 85 | 82 | |
| 5 | 学生4 | 82 | 78 | 85 | 90 | 88 | 78 | 82 | 88 | 90 | |
| 6 | 学生5 | 88 | 90 | 82 | 85 | 82 | 90 | 88 | 85 | 82 | |

图 2.1　学生每周测验成绩表

步骤 2：使用 AI 生成计算公式。

提示词示例：在 Excel 工作表中，需要编写一个计算公式，在 K2 单元格中计算 B2:J2 单元格区域的平均值。

AI 生成（见图 2.2）：

在 Excel 中，你可以使用 AVERAGE 函数来计算指定区域的平均值。根据你的需求，要在 K2 单元格中计算 B2:J2 单元格区域的平均值，可以按照以下步骤操作：

**步骤 1：选择 K2 单元格**

1. 打开 Excel 工作表。
2. 选择 K2 单元格。

**步骤 2：输入公式**

3. 在 K2 单元格中输入以下公式：

```excel
=AVERAGE(B2:J2)
```

**步骤 3：按 Enter 键**

4. 按下 Enter 键，K2 单元格将显示 B2:J2 单元格区域的平均值。

图 2.2　AI 生成计算公式

步骤 3：复制 AI 生成的计算公式并返回 Excel 工作表。

选择 K2：K6 单元格区域，在编辑栏中粘贴复制的公式“=AVERAGE(B2:J2)”（见图 2.3）。

SUM　× ✓ fx　=AVERAGE(B2:J2)

| | A | B | C | D | E | F | G | H | I | J | K |
|---|---|---|---|---|---|---|---|---|---|---|---|
| 1 | 学生姓名 | 第1周 | 第2周 | 第3周 | 第4周 | 第5周 | 第6周 | 第7周 | 第8周 | 第9周 | 平均分 |
| 2 | 学生1 | 85 | 90 | 88 | 78 | 82 | 85 | 90 | 88 | 92 | E(B2:J2) |
| 3 | 学生2 | 78 | 85 | 82 | 88 | 90 | 78 | 85 | 82 | 88 | |
| 4 | 学生3 | 90 | 88 | 92 | 85 | 82 | 88 | 90 | 85 | 82 | |
| 5 | 学生4 | 82 | 78 | 85 | 90 | 88 | 78 | 82 | 88 | 90 | |
| 6 | 学生5 | 88 | 90 | 82 | 85 | 82 | 90 | 88 | 85 | 82 | |

图 2.3　在编辑栏中粘贴复制的公式

步骤 4：批量统计平均值。

按 Ctrl+Enter 组合键，即可批量统计平均值（见图 2.4）。

| | A | B | C | D | E | F | G | H | I | J | K |
|---|---|---|---|---|---|---|---|---|---|---|---|
| 1 | 学生姓名 | 第1周 | 第2周 | 第3周 | 第4周 | 第5周 | 第6周 | 第7周 | 第8周 | 第9周 | 平均分 |
| 2 | 学生1 | 85 | 90 | 88 | 78 | 82 | 85 | 90 | 88 | 92 | 36.44444 |
| 3 | 学生2 | 78 | 85 | 82 | 88 | 90 | 78 | 85 | 82 | 88 | 84 |
| 4 | 学生3 | 90 | 88 | 92 | 85 | 82 | 88 | 90 | 85 | 82 | 86.88889 |
| 5 | 学生4 | 82 | 78 | 85 | 90 | 88 | 78 | 82 | 88 | 90 | 84.55556 |
| 6 | 学生5 | 88 | 90 | 82 | 85 | 82 | 90 | 88 | 85 | 82 | 85.77778 |

图 2.4　使用 AI 计算平均分结果

### 2）使用 AI 辅助数据批量修改

某公司需要统计员工的在职时间，通过 Kimi 获取所需要的函数，并对员工信息表进行批量修改。

步骤 1：打开员工信息表（见图 2.5）。

| | A | B | C | D | E |
|---|---|---|---|---|---|
| 1 | 部门 | 姓名 | 入职日期 | 离职日期 | 在职时间 |
| 2 | 管理部 | 员工1 | 2014/3/5 | 2023/8/10 | |
| 3 | 业务部 | 员工2 | 2020/9/5 | 2023/8/12 | |
| 4 | 业务部 | 员工3 | 2020/9/5 | 2023/8/4 | |
| 5 | 人事部 | 员工4 | 2020/10/15 | 2023/7/28 | |
| 6 | 销售部 | 员工5 | 2021/3/5 | 2023/7/29 | |

图 2.5　员工信息表

将员工信息表上传到 Kimi。

步骤 2：使用 AI 获取所需要的函数及其使用步骤。

提示词示例：在 Excel 工作表中，C 列为入职日期，D 列为离职日期，使用什么函数可以计算员工在职时间？请列出函数详细的使用步骤。

AI 生成：

在 Excel 中，可以使用 DATEDIF 函数来计算员工的在职时间。DATEDIF 函数可以计算两个日期之间的差异，单位可以是年、月或日等。

步骤 3：使用 DATEDIF 函数计算在职时间。

（1）打开 Excel 工作表。选择 E2 单元格（假设在职时间列是 E 列）。

（2）在编辑栏中输入以下公式。

=DATEDIF(C2, D2, "Y") & " 年 " & DATEDIF(C2, D2, "YM") & " 月 " & DATEDIF(C2, D2, "MD") & " 天"

说明：

① DATEDIF 函数的语法格式为 DATEDIF(开始日期, 结束日期, 单位)。

② Y：返回两个日期之间的完整年数。

③ YM：返回两个日期之间的完整月数（不包括年数部分）。

④ MD：返回两个日期之间的天数（不包括年数和月数部分）。

（3）按 Enter 键，E2 单元格将显示员工 1 的在职时间，格式为"X 年 X 月 X 天"。

步骤 4：复制公式并返回 Excel 工作表。

选中 E2 单元格，然后将鼠标移动到该单元格的右下角，直到出现一个小黑十字，单击并拖动向下，直到覆盖所有需要计算在职时间的行，即可批量计算员工在职时间（见图 2.6）。

| | A | B | C | D | E |
|---|---|---|---|---|---|
| 1 | 部门 | 姓名 | 入职日期 | 离职日期 | 在职时间 |
| 2 | 管理部 | 员工1 | 2014/3/5 | 2023/8/10 | 9 年 5 月 5 天 |
| 3 | 业务部 | 员工2 | 2020/9/5 | 2023/8/12 | 2 年 11 月 7 天 |
| 4 | 业务部 | 员工3 | 2020/9/5 | 2023/8/4 | 2 年 10 月 30 天 |
| 5 | 人事部 | 员工4 | 2020/10/15 | 2023/7/28 | 2 年 9 月 13 天 |
| 6 | 销售部 | 员工5 | 2021/3/5 | 2023/7/29 | 2 年 4 月 24 天 |

图 2.6　批量计算员工在职时间结果

## 3. AI 助力处理数据

### 1）AI 助力数据排序

数据排序是现代数据处理中不可或缺的一部分。它通过自动化和智能化的方式，显著提高了数据处理的效率和准确性。下面，我们将介绍用 Kimi 进行数据排序的具体操作。

步骤 1：打开客户信息表。

将"某图书销售集团销售情况表"（见图 2.7）上传至 Kimi，需要按经销部门对图书的销售额从高到低进行排序。

步骤 2：使用 AI 生成计算公式。

提示词示例：在 Excel 工作表中，A 列为经销部门、B 列为图书名称、C 列为数量、D 列为单价、E 列为销售额，需要按经销部门对销售额从高至低进行排序。

| | A | B | C | D | E |
|---|---|---|---|---|---|
| 1 | 某图书销售集团销售情况表 ||||||
| 2 | 经销部门 | 图书名称 | 数量 | 单价 | 销售额(元) |
| 3 | 第3分店 | 计算机应用基础 | 309 | ¥23.50 | ¥7,261.50 |
| 4 | 第1分店 | 计算机应用基础 | 412 | ¥23.50 | ¥9,682.00 |
| 5 | 第2分店 | 计算机应用基础 | 451 | ¥23.50 | ¥10,598.50 |
| 6 | 第3分店 | 计算机导论 | 119 | ¥32.80 | ¥3,903.20 |
| 7 | 第2分店 | 计算机导论 | 221 | ¥32.80 | ¥7,248.80 |
| 8 | 第1分店 | 计算机导论 | 236 | ¥32.80 | ¥7,740.80 |
| 9 | 第1分店 | 程序设计基础 | 178 | ¥26.90 | ¥4,788.20 |
| 10 | 第2分店 | 程序设计基础 | 211 | ¥26.90 | ¥5,675.90 |
| 11 | 第3分店 | 程序设计基础 | 301 | ¥26.90 | ¥8,096.90 |

图 2.7　某图书销售集团销售情况表（示例）

AI 生成：

**步骤 1：准备数据**

确保你的数据准确。

**步骤 2：选择数据区域**

选择包含数据的整个表格区域。

**步骤 3：打开"排序"对话框**

1. 在 Excel 菜单栏中，选择"数据"选项卡。
2. 单击"排序"按钮，打开"排序"对话框。

**步骤 4：设置排序条件**

1. 在"排序"对话框中，选择"主要关键字"为"经销部门"。
2. 设置"次序"为"升序"（这样可以按经销部门分组）。
3. 单击"添加条件"按钮，添加一个次要关键字。
4. 选择"次要关键字"为"销售额"。
5. 设置"次序"为"从高到低"。

**步骤 5：确认排序**

单击"确定"按钮，Excel 将按经销部门对销售额从高至低进行排序。

**注意事项**

1. 确保数据区域选择正确，包括表头。
2. 如果数据中有合并单元格或空单元格，可能会影响排序结果，需要先进行数据清理。
3. 如果需要对多个字段进行排序，可以添加多个排序条件。

步骤 3：对数据进行排序。

参考 AI 提供的方法，在 Excel 工作表中选择 A3:E11 数据区域，在"排序和筛选"面板中单击"排序"按钮，弹出"排序"对话框，如图 2.8 所示。

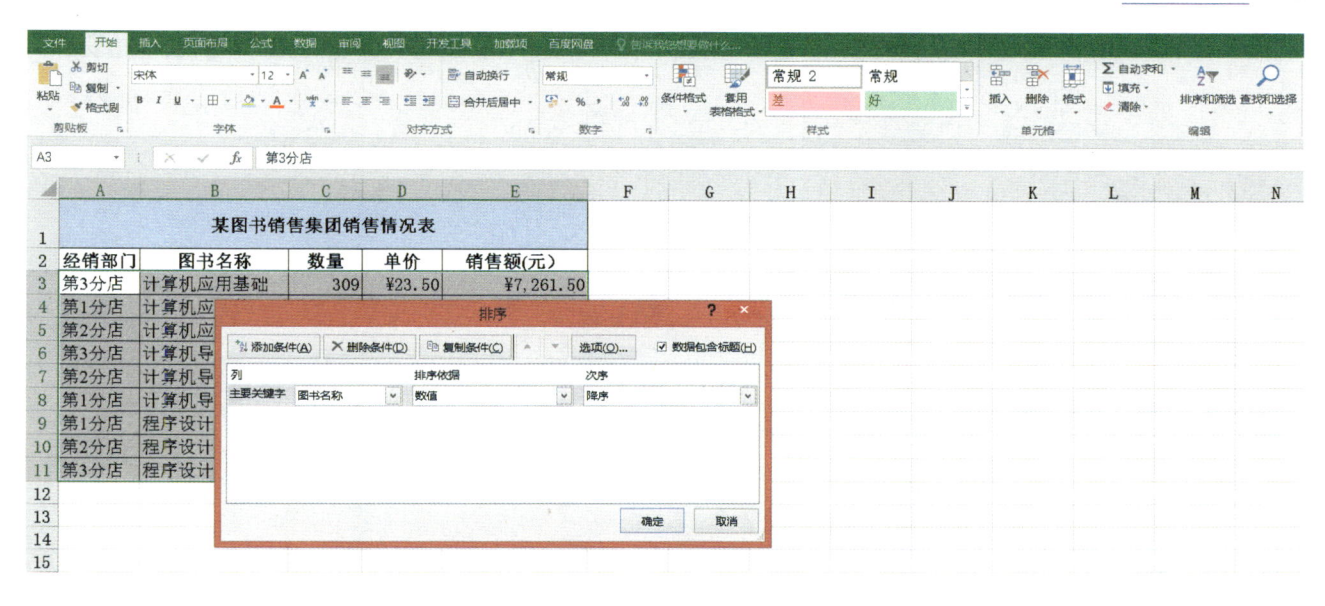

图 2.8 "排序"对话框

步骤 4：设置排序依据。

在"排序"对话框中，展开"排序依据"列表，选择"数值"选项，并将"主要关键字"设置为"经销部门"，将"次序"设置为"升序"，结果如图 2.9 所示。

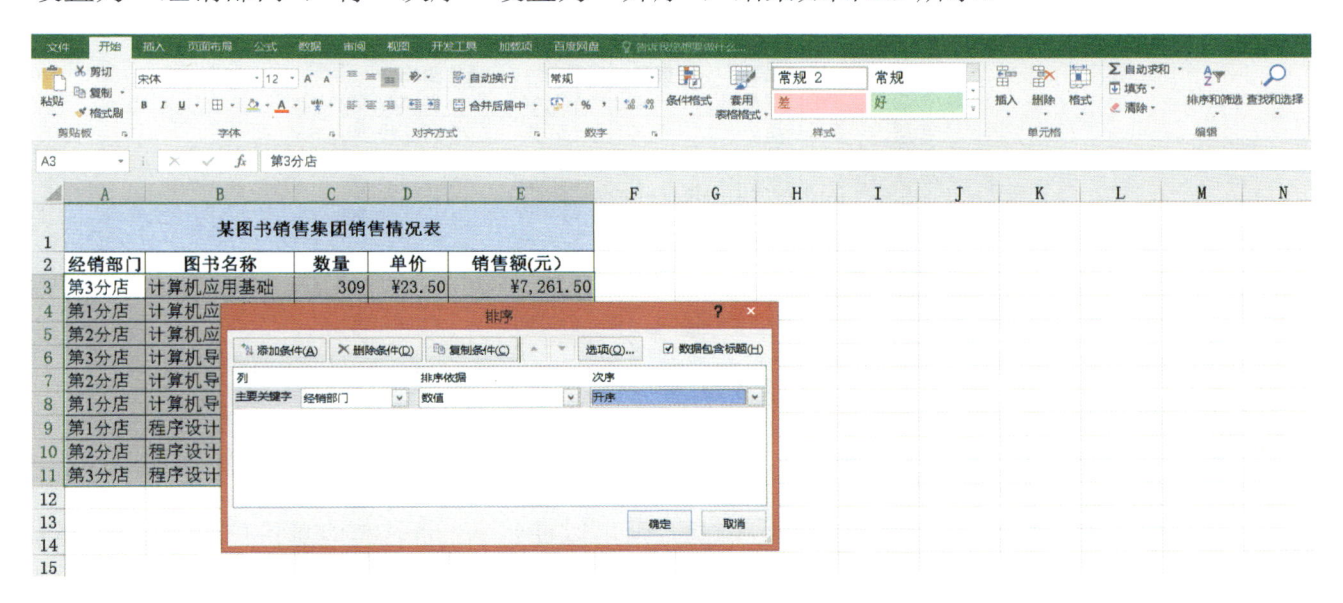

图 2.9 设置排序依据结果

步骤 5：添加第 2 个排序项。

执行上述操作后，即可添加第 2 个排序项，展开"次要关键字"列表，选择"销售额"选项，展开"次序"列表，选择"降序"选项，如图 2.10 所示。

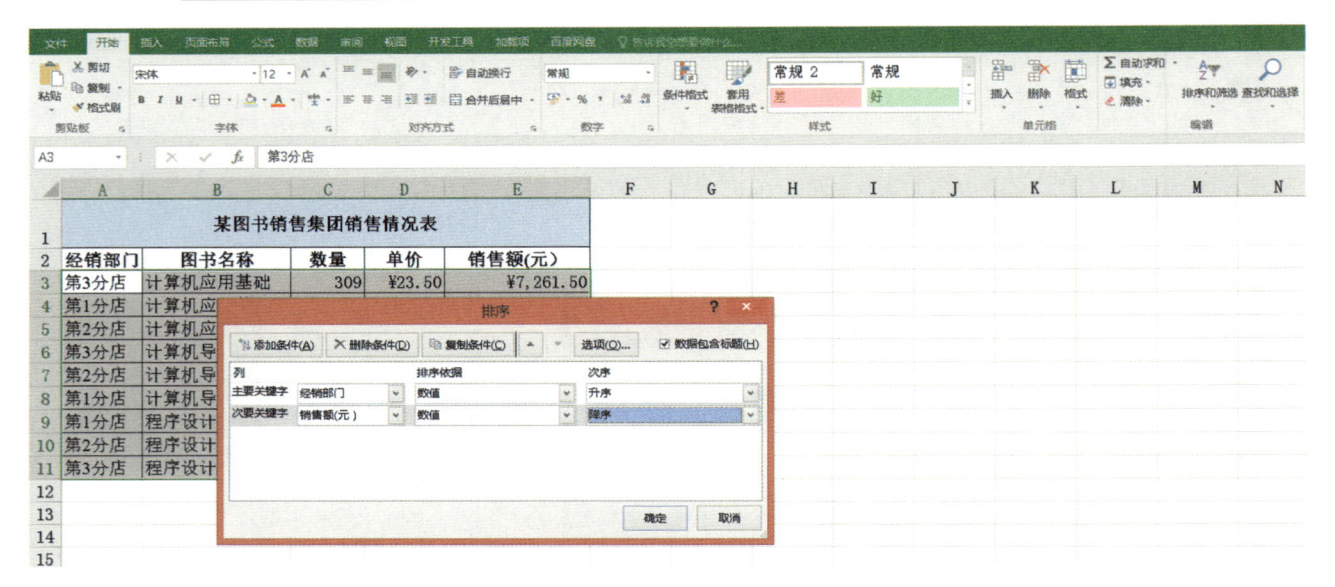

图2.10　添加第2个排序项

步骤6：进行排序。

单击"确定"按钮，即可对所选择的数据进行排序了，排序结果如图2.11所示。

图2.11　排序结果

**2）AI助力数据提取**

在人员信息表中，如果只有身份证号信息，则可以使用AI提取其他身份信息。下面介绍具体操作。

步骤1：打开人员信息表。

将人员信息表（见图2.12）上传至Kimi。

步骤2：使用AI生成数据提取方案和公式。

提示词示例：如何通过身份证号提取生日信息并计算年龄。

| | A | B | C |
|---|---|---|---|
| 1 | 身份证虚拟号 | 提取生日 | 计算年龄 |
| 2 | 100010198703103085 | | |
| 3 | 100010197705084622 | | |
| 4 | 100010199506061504 | | |
| 5 | 100010199907263600 | | |
| 6 | 100010200305207601 | | |

图 2.12 人员信息表（示例）

AI 生成：

在 Excel 中，可以通过身份证号提取生日信息并计算年龄。以下是详细的步骤：

**步骤 1：提取生日信息**

1. 选择提取生日列的单元格（假设是 B2）。
2. 在 B2 单元格中输入以下公式：

=MID(A2, 7, 8)

这个公式的作用是从 A2 单元格的身份证号中提取第 7 到 14 位的字符，即出生日期。

**步骤 2：转换为日期格式**

1. 选择转换为日期格式列的单元格（假设是 C2）。
2. 在 C2 单元格中输入以下公式：

=DATE(LEFT(B2, 4), MID(B2, 5, 2), RIGHT(B2, 2))

这个公式的作用是将提取的出生日期字符串转换为 Excel 的日期格式。

**步骤 3：计算年龄**

1. 选择计算年龄列的单元格（假设是 D2）。
2. 在 D2 单元格中输入以下公式：

=DATEDIF(C2, TODAY(), "Y")

这个公式的作用是计算从出生日期到今天的年数，即年龄。

**注意事项**

1. 确保身份证号的格式正确，且没有空格或特殊字符。
2. 如果身份证号不是文本格式，需要先将其转换为文本，可以使用 TEXT 函数：

=TEXT(A2, "0")

3. DATEDIF 函数的语法格式是 DATEDIF(开始日期, 结束日期, 单位)，其中单位 "Y" 表示年数。

步骤 3：提取生日信息并转换为日期格式。

复制公式“=MID(A2, 7, 8)”到单元格 B2 中，从单元格的身份证号中提取第 7～14 位的字符，如图 2.13 所示。

B2 =MID(A2, 7, 8)

| | A | B | C | D |
|---|---|---|---|---|
| 1 | 身份证虚拟号 | | 提取生日 | 计算年龄 |
| 2 | 100010198703103085 | 19870310 | | |
| 3 | 100010197705084622 | | | |
| 4 | 100010199506061504 | | | |
| 5 | 100010199907263600 | | | |
| 6 | 100010200305207601 | | | |

图 2.13　提取第 7～14 位的字符

再复制公式“= DATE(LEFT(B2, 4), MID(B2, 5, 2), RIGHT(B2, 2))”到单元格 C2 中，将提取的出生日期字符串转换为日期格式，如图 2.14 所示。

C2 =DATE(LEFT(B2, 4), MID(B2, 5, 2), RIGHT(B2, 2))

| | A | B | C | D |
|---|---|---|---|---|
| 1 | 身份证虚拟号 | | 提取生日 | 计算年龄 |
| 2 | 100010198703103085 | 19870310 | 1987/3/10 | |
| 3 | 100010197705084622 | | | |
| 4 | 100010199506061504 | | | |
| 5 | 100010199907263600 | | | |
| 6 | 100010200305207601 | | | |

图 2.14　将字符串转换为日期格式

步骤 4：通过身份证号计算年龄。

选择“计算年龄”列的单元格 D2，粘贴复制的公式：=DATEDIF(C2, TODAY(), "Y")，计算从出生日期到今天的年数，即年龄，如图 2.15 所示。

D2 =DATEDIF(C2, TODAY(), "Y")

| | A | B | C | D |
|---|---|---|---|---|
| 1 | 身份证虚拟号 | | 提取生日 | 计算年龄 |
| 2 | 100010198703103085 | 19870310 | 1987/3/10 | 37 |
| 3 | 100010197705084622 | | | |
| 4 | 100010199506061504 | | | |
| 5 | 100010199907263600 | | | |
| 6 | 100010200305207601 | | | |

图 2.15　计算年龄

按之前介绍的方法批量提取剩下的数据，此处不再赘述。

## 练习与实践

## 2.5 实践操作：学生成绩等级评定

李老师需要根据如下规则给学生成绩评定等级，具体要求如下：各科平均分为 80 分以上，且没有一科分数低于 70 分的为优秀；平均分在 80 分以上，且有一科以上分数低于 70 分的为优良；平均分在 60 到 79 分之间，且没有一科低于 60 分的为合格；有一科低于 60 分的为不合格。

因为评定规则较为复杂，请你帮助李老师使用 Kimi 生成公式并完成成绩等级评定。

# 项目 3

# 与 AI 高效沟通：提示词技巧

## 项目背景

在 AI 技术迅猛发展的当下，内容生成与创作的方式正经历一场悄然的变革。AIGC（人工智能生成内容）如同一位能力不凡的导师，深刻地改变了内容创作的方式，提示词成为这一过程中关键的一环。编写合理的提示词是内容创作的钥匙，让 AI 能够精准识别我们的需求，生成符合期望的高质量内容。提示词是与 AI 沟通的桥梁，是激发无限创意的关键。巧妙设计的提示词能让创作思路清晰明确，让 AI 生成的内容丰富多彩、富有特色。

学习者总有一些疑问：AI 大模型与搜索引擎有什么不同？在使用 AI 大模型时如何达成预期效果？如何与 AI 沟通？针对这些疑问，我们将探究 AIGC 技术在编写提示词方面的应用，引导大家全面掌握提示词的基本技巧。通过实践，我们将学会精准提问、有效提问，并凝练成提示词；能够编写出解决实际问题的提示词，提升内容生成的效率和质量，为内容创造的智能化发展注入新的活力。

## 项目分析

本项目的核心目标是掌握提示词技巧，能够在豆包、文心一言、通义千问、Kimi 等 AIGC 平台上，轻松编写提示词，获得符合预期的生成内容，满足使用 AI 的基本需求。

### 知识目标

▶ 了解提示词的定义。
▶ 掌握使用提示词的基本技巧。
▶ 熟悉提示词工程实践框架。

## 技能目标

- **基本技能**：能设置和测试提示词。
- **进阶技能**：能完善和优化提示词。
- **高级技能**：能分析和评价提示词质量。
- **工程实践技能**：能构建提示词。

## 素养目标

- **思维素养**：具备创新思维和批判思维。
- **安全素养**：具备信息安全意识。
- **责任素养**：具备社会责任感和伦理道德观念。

相关知识

## 3.1 提示词的定义与元素组成

### 1. 提示词的定义

用户向 AI 大模型提供的指令或描述就是提示词，在 AIGC 技术中占据核心地位。

### 2. 提示词的元素组成

提示词需要包含表 3.1 中的组成元素。

表 3.1 提示词的组成元素

| 中文名称 | 英文名称 | 是否必填 | 含义 |
| --- | --- | --- | --- |
| 指令 | instruction | 必填 | 希望模型执行的具体任务 |
| 语境 | content | 选填 | 上下文，引导模型输出更好的内容 |
| 输入数据 | input data | 选填 | 向模型提供需要处理的数据 |
| 输出指标 | output indicator | 选填 | 告知模型输出的类型或格式 |

举例：我要进行班内演讲（语境），请你帮我写一篇演讲稿（指令），要求包含自我介绍、个人学习总结、致谢等内容（输入数据），结果以 Markdown 格式输出（输出指标）。

## 3.2 提示词的基本编写原则与设计步骤

### 1. 提示词的基本编写原则

（1）确定目标。明确使用 AI 的目的和预期结果，确保生成的内容符合需求。

（2）聚焦。集中于特定主题或问题，确保所生成内容的相关性和深度。

（3）提供上下文。提供足够的背景信息，使 AI 能够理解提示词的语境，生成更符合实际情况的内容。

（4）简明清晰。提示词应简单明确，避免不必要的复杂描述，使 AI 能够迅速理解需求。

（5）具体化。提供具体的信息，这有助于 AI 准确把握用户的需求。

（6）使用正确的语法、拼写和标点符号。输入表达准确的提示词可确保 AI 生成的内容与预期目标一致。

（7）验证准确性。对提示词中的信息进行核实，确保提供给 AI 的信息是准确无误的，避免误导。

遵循上述编写原则不仅可以有效提高内容生成效率，还能确保生成专业、可靠和有效的内容，满足用户的需求和期望。

### 2. 提示词的设计步骤

合理设计提示词是确保 AI 创作既精准又富有创意的关键。从宏观层面来看，设计过程应遵循明确性、定制性与平衡性三大核心原则。明确性要求提示词清晰无误，避免 AI 大模型产生误解或执行错误的任务；定制性则强调针对特定任务或需求灵活调整提示词，以优化 AI 大模型的上下文理解与输出相关性；平衡性是指在引导 AI 大模型生成内容的同时，保留足够的空间，以促进创造性表达和内容多样性。因此，合理设计提示词应遵循以下步骤。

（1）需求分析与任务定义。明确创作目标、受众特征及期望的输出类型。这一步骤是设计提示词的基础，有助于为后续步骤提供精准的定位。

（2）关键词筛选与组合。通过需求分析，筛选与任务紧密相关的关键词，并设计其组合方式。关键词的选择应兼顾明确性与创意性，既要确保 AI 大模型能够准确理解任务要求，又要激发其创造性表达能力。

（3）语境细化。根据任务的具体要求进一步细化提示词语境，包括添加背景信息、约束条件或特定风格描述等。这一步骤有助于 AI 大模型更好地把握上下文，生成更贴合需求的内容。

（4）测试与调整。设计完成后，通过实际测试评估提示词的有效性，并根据测试结果对提示词进行必要调整，直至达到最佳效果。这一步骤是确保提示词设计精准的重要保障。

（5）持续迭代与优化。随着 AI 技术的不断进步和应用场景的拓展，提示词设计也需要持续迭代与优化，通过收集用户反馈、分析输出质量等方式不断优化提示词，以适应新的需求与挑战。

综上所述，有效设计提示词需要遵循明确性、定制性与平衡性原则，通过需求分析与任务定义、关键词筛选与组合、语境细化、测试与调整、持续迭代与优化等步骤设计的提示词可引导 AI 大模型生成具有创意的内容，从而推动 AI 创作迈向更高水平。

## 3.3 提示词在不同场景中的应用

通过设计不同的提示词，AIGC 技术可被广泛地应用于各种不同的文生文场景，如表 3.2 所示。

表 3.2　提示词的应用场景

| 场景名称 | 提示词在生成内容中的作用 |
| --- | --- |
| 新闻报道 | 确保内容的时效性和准确性，引导关注重要事实和数据 |
| 学术论文 | 引导研究方向，强化数据分析，确保论证逻辑严密，提升论文的整体质量 |
| 市场营销 | 突出产品特性，定位目标受众，制定有效的营销策略 |
| 技术文档 | 提供清晰的功能描述、操作步骤和故障排除指南 |
| 创意写作 | 激发创意表达，构建故事框架，引导情节发展 |
| 教育课件 | 明确学习目标，选择合适的教学方法，设计评估标准 |

无论是新闻报道的时效性和准确性，还是学术论文的数据分析；无论是市场营销的策略优化，还是技术文档的清晰描述；无论是创意写作的无限创意，还是教育课件的精彩呈现，AIGC 都以其强大的智能生成能力，为各行各业带来了前所未有的便捷与创新。

## 项目实施

## 3.4 与 AIGC 进行"角色扮演":通过对话练习提升沟通技巧

"千里之行,始于足下",为了与 AI 大模型建立高效沟通,并利用其解决实际问题,掌握撰写高质量提示词的方法论至关重要。撰写提示词的核心原则是提供充分的信息,这有助于 AI 大模型准确理解用户意图,生成优质内容。在撰写提示词的过程中,详细而具体的指示将提升任务的执行效率。由于 AI 大模型并不了解用户的背景信息,若输入的提示信息存在缺失或模糊,则输出往往难以保证准确性。换句话说,输入质量决定输出效果。

通过学习如何撰写出色的提示词,我们可以让 AI 大模型成为工作、学习和生活的得力助手。这不仅提升了与 AI 大模型的沟通效率,还确保了生成内容更加符合用户需求,从而在实际应用中发挥更大的价值。在本项目中,我们将深入探索如何撰写高质量的提示词,为与 AI 大模型的合作奠定坚实基础。

### 1. 信息充分,让 AI 大模型更懂你

在这个信息爆炸的时代,每一分每一秒都有海量数据产生。为了让 AI 大模型能够更加精准地理解并执行指令,我们需要提供详尽且周全的信息。这包括为 AI 大模型设定明确的角色,确保其能够识别和适应不同的任务需求。同时,这也意味着输入个性化的用户信息,使 AI 大模型能够更好地理解不同用户的意图、预测需求,并提供更加贴合个人偏好的解决方案。这种高度互动的模型不仅提高了效率,还极大地优化了用户体验,使 AI 技术更加贴近个人需求,实现真正的智能化服务。

#### 1)提供详细的上下文

提示词公式:AI 角色+用户信息+目的。

提示词示例:你是一名英语教师,擅长英语学习规划,我是一名高职在校生,应如何制订学习计划?

使用文心大模型 3.5,输出结果采用 Markdown 格式。

作为一名高职在校生,制订一个有效的英语学习计划对于提升你的英语水平至关重要。以下是一个基于你身份的英语学习计划框架,你可以根据自己的实际情况进行调整:

### 一、明确学习目标
1. **短期目标**：例如，通过本学期的英语课程考试，或者通过某个特定的英语能力测试（如 CET-4/6）。
2. **中期目标**：在一年内达到能够流畅阅读英语文章、进行简单英语写作的水平。
3. **长期目标**：毕业后能够用英语进行专业交流，甚至考虑出国深造或从事与英语相关的工作。

### 二、评估当前水平
1. **自我评估**：根据听、说、读、写四个方面评估自己的英语水平。
2. **外部评估**：参加模拟测试或使用在线英语能力测试工具来获取更准确的评估结果。

### 三、制订具体计划

#### 1. 听力训练
- **每日听力**：利用早晨起床、课间休息等碎片时间听英语广播、播客或观看英语视频。
- **专项练习**：每周至少两次选择特定的听力材料（如 TED 演讲、BBC 新闻）进行精听，尝试总结大意并复述。

#### 2. 口语练习
- **语言交换**：加入学校的英语角或在线语言交换平台，每周至少与一位英语母语者进行口语交流。
- **模仿练习**：选择喜欢的英语演讲或电影片段，模仿发音、语调，并录音对比改进。

#### 3. 阅读理解
- **每日阅读**：阅读英语报纸、杂志或小说，至少 30 分钟。
- **深度阅读**：每周选择一篇文章或章节进行深入阅读，理解主旨、细节和作者的观点。

#### 4. 写作技能
- **日记写作**：每天用英语写日记，记录生活点滴，提高表达能力。
- **作文练习**：根据考试或课程要求，每周完成一篇英语作文，并寻求教师或同伴的反馈。

### 四、时间管理
- **编制时间表**：结合课程安排和个人习惯，合理分配每天的学习时间，确保每个部分都能得到均衡的练习。
- **灵活调整**：根据学习进度和效果，适时调整计划，保持学习的积极性和效率。

### 五、资源利用
- **在线资源**：利用多邻国、BBC Learning English 等免费英语学习网站和 App。

- **图书馆资源**：借阅英语原版书籍、杂志，拓宽阅读视野。
- **教师指导**：积极向老师请教，利用课堂和课后时间获取专业指导。

### 六、定期评估与调整

- **自我检测**：每月进行一次自我测试，评估学习成果。
- **计划调整**：根据测试结果和学习感受，适时调整学习计划，确保目标达成。

内容辨析：为了让 AI 大模型提供更精准的建议，我们需要为其赋予详尽且全面的信息。针对不同需求的大学生，AIGC 技术将致力于提供个性化建议，满足其特定需求。同时，考虑到存在显著的时间差异，需进一步补充相关背景信息，确保提供的建议能够贴合实际情况，实现真正个性化的学习计划制订与落实。

2）明确时间和背景

提示词公式：背景信息+相关说明。

提示词示例：我在准备专升本考试，并且白天都要上课，只有晚上有时间补习英语，你有什么进一步的建议？

使用文心大模型 3.5，输出结果采用 Markdown 格式。

了解到你正在准备专升本考试，并且白天需要上课，晚上才有时间补习英语，以下是一些针对你的情况的具体建议：

### 一、高效利用晚上时间

1. **固定学习时间**：
   - 确定一个固定的晚上学习时间段，如 19:00—21:00，保持学习规律。
2. **分段学习**：
   - 将学习时间分为几段，如每段 45 分钟学习、15 分钟休息，以保持高效和专注。

### 二、针对性学习

1. **明确考试要求**：
   - 详细了解专升本英语考试的题型、分值分布和难度，以便针对性复习。
2. **重点突破**：
   - 根据考试要求，重点复习薄弱环节，如语法、词汇、阅读理解或写作。
3. **模拟考试**：
   - 每周至少做一套完整的模拟题，检验学习效果，并适应考试节奏。

### 三、利用有效资源

1. **在线课程**：
   - 报名参加针对专升本考试的在线英语课程，利用晚上时间观看视频讲解，做笔记。

2. **学习App**：
   - 使用扇贝单词、百词斩等App，利用碎片时间记忆单词和短语。
3. **历年真题**：
   - 下载并打印历年专升本英语考试真题，晚上作为练习材料，熟悉题型和难度。

### 四、保持身心健康

1. **合理休息**：
   - 确保每天有足够的睡眠时间，晚上学习前可以进行短暂的放松活动，如散步、听音乐。
2. **健康饮食**：
   - 晚上学习时，避免摄入过多咖啡因或糖分，保持饮食均衡，有助于保持清醒和专注。
3. **适量运动**：
   - 每周安排几次适量的运动，如跑步、瑜伽，有助于缓解学习压力，提高学习效率。

### 五、寻求支持

1. **同学互助**：
   - 与同样备考的同学建立学习小组，晚上可以互相讨论问题，分享学习资源。
2. **教师辅导**：
   - 利用晚上的时间，通过在线或电话方式向英语老师请教问题，获取专业指导。

### 六、心态调整

1. **保持积极心态**：
   - 专升本考试是一个挑战，但也是一个机会。保持积极乐观的心态，相信自己能够克服困难。
2. **设定小目标**：
   - 将大目标分解为小目标，如每天记忆多少个单词、每周完成多少篇阅读理解练习，有助于保持学习动力和成就感。

内容辨析：AI大模型针对专升本学生的要求，制订了一个符合其个人情况的学习计划，包括时间安排等内容。

### 3）采用六何分析法，快速写出提示词

提示词公式：5W1H。

提示词示例：

（何人）你是一名大学英语教师，擅长英语学习规划。我是一名高职在校大学生；

（何事）制订一个英语学习计划；

（何故）为专升本考试做准备；

（何时）白天有课，只有晚上有时间补习；

（何处）学校提供图书馆和自习课教室；

（何以）制订一个为期半年的学习计划。

使用文心大模型 3.5，输出结果采用 Markdown 格式。

> 了解了你的具体情况后，以下是一个为期半年的英语学习计划，旨在帮助你高效准备专升本考试。这个计划将充分利用你晚上的时间，并考虑了学校提供的图书馆和自习课教室资源。
>
> ### 一、目标设定
>
> **主要目标**：通过专升本英语考试，达到理想的分数。
>
> **次要目标**：
>
> 1. 提升词汇量，掌握专升本考试要求的核心词汇。
> 2. 提高阅读理解能力，能够快速准确地理解文章主旨和细节。
> 3. 加强语法和写作训练，确保写作表达清晰、准确。
> 4. 提升听力水平，能够听懂专升本考试中的听力材料。
>
> ### 二、时间规划
>
> **时间段**：每晚 19:00—22:00（可根据实际情况微调）。
>
> **周计划**：
>
> - **周一、三、五**：
>
>     - 19:00—19:45：词汇学习（使用单词书或 App，每天学习新词汇并复习旧词汇）。
>
>     - 19:45—20:30：阅读理解练习（选择专升本历年真题或模拟题，限时完成并总结错题）。
>
>     - 20:30—21:15：语法复习与练习（针对专升本考试的重点语法进行复习，并做相关练习题）。
>
>     - 21:15—22:00：写作训练（每周写一篇作文，可以是历年真题或模拟题，注重结构和逻辑）。
>
> - **周二、四**：
>
>     - 19:00—20:30：听力训练（听专升本历年真题或模拟题的听力部分，注意捕捉关键信息）。
>
>     - 20:30—21:15：复习本周学习的词汇、语法和阅读技巧。
>
>     - 21:15—22:00：预习下一周的学习内容，制订学习计划。
>
> - **周六**：
>
>     - 19:00—22:00：综合复习本周所学内容，做一套完整的专升本英语模拟试题，模拟考试环境，检验学习效果。

- **周日**：
    - 休息或自由安排，可以阅读英语文章、看英语电影等，保持对英语的持续接触和兴趣。
### 三、资源利用
1. **图书馆**：利用图书馆的专升本考试辅导书、历年真题等资源，进行深入的复习和练习。
2. **自习课教室**：晚上在自习课教室进行学习，保持安静的学习环境，提高学习效率。
3. **在线资源**：利用英语学习网站、App 等资源，如扇贝单词、百词斩、BBC Learning English 等，辅助学习。
### 四、进度跟踪与调整
1. **每周总结**：每周六晚上对本周的学习情况进行总结，记录学习进度、遇到的困难和收获。
2. **月度评估**：每月月底对本月的学习成果进行评估，根据评估结果调整学习计划，确保学习目标达成。
3. **心态调整**：保持积极乐观的心态，遇到困难时及时调整心态，寻求老师、同学或家人的帮助和支持。
### 五、注意事项
1. **合理安排时间**：确保每天有足够的睡眠时间，避免过度劳累影响学习效果。
2. **保持专注**：在学习时保持专注，避免分心或拖延。
3. **定期复习**：定期复习所学内容，巩固记忆并加强理解。
4. **保持兴趣**：通过看英语电影、听英语歌曲等方式保持对英语的兴趣和热情。

内容辨析：六何分析法包括何人（who，涉及哪些人或人群）；何事（what，具体什么事情）；何故（why，问题的背景，为什么做）；何时（when，什么时候开始、结束，或者时长）；何处（where，在哪里，物理位置或网络空间）；何以（how，怎么做）。在实际使用六何分析法时，不一定要写出所有要素，可以根据需要挑选需要强调的内容。提供的内容越多，AI 大模型给出的回答就越精准。

## 2. 精准用词，让 AI 大模型更高效

在创作过程中，精准的指令是确保 AI 大模型输出高质量内容的关键。当指令不明确时，AI 大模型可能会因歧义而产生不确定的输出结果。例如，对于提示词"小米怎么样"，AI 大模型可能会混淆其含义。使用"澄清内涵"技巧，可以明确指令的具体含义。对于提示词"请问小米这种食物怎么样"，AI 大模型可能会从多个角度回答，导致输出内容过于宽泛，此时

使用"重述"技巧细化提示词会更有效。对于提示词"小米这种食物的食用方法有哪些",AI 大模型的输出将更加精准和可控。

### 1)描述主题和需求

提示词公式:主题+需求。

提示词示例:你好,小米怎么样?

使用文心大模型 3.5,输出结果采用 Markdown 格式。

"小米"可能指的是多种事物,包括但不限于某个人、小米公司(一家中国的科技公司,主要生产智能手机、智能家居产品等)、食物小米(一种谷物)。

1. 如果"小米"指的是人,那么其近况需要具体询问或了解才能得到答案。每个人的生活状态都在不断变化,所以无法直接给出关于某个人的确切信息。

2. 如果"小米"指的是小米公司,那么可以通过查看最新的新闻报道、公司财报或社交媒体来了解公司的最新动态和业绩。小米公司作为一家知名的科技公司,其产品和服务在市场上有着广泛的用户群体。

3. 如果"小米"指的是食物小米,那么它是一种营养丰富的食物,常被用于制作粥、饭等食品。关于小米的品质和口感,可以根据个人喜好和烹饪方式来评价。

综上所述,要准确回答"小米怎么样"这个问题,需要明确"小米"所指的具体对象。如果你能提供更多上下文信息,我将能够给出更具体的回答。

内容辨析:提示词示例存在指令不够明确的问题。对于 AI 大模型来说,"小米"一词存在歧义,因为其可以指一个人、一家公司或一种食物。这种不明确性会使 AI 大模型产生混淆,无法判断用户是在询问小米这个人、小米的营养价值,还是小米公司的产品。此时,可以对提示词进行优化,澄清并明确所指对象,这一技巧被称为"澄清内涵"。

### 2)澄清内涵,明确主题

提示词公式:小米+食物。

提示词示例:你好,请问小米这种食物怎么样?

使用文心大模型 3.5,输出结果采用 Markdown 格式。

小米作为一种食物,具有丰富的营养价值和独特的食用特点,以下是对小米的详细评价:
### 一、营养价值丰富
1.**蛋白质与脂肪**:小米中含有丰富的蛋白质和脂肪,其蛋白质含量高于大米、面粉,且含有不饱和脂肪酸,有助于降低胆固醇。
2.**碳水化合物**:小米中含有丰富的碳水化合物,可以为人体提供能量,促进新陈代谢。

3. **维生素**：小米富含多种维生素，如维生素 B1、维生素 B2、烟酸、泛酸、维生素 E 等，尤其是维生素 E 的含量相对较高，有助于补充人体所需的维生素。

4. **矿物质**：小米中含有丰富的矿物质，如钙、钾、铁、锌等。其中，小米的钾含量远高于钠含量，有助于维持体内电解质平衡；铁含量也较高，约为大米的 2.2 倍，有助于预防缺铁性贫血。

### 二、食用特点独特

1. **易于消化吸收**：小米的淀粉含量较高，但相对于某些类型的稻米和小麦粉，其对血糖的影响较小，适合糖尿病患者适量食用。

2. **口感多样**：小米可用于熬制香浓的小米粥，也可用于制作米饭、糕点等食品，口感丰富，可满足不同人的口味需求。

3. **药食同源**：小米在我国传统医学中占有一席之地，依据中医理论，它具有药食同源的功效。

### 三、选购与食用建议

1. **选购优质小米**：在选购小米时，可以关注其色泽、香气和口感。优质的小米色泽鲜亮，香气四溢，口感浓郁或黏糯。山东小米、陕西米脂小米、河北小米等都是不错的选择。

2. **多样化食用**：为了避免营养不均衡，可以将小米与其他谷物、豆类、肉类等食物搭配食用，以实现营养互补。

3. **注意烹饪方法**：在烹饪小米时，要注意火候和时间，避免长时间高温加热破坏其营养成分。同时，淘米时不要用手搓，忌长时间浸泡或用热水淘米，以免损失营养。

综上所述，小米作为一种营养丰富的食物，具有丰富的营养价值和独特的食用特点。适量食用小米有助于补充人体所需的营养物质，促进身体健康。

内容辨析：减少提示词歧义的主要方法包括更明确地描述问题和需求，并通过更详细的语境来指导 AI 大模型的回答。尽量避免使用可能具有多重含义的词语，如果必须使用，则明确其在当前语境中的具体含义。例如，"小米这种食物怎么样"存在过大的发挥空间，容易导致输出结果不确定。AI 大模型对小米的评价包括营养价值丰富、食用特点独特、选购与食用建议等。针对具体需求，我们需要优化提示词，以得到更理想的结果。这一技巧也被称为"重述技巧"。

3）重述技巧，明确关键点

提示词公式：平台限定+主题提示+标题数量。

提示词示例：你好，请问小米这种食物的食用方法有哪些？

使用文心大模型 3.5，输出结果采用 Markdown 格式。

小米这种食物的食用方法多种多样，以下是一些常见的做法：

### 一、煮粥

1. **小米粥**：将小米洗净后，加入适量清水，大火煮开后转小火煮至稠烂即可。可以根据个人口味加入红枣、南瓜、山药等食材，增加营养和丰富口感。

2. **小米海参粥**：将小米洗净后，加入适量清水，大火煮开后转小火煮30分钟。然后加入泡发好的海参块和葱姜末，继续煮10分钟左右，加盐调味即可。

### 二、蒸制

1. **小米蒸排骨**：将小米提前浸泡3小时后捞出沥干水分，排骨洗净切成小块，加入葱、姜、蒜、料酒、生抽、盐、白糖、胡椒粉和淀粉搅拌均匀，腌制1小时。然后将腌制好的排骨放入小米中裹上一层小米，放入蒸锅中蒸40分钟左右即可。

2. **小米蒸肉丸**：将瘦肉搅成末，加入玉米粒、胡萝卜碎、淀粉、盐、胡椒粉和油，搅拌均匀，搓成丸子后裹上提前泡好的小米，放入蒸锅中蒸20分钟即可。

### 三、糕点与甜品

1. **小米红枣糕**：将小米提前浸泡3小时后捞出沥干水分，红枣去核放入料理机中，加入小米和鸡蛋打成细腻的糊。然后加入面粉、白糖和酵母搅拌均匀，发酵至两倍大后倒入模具中。再次发酵15分钟后蒸20分钟，关火后焖5分钟。

2. **小米凉糕**：将大黄米（或小米）泡一晚上后沥干水分，加入南瓜泥、糖、蔓越莓干、糯米粉和玉米淀粉搅拌均匀，盖上保鲜膜并在保鲜膜上扎出小孔，放入微波炉中高火加热2分钟（或蒸20分钟）。在保鲜膜上，以黄米打底，在黄米上铺一层麻薯，其上再铺一层黄米，即可制成小米凉糕。

3. **南瓜小米蒸糕**：将小米、南瓜和鸡蛋放入辅食机中搅打3分钟，然后将搅打好的糊倒入模具中，七分满，放入蒸锅中蒸熟即可。

4. **小米红枣发糕**：将小米泡一夜后，与牛奶、鸡蛋一起打成米浆，加入面粉、酵母和红枣碎，搅拌均匀后发酵至两倍大。然后装入模具中醒发10分钟，冷水上锅蒸20分钟后焖5分钟即可。

### 四、其他做法

1. **番茄小米疙瘩汤**：将水煮沸后下小米煮5分钟左右（七分熟）捞出，米汤备用。将小米放入面粉中搅拌均匀后捏成小团子。锅中热油炒香蒜末后加入番茄炒出汁，倒入米汤煮沸后下小米团子煮3分钟，最后放入青菜煮熟即可。

2. **小米鸡蛋饼**：将小米提前浸泡 3 小时后打成细腻的米糊，加入鸡蛋、面粉、盐和葱花搅拌均匀。平底锅加热后倒入少许油，倒入适量面糊摊成薄饼，小火煎至两面金黄即可。

此外，小米还可以用于制作小米饭团、小米银耳羹等美食。总之，小米的食用方法多种多样，可以根据个人口味和喜好进行选择。同时，小米作为一种营养丰富的食物，适量食用有助于补充人体所需的营养物质，促进身体健康。

内容辨析：通过"重述技巧"对提示词进行细化，可使输出结果更加可控、精准。

## 3. 分步提问，让 AI 大模型更深入

分步提问在提示词中扮演着至关重要的角色。首先，明确目标是基础，目标如同指南针，引领我们前行。其次，我们可以将任务细化为一系列可操作、可实现的步骤，通过分步追问，不断增加具体细节，使创意逐渐丰富。最后，我们需要将这些细节汇总融合起来，就像拼图一样拼出完整的创作蓝图。在整个过程中，我们不是简单地堆砌信息，而是通过原创性思考，将各个步骤巧妙地串联起来，生成既富有创意又切实可行的实施方案。

### 1）明确目标，AI 助力细化任务步骤

提示词公式：步骤+产品+目标。

提示词示例：我应该如何按照步骤做一碗烩面？

使用文心大模型 3.5，输出结果采用 Markdown 格式。

制作一碗美味的烩面，可以按照以下步骤进行：

### 一、准备面团

1. **和面**：
   * 取适量中筋面粉放入盆中。
   * 在温水里放入一勺盐，用筷子搅拌均匀后，倒入面粉中。
   * 用手将面揉成光滑的面团，盖上保鲜膜醒发半小时。
2. **处理面团**：
   * 将醒好的面团切成小块，揉成椭圆形。
   * 用擀面杖将椭圆形小面团擀成薄片，放进提前抹好油的盘子里，擀好的面片上也要两面都抹上油。
   * 将所有面团都处理好后，盖上保鲜膜再醒发 2～3 小时。

### 二、准备配料和汤底

1. **准备配料**：
   * 青菜洗净备用（如菠菜、小油菜等）。

* 豆腐皮切成细丝，海带泡软后切成丝，香菜切成末。
* 里脊肉切成薄片备用。

2. **熬制汤底**：
 * 将棒骨清洗干净，放入砂锅中。
 * 加入花椒、大料、炖肉料、料酒、盐等调料，炖煮1小时，制成骨头汤。

### 三、煮制烩面

1. **拉面和煮面**：
 * 在锅中加入足够的水，大火烧开。
 * 将醒好的面片拉成细长条，迅速放入锅中。
 * 等面条煮至七八分熟时，加入豆腐丝、海带丝和青菜一起煮熟。

2. **调味和盛出**：
 * 将煮好的面条、豆腐丝、海带丝和青菜捞出，放入碗中。
 * 加入熬好的骨头汤。
 * 根据个人口味加入盐、生抽、香油等调料调味。
 * 最后撒上香菜末，喜欢吃辣的可以加入辣椒油。

至此，一碗美味的烩面就制作完成了。享受美食的同时，也可以根据个人喜好调整配料和调料的用量，制作出更符合自己口味的烩面。

内容辨析：根据提示词，AI大模型给出了烩面制作的具体步骤，包括准备面团、准备配料和汤底、煮制烩面，叙述清晰、易懂。若要了解制作烩面所需要的工具，则可继续向AI大模型提问。

2）分步追问，增加具体细节

（1）了解制作烩面的工具。

提示词公式：提供关注主题+注意事项。

提示词示例：制作烩面时需要哪些工具？

使用文心大模型3.5，输出结果采用Markdown格式。

制作烩面时，你需要准备以下工具以确保过程顺利且高效：

1. **和面盆**：用于混合面粉和水，揉制面团。
2. **擀面杖**：将面团擀成薄片，便于拉成面条。
3. **刀**：用于切配料，如里脊肉切片、豆腐皮切丝等。
4. **保鲜膜**：面团醒发时，用来覆盖面团以防止表面干燥。

5. **锅**：用于烧水煮面和熬制骨头汤。

6. **漏勺或长筷子**：用于在锅中捞煮好的面条和配料。

7. **碗**：盛放煮好的烩面。

8. **汤勺**：用于舀取和分配骨头汤。

9. **厨房剪刀**（可选）：在处理海带或其他需要剪切的食材时，厨房剪刀会很有用。

10. **搅拌工具**（如筷子或勺子）：在熬制骨头汤时用于搅拌。

11. **量杯和量勺**（可选）：用于精确测量水和调料的量，特别是当你想要确保每次制作的味道都一致时。

确保你的厨房里有这些基本工具，然后就可以开始制作美味的烩面了。当然，根据个人习惯和厨房设备情况，有些工具可以替换或省略。

（2）了解制作烩面的细节和技巧。

提示词公式：提供关注主题+注意事项。

提示词示例：制作烩面时还需要注意哪些细节和技巧？

使用文心大模型 3.5，输出结果采用 Markdown 格式。

制作烩面时，需要注意以下细节和技巧，以确保烩面的口感和味道都达到最佳：

### 一、面团制作与醒发

1. **面粉选择**：选择中筋面粉，这种面粉的筋度适中，既能使面团有足够的弹性，又不易拉断。

2. **和面技巧**：在和面时，要逐步加水，边加边搅拌，直至面粉成絮状，然后揉成光滑的面团。揉面时要用力均匀，使面团内部结构紧密。

3. **醒面时间**：醒面时间不宜过长，否则面团容易发酵过头，影响口感。一般来说，醒发 30 分钟左右即可。在醒面过程中，可以多次揉面，使面团更加柔软有弹性。

### 二、面条制作与煮制

1. **擀制技巧**：将面团擀成薄片时，要用力均匀，厚薄一致。切好的面条要用手轻轻拉长，避免拉断。

2. **焯烫时间**：面条焯烫时，要掌握好时间，煮至七八分熟即可。煮得太熟容易在后续烩煮过程中断裂。焯好后要用凉水过一下，以免面条坨了，影响口感。

### 三、配料准备与汤底熬制

1. **配料多样**：根据个人口味选择配料，如猪肉、黄豆芽、小白菜、豆腐皮等。配料要切成适合入口的大小，以便食用。

2. **汤底鲜美**：熬制骨头汤时，要选择新鲜的棒骨，加入适量的调料，如花椒、大料、炖肉料等，以增添汤底的香味。熬制时间要足够，使汤底更加浓郁鲜美。

### 四、烩煮与调味

1. **火候掌握**：在烩煮过程中，要先将配料炒熟，再加入骨头汤和面条，用中小火烩煮，使面条充分吸收汤汁。

2. **调味适量**：根据个人口味加入适量的盐、生抽、香油等调料调味。要注意不要过咸或过辣，以免影响整体口感。

### 五、其他细节问题

1. **厨房卫生**：在制作烩面时，要保持厨房卫生，避免交叉污染。

2. **工具准备**：提前准备好所需的厨房工具，如锅、碗、筷子等，以便在制作过程中能够顺手使用。

3. **及时享用**：烩面最好在煮好后立即食用，以保持最佳的口感和味道。如果放置时间过长，面条容易变得糊，影响口感。

综上所述，制作烩面时需要注意面团制作与醒发、面条制作与煮制、配料准备与汤底熬制、烩煮与调味及其他细节问题。只有掌握了这些细节和技巧，才能制作出一碗口感鲜美、营养丰富的烩面。

内容辨析：站在用户的角度，我们已经了解了烩面的制作过程，但是这些信息被分成多个部分。因此，我们需要将上述步骤汇总融合，形成一个涵盖从工具准备到注意事项的完整烩面制作流程。

3）汇总融合，原创制作流程生成

提示词公式：总结上述信息+具体要求。

提示词示例：请结合上述制作烩面的步骤、工具和注意事项等模块的内容，以原创的方式精心写一份完整的烩面菜谱。在这份菜谱中，请加入更多细节以便吸引大家的关注和兴趣。同时，请注意语言表达的准确性和流畅性，确保菜谱的专业性和可读性。

使用文心大模型 3.5，输出结果采用 Markdown 格式。

### 烩面菜谱：一碗地道的美味之旅

#### 材料准备：

- **面团材料**：中筋面粉 500 克，温水约 250 毫升（根据面粉吸水性调整），盐 1 茶匙
- **汤底材料**：猪棒骨 2 根，清水适量，花椒几粒，大料 2 颗，炖肉料包 1 个，料酒 2 汤匙，盐适量
- **配料**：里脊肉薄片 100 克，豆腐皮 1 张，海带丝 50 克，青菜适量（如菠菜、小白

菜），香菜适量

- **调味料**：生抽 1 汤匙，香油几滴，辣椒油适量（可选），盐适量（根据汤底和个人口味调整）

#### 工具准备：

- 和面盆、擀面杖、刀、保鲜膜、大汤锅、漏勺或长筷子、碗、汤勺、厨房剪刀（可选）

#### 制作步骤：

**1. 面团制作与醒发**

- **和面**：在和面盆中放入中筋面粉，中间挖个小坑，加入盐，慢慢倒入温水，边倒边用筷子搅拌成絮状，然后用手揉成光滑的面团。面团稍硬为宜，这样拉出的面条更有嚼劲。

- **醒面**：将揉好的面团盖上保鲜膜，静置醒发 30 分钟。其间，可以揉面 1~2 次，使面团更加柔软有弹性。

**2. 熬制汤底**

- **准备汤底材料**：将猪棒骨清洗干净，放入大汤锅中，加入足够的清水，大火烧开后撇去浮沫。

- **调味**：加入花椒、大料、炖肉料包、料酒和适量的盐，转小火慢炖至少 1 小时，直至汤色浓郁，香味四溢。

**3. 准备配料**

- **里脊肉**：切成薄片，用少许盐和料酒腌制片刻。

- **豆腐皮**：切成细丝，用开水焯烫一下去豆腥味。

- **海带丝**：提前泡发，清洗干净，切成适口长度。

- **青菜**：洗净，沥干水分。

- **香菜**：切成末，备用。

**4. 面条制作与煮制**

- **擀制面条**：将醒好的面团分成若干小块，擀成薄片，表面抹上一层薄油，叠放在一起，盖上保鲜膜再醒发 2~3 小时。醒好后，将面片拉成细长条。

- **煮面**：在大汤锅中烧开水，放入拉好的面条，用筷子轻轻拨散，煮至七八分熟时捞出，用凉水过一下，防止粘连。

**5. 烩煮与调味**

- **炒配料**：在另一个锅中，加入少许油，放入里脊肉片快速翻炒至变色，加入豆腐皮丝和海带丝继续翻炒片刻。

- **烩煮**：将炒好的配料倒入熬好的骨头汤中，大火烧开后放入煮好的面条和青菜，用筷子轻轻搅拌，煮至面条完全熟透。

- **调味**：根据个人口味加入适量的盐、生抽和几滴香油调味。喜欢辣的可以加入适量的辣椒油。

**6. 出锅与享用**

- **盛出**：将烩好的面条和配料盛入大碗中，浇上浓郁的骨头汤。
- **点缀**：撒上香菜末，增加色彩和香气。
- **享用**：一碗热气腾腾、香气扑鼻的烩面就完成了，趁热享用吧！

#### 注意事项：

- 和面时水温不宜过高，以免破坏面粉的筋性。
- 醒面时间要足够，使面团更加柔软有弹性。
- 煮面条时不宜过熟，以免在后续烩煮过程中断裂。
- 烩煮过程中要保持中小火，以免面条糊底。
- 根据个人口味调整配料和调料的用量，制作出符合自己口味的美食。

这份烩面菜谱不仅详细描述了制作步骤和所需工具，还加入了更多细节和注意事项，旨在帮助大家轻松制作出地道美味的烩面。享受美食的同时，也能感受到制作过程中的乐趣和成就感。快来试试吧！

内容辨析：从材料准备到注意事项，AIGC 已经为我们提供了一个完整的烩面制作流程。从开头的引入，到中间的内容展开，再到结尾带动气氛、升华主题，都进行了详细阐述。从干货知识的分享到互动场景的巧妙设计均有涉及，即便是刚入门的新手，也能够轻松理解并加以应用。

### 练习与实践

## 3.5 实践操作：用标准化问题"调教"AIGC 以提升其响应质量

### 1. 梦想启航：AI 定制你的职业蓝图

为大学生制定一份未来职业规划，有哪些关键要素？

在制定职业规划时，大学生应该如何完成自我评估？

分析我的职业规划关键要素评估结果，帮我生成一份职业规划书。关键要素评估结果（示例）如下：

> 基本信息：法律事务专业，高职大一学生，女。
> 自我评估：MBTI 性格测试结果是 INTJ，内向型（I）直觉（N）思考（T）判断（J）。
> 职业目标设定：法务顾问/企业法务。
> 行业研究：随着社会经济发展和法治建设推进……企业法务市场需求持续增长……

我希望从事制造业的企业法务工作，从事与知识产权与合同相关的法律事务处理，帮我优化职业规划。

### 2. 学霸养成：AI 打造专属学习秘籍

我正在学习《法治思想概论》中"法治的价值取向"一章，请帮我梳理该章的知识体系，以思维导图的形式呈现，并对每一项内容进行 1~2 句话的简要说明。

我已经学习了《法治思想概论》中"法治的价值取向"一章，请帮我设计一些练习题（选择题、判断题）来巩固知识，并完成自我评估。

我未来希望成为一名制造业的企业法务，从事合同管理、合规审查、知识产权保护等工作，我需要掌握哪些跨专业的知识？

## 3.6 小组讨论：提示词的优化策略及 CRISPE 框架的应用

在上述提示词学习中，我们主要应用的是 ICIO 框架，由指令（instruction）、语境（context）、输入数据（input data）、输出指标（output indicator）组成。除此之外，常用的还有 CRISPE 框架，由能力角色（capacity and role）、背景洞察（insight）、任务指令（statement）、个性风格（personality）、实验反馈（experiment）组成。请通过 AI 大模型学习 CRISPE 框架，并完成下述文案。

以小组为单位完成"引爆流量：AI 打造无法抗拒的文案标题"任务。

提示词示例如下：

> 我想写一篇关于直播的 9 个技巧的文章，可以按照小红书风格帮我取 10 个标题吗？要求有悬念和冲突感。
> 小红书用户经常搜索直播技巧的哪些问题？
> 请根据"直播的 9 个技巧"这个主题，帮我取 9 个爆款小红书标题。
> 根据第 6 个标题，帮我取 10 个更细分、更聚焦的标题，要求突出实用价值，并具有有效

关键词。

请你为我总结小红书爆款标题的规律。

请再帮我总结整理出自媒体领域的 20 个爆款标题，并分析它们的优点与技巧，并使用表格输出。

讨论结果的提交要求如下。

（1）小组讨论记录：提交小组讨论记录，包括讨论要点和成员贡献。

（2）小组汇报 PPT：制作并提交小组汇报 PPT，内容包括任务完成情况、完成过程、改进建议等。

（3）个人反思：每位小组成员提交一份个人反思，总结自己在讨论中的收获和体会。

# 项目 4

# 内容创作与优化：文心一言的创作魔法

## 项目背景

在数字化时代，内容创作需求呈现爆发式增长。无论是新闻报道、广告文案，还是学术论文、创意写作等领域，高效且高质量的内容创作已成为各行各业的核心需求。然而，传统内容创作方式面临效率低下、创意不足、专业门槛高等问题。因此，AIGC（人工智能生成内容）技术应运而生，为内容创作带来了新的变革。本项目旨在通过实践操作与讨论分析，帮助我们掌握文心一言的使用方法，培养创新思维与实践能力，探索其在内容创作中的应用价值，为未来职业发展与个人成长奠定基础。

文心一言作为领先的智能语言模型，凭借其强大的语言理解和生成能力，为创作者提供了全新的工具和思路。借助文心一言，创作者可以快速生成高质量文本内容，显著提升创作效率与质量。

## 项目分析

本项目的核心目标是指导创作者利用文心一言进行不同类型的内容创作与优化。在创作过程中，精心设计和优化提示词可以提升模型性能或有效控制其输出内容的质量与方向。

### 知识目标

- 了解 AIGC 技术的基本概念及其发展历程。
- 掌握文心一言的功能特点及其在内容创作中的应用场景。
- 理解提示词在文心一言创作中的重要性及其编写方法。
- 学习不同类型内容创作的特点与基本要求。

## 人工智能通识课基础

### 技能目标

▶ 能够熟练使用文心一言进行不同类型的内容创作。

▶ 掌握编写高质量提示词的技巧，能够根据需求生成符合预期的文本内容。

▶ 能够对文心一言生成的内容进行优化和修改，提升其质量与可读性。

▶ 能够运用 AIGC 技术优化传统工作流程，提高工作效率。

### 素养目标

▶ 培养创新思维与实践能力，积极探究新技术在实际应用中的价值。

▶ 提升信息素养，正确理解和使用 AIGC 技术，避免滥用与误用。

▶ 培养团队协作与沟通能力，通过实践操作与小组讨论，共同探索 AIGC 技术的应用与发展。

### 相关知识

## 4.1 AIGC 技术简介

### 1. AIGC 技术概述

AIGC 是指利用人工智能技术，通过算法和模型生成文本、图像、音频、视频等各类内容的技术。随着深度学习技术的突破，AIGC 技术在多个领域展现出巨大的应用潜力。例如，在新闻媒体领域，AIGC 技术可以用于快速生成新闻报道，提高新闻发布的时效性；在广告营销领域，AIGC 技术可以根据客户需求生成个性化的广告文案和创意，增强广告效果。AIGC 技术的核心在于大语言模型（大模型）的生成能力，这些模型通过对海量文本数据的学习和训练，掌握了语言的规律与模式，能够根据输入的提示词生成符合语义和逻辑的文本内容。

### 2. AIGC 技术在内容创作领域中的应用

AIGC 技术在内容创作领域具有广泛的应用前景，能够为创作者提供高效、智能的支持。以下是其在内容创作领域中的几种典型应用。

新闻报道：AIGC 技术可根据新闻事件的关键信息快速生成新闻稿件，显著提升新闻发布效率与时效性。同时，通过对大量新闻数据的学习和分析，AIGC 技术还能辅助进行热点预测和趋势研判，为内容策划提供参考。

广告文案：AIGC 技术可根据产品特性及目标受众需求，自动生成个性化的广告文案和创意内容。通过分析广告数据与用户行为，AIGC 技术能够精准地把握用户兴趣，提高广告的吸引力与转化效果。

教育内容：AIGC 技术可依据教学大纲和知识点，生成教学课件、教案、练习题等教育资源，提升教学内容开发的效率与质量。同时，结合学生学习行为数据，AIGC 技术还能辅助教师制定个性化教学方案，推动教育的个性化发展。

论文大纲：AIGC 技术可以根据研究主题、关键词或初步思路，自动生成结构清晰、逻辑严谨的论文大纲，为学术写作提供框架性支持。它能够结合学科特点和写作规范，合理安排章节结构与内容要点，帮助研究者更高效地组织写作思路，提升论文撰写效率。

创意写作：AIGC 技术可根据用户设定的主题或风格，生成小说、诗歌、剧本等创意文本。通过对大量文学作品的学习，AIGC 技术能够掌握不同体裁的语言风格，为创作者提供灵感支持与写作辅助。

学术写作：AIGC 技术可帮助研究人员整理文献资料、撰写论文摘要与引言等内容，提高学术写作效率。同时，基于对学术文献的深入学习，AIGC 技术还可为研究者提供方向建议与思路拓展，助力科研创新。

## 4.2 文心一言简介

### 1. 文心一言概述

文心一言是百度公司研发的智能语言模型，基于深度学习技术和大规模数据训练，具备强大的语言理解和文本生成能力。该模型能够根据用户输入生成高质量内容，广泛应用于新闻报道、广告文案、学术写作、创意写作等多个领域。文心一言的推出为内容创作带来了新的变革，显著提升了创作效率与质量（见图 4.1）。

### 2. 功能特点

1）强大的文本生成能力

文心一言能够根据用户的输入生成连贯、准确、自然的文本内容。例如，在新闻报道中，它可根据关键信息快速生成稿件，提升新闻发布效率；在广告文案中，它能结合产品特点和受众需求，生成具有吸引力的文案，提高传播效果。

图 4.1　百度搜索"文心一言"结果

2）多语言支持

文心一言支持多种语言的文本生成，能够满足不同语言环境下的内容创作需求。对于跨国企业或国际组织而言，这显著提升了它们在全球范围内的内容创作质量和效率。

3）上下文理解与连贯性

文心一言具备出色的上下文理解和对话延续能力，生成的文本不仅语法正确，还能基于语义逻辑进行合理延伸。例如，在对话场景中，它可以依据历史对话生成合适的回答，保持交流的连贯性和自然性。

4）多模态融合

文心一言不仅支持文本生成，还能与图像、音频等其他模态数据融合，实现更加丰富和多样化的内容创作。例如，它可以结合图片、音频和视频等多种媒体形式，为用户提供更具表现力和生动性的表达方式。这种多模态生成能力不仅拓展了内容呈现的形式，也显著提升了用户体验。在语音生成方面，文心一言还支持四川话等方言的合成，进一步突破了大语言模型的应用边界，更广泛地满足了不同地区用户的个性化需求。

5）个性化定制与微调

文心一言支持根据用户具体需求进行个性化定制与微调。用户可根据自身所处行业、写作风格或特定任务，对模型进行进一步优化，使其输出内容更贴合实际应用场景。例如，新闻机构可通过对模型的微调，使其生成的新闻稿件更符合新闻行业的语言规范和表达习惯；广告公司则可根据品牌定位和目标受众特点，调整模型输出风格，生成更具品牌特色的广告文案。

### 6）智能交互与个性化服务

文心一言支持智能交互，能够与用户进行自然流畅的对话。在对话过程中，它不仅能准确理解问题并给出相应回答，还能根据用户的反馈或进一步提问，动态调整回复内容，提供更具个性化的服务。例如，当用户询问旅游景点信息时，文心一言可根据问题推荐热门景点，并介绍其特色、门票价格和开放时间等详情；若用户继续询问周边美食，它也能快速响应，提供相应的餐饮建议。

此外，文心一言还可基于用户的使用习惯和偏好，提供个性化的内容推荐或创作建议。通过对历史交互数据的分析，文心一言能够识别用户的兴趣领域和写作风格，在用户进行内容创作时，提供更贴合其需求的提示或参考示例，从而提升创作效率与内容质量。

### 7）高效内容生成与优化

文心一言能够在短时间内生成大量高质量文本，显著提升内容创作的效率。同时，它还具备内容优化功能，可对生成的文本进行语法检查、逻辑梳理和风格调整，确保内容准确、表达清晰、可读性强。例如，在学术写作中，文心一言可以帮助研究人员快速完成论文初稿，并对其进行润色与优化，从而提升论文的整体质量与学术规范性。

## 3. 应用场景与优势

文心一言的应用场景广泛，涵盖新闻媒体、广告营销、教育、学术研究、创意写作等多个领域。其优势主要体现在以下几个方面。

提升创作效率：文心一言能够在短时间内生成高质量文本，帮助创作者快速完成初稿，大幅节省时间和精力。

激发创意灵感：通过与文心一言的互动，创作者可以获得新的思路和表达方式，突破传统写作的思维局限，提升内容的创新性。

个性化内容生成：文心一言可根据用户的特定需求和风格偏好，生成符合具体场景要求的内容，满足多样化创作需要。

优化创作流程：文心一言可与现有创作工具和平台无缝集成，帮助创作者优化创作流程，有效提升整体创作效率。

降低创作门槛：凭借良好的交互体验和易用性，文心一言使非专业创作者也能够快速上手，降低了内容创作的门槛，让更多人能够参与到创作中来。

## 项目实施

## 4.3 编写活动新闻提示词：通过实例掌握提示词的编写方法

### 1. 提示词的重要性

提示词不仅是人类创意与 AI 之间的沟通桥梁，还是驱动 AI 系统生成高质量、多样化内容的关键因素。

在使用文心一言进行内容创作时，提示词是引导模型生成符合需求内容的关键。良好的提示词能够帮助模型更准确地理解用户意图，从而生成更加精准、贴合需求的文本。因此，掌握提示词的编写方法对于高效利用文心一言具有重要意义。

### 2. 提示词的编写技巧

有效设计提示词是确保 AI 创作既精准又富有创意的关键。以下是一些提示词编写的核心技巧。

1）明确需求与结构化问题

明确需求：清晰定义所需内容，包括关键细节、参数和专业术语，确保模型能够准确理解任务需求。

结构化问题：对于复杂或具有多个部分的问题，采用逻辑清晰的表达方式，使用分隔符或标签等方式区分不同部分，提升模型的理解效率和输出准确性。

2）使用专业术语与提供背景信息

使用专业术语：在查询中适当使用相关领域的专业术语，确保模型能够准确理解并提供专业答案。

提供背景信息：针对特定领域或项目查询时，提供必要的背景信息，帮助模型更好地理解上下文，从而生成更具针对性和实用性的回答。

#### 3）角色设定与风格要求

角色设定：通过定义 AI 的角色，如"资深财务分析专家""Python 高级开发者"等，使模型以特定领域专家的身份进行回应，从而提升输出内容的专业性与可信度。

风格要求：明确输出内容的风格倾向，如"信息丰富且生动""口语化且通俗易懂"等，确保生成内容符合用户预期。

#### 4）条件约束与多角度视角

条件约束：在提示词中明确重要的限制条件，如预算、时间要求、目标受众等，这有助于模型在生成内容时充分考虑实际因素。

多角度视角：要求模型提供多种观点或替代方案，尤其是在处理决策类问题时，这有助于获取更全面的信息或更灵活的解决方案。

#### 5）迭代与优化

迭代：根据模型的初步输出结果，不断调整和优化提示词，补充细节或进一步明确需求，通过多轮交互，逐步提升输出的准确性和质量。

优化：通过提供问题和答案的示例（少样本学习），帮助模型理解期望的输出格式和内容，这有助于提高模型的适应性和准确性。

#### 6）其他技巧

拆解任务：将复杂的任务拆解成多个简单的子任务，便于模型理解并执行。

避免 AI 味：提供具体的例子让 AI 模仿，或者迭代修改提示词，避免生成过于机械或模板化的答案。

### 3. 编写活动新闻提示词的要点

编写活动新闻提示词时，需要明确新闻的核心要素，包括原因（Why）、时间（When）、地点（Where）、人物（Who）、事件（What）和结果（How），即遵循 5W1H 原则。同时，提示词应简洁明了，避免模糊不清的表述，确保模型能够快速准确地理解需求。以下是编写活动新闻提示词的要点。

#### 1）明确新闻主题

明确新闻主题有助于聚焦报道的核心内容，如"郑州工业安全职业学院 2025 年春季运动会"。

#### 2）突出关键信息

关键信息包括：活动的时间（2025 年春季）；地点（郑州工业安全职业学院）；参与人员

（师生、运动员、裁判等）；主要事件（运动会的开幕式、比赛项目、闭幕式等）；活动的意义和成果（运动员的成绩、团队精神的展现等）。

### 3）提供背景信息

简要介绍活动的背景，如运动会的举办目的、历届传统等，帮助模型更好地理解新闻的背景和意义。

### 4）确定语言风格

根据新闻的受众和发布渠道确定语言风格。如果新闻面向的是校内师生，则可以较为亲切、口语化；如果新闻面向的是校外媒体，则需要更加正式、客观。

### 5）添加情感色彩

在提示词中适当加入情感元素，如"激动人心的开幕式""精彩纷呈的比赛项目"等，使生成的新闻更具吸引力和感染力。

## 4. 提示词编写实例

编写郑州工业安全职业学院 2025 年春季运动会新闻提示词，具体如下：

请根据以下信息生成一篇新闻稿：

**主题**：郑州工业安全职业学院 2025 年春季运动会

**时间**：2025 年 5 月 10 日

**地点**：郑州工业安全职业学院田径场

**主要活动**：运动会开幕式；田径比赛（100 米、200 米、400 米、跳高、跳远等）；趣味运动会（拔河、接力赛等）；闭幕式及颁奖仪式等

**参与人员**：各学院师生、运动员、裁判、志愿者

**活动亮点**：开幕式上精彩的文艺表演、运动员们在比赛中展现出的拼搏精神、趣味运动会中的团队协作精神

**语言风格**：正式、客观，适合对外发布

**字数要求**：800 字左右

## 5. 提示词优化与调整

在生成新闻稿后，根据模型的输出内容，我们可以对提示词进行优化和调整。如果内容过于简单，则可以在提示词中增加更多细节信息；如果语言不够生动，则可以在提示词中加入更多情感描述。不断优化提示词可以逐步提高生成内容的质量和准确性。

提示词的编写是影响生成内容质量的关键因素之一。通过优化提示词，可以更精准地引

导模型生成符合需求的内容。当提示词已经言简意赅，但仍希望进一步提升其表现力时，我们可以使用文心一言的"帮我润色"功能。以下是一个关于如何利用"帮我润色"功能来优化提示词的案例。

提示词的原始文本如图 4.2 所示。

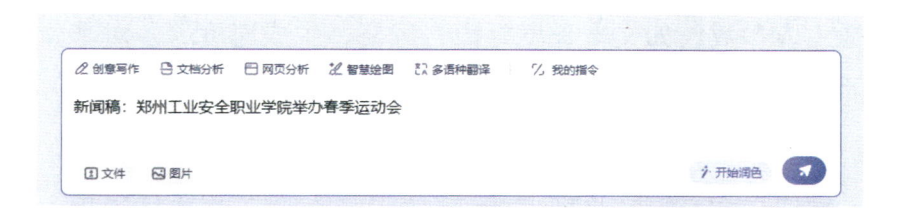

图 4.2　原始文本

使用"帮我润色"功能优化后的文本如图 4.3 所示。

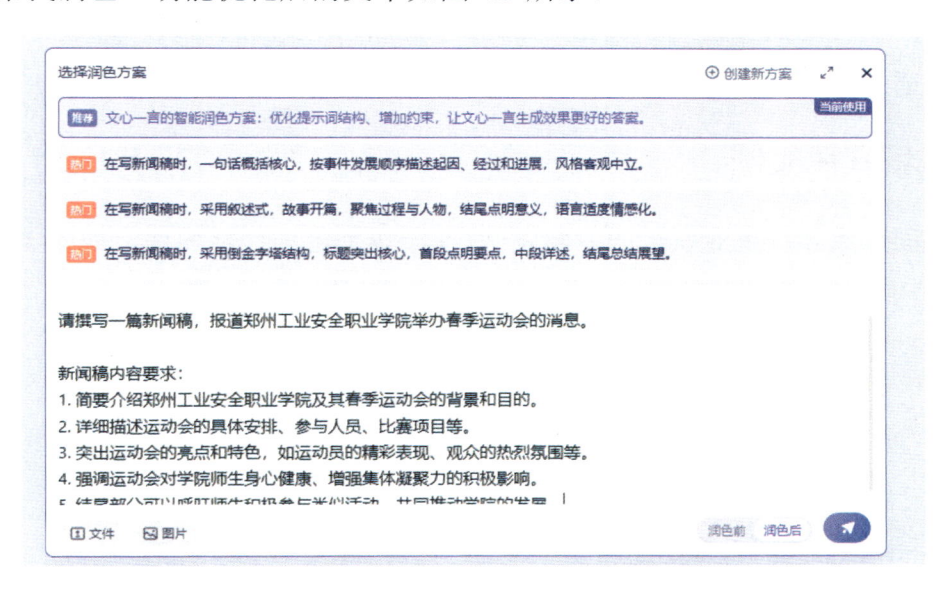

图 4.3　优化后的文本

## 4.4　自动生成活动新闻稿：体验文心一言的创作能力

### 1. 操作步骤

在完成提示词编写后，利用文心一言生成活动新闻稿。具体而言，模型会迅速分析并理解提示词，提取出关键信息，如时间、地点、参与人员和主要活动内容等，然后根据这些信息，结合所学习的新闻写作规范和语言表达技巧，开始构建新闻稿的框架。

以下是自动生成活动新闻稿的操作步骤。

### 1）输入提示词

将编写好的提示词输入文心一言的文本框中，确保提示词表述清晰、完整。

### 2）选择生成参数

根据需要选择生成参数，如文本长度、语言风格、生成速度等。对于新闻稿而言，建议选择正式、客观的语言风格，并设置合适的文本长度。

### 3）生成内容

单击"生成"按钮，文心一言将根据提示词生成新闻稿。在生成过程中，可以观察模型输出的内容是否符合预期。若有需要，则可以调整提示词或生成参数重新生成新闻稿。

### 4）优化与修改

生成的新闻稿可能需要进一步优化与修改。例如，检查语法错误、调整句子结构、补充细节信息等。通过人工干预，新闻稿的质量和可读性可以得到进一步提升。

## 2. 生成新闻稿实例

根据提示词生成郑州工业安全职业学院2025年春季运动会新闻稿，如图4.4所示。

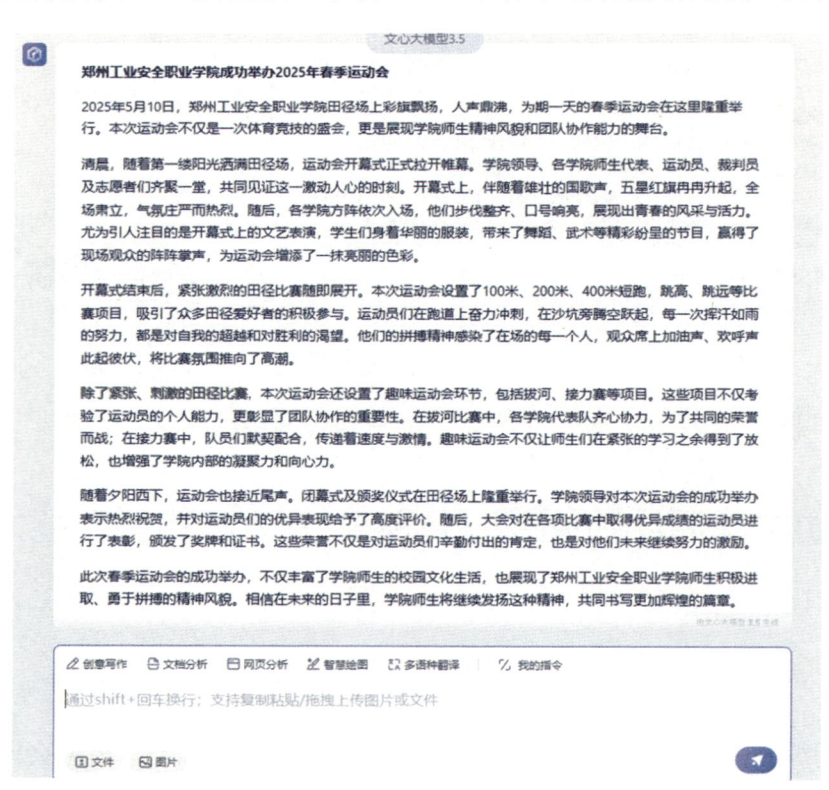

图4.4　生成新闻稿实例

### 3. 优化生成的新闻稿

生成的新闻稿虽然基本符合要求，但仍需要进行优化。例如，对语言进行润色，使其更加生动流畅；补充更多细节信息，如运动员的精彩瞬间、观众的反应等；调整段落结构，使新闻稿的逻辑更加清晰。

**练习与实践**

## 4.5 实践操作：使用文心一言进行不同类型的内容创作

### 1. 新闻报道创作

新闻报道是文心一言最常见的应用场景之一。通过编写合适的提示词，可以快速生成新闻稿件。在新闻报道的创作中，需要明确新闻的核心要素（5W1H 原则），并根据新闻类型和受众选择合适的语言风格。例如，对于突发新闻，语言应简洁明了、突出重点；对于深度报道，表达需要更加详细、客观。

**实践练习**：假设你是一位新闻记者，需要报道一起突发自然灾害事件。请使用文心一言撰写一篇新闻报道，包括事件的基本情况、影响范围、救援行动和预防措施等内容。

### 2. 广告文案创作

广告文案创作需依据产品特性和目标受众需求，撰写具有吸引力和说服力的内容，以激发兴趣并引导消费决策。

以策划一款手机的广告文案为例，首先需要明确文案的目标受众和核心卖点。假设目标受众是年轻的上班族，核心卖点是手机的高性能和时尚外观。向文心一言输入提示词"为一款面向年轻上班族的高性能时尚手机撰写广告文案，突出其强大的处理能力、高清屏幕和独特的外观设计"，结果如图 4.5 所示。

我们可以根据实际情况对生成的广告文案进行调整和优化。在编写提示词时，可以突出产品的优势、卖点和用户痛点等内容，并选择生动、形象的语言风格。同时，可以加入具体的数据来证明产品的高性能，或者增加用户使用场景描述，使广告文案更具吸引力，最终引导模型生成符合产品定位的文本内容。

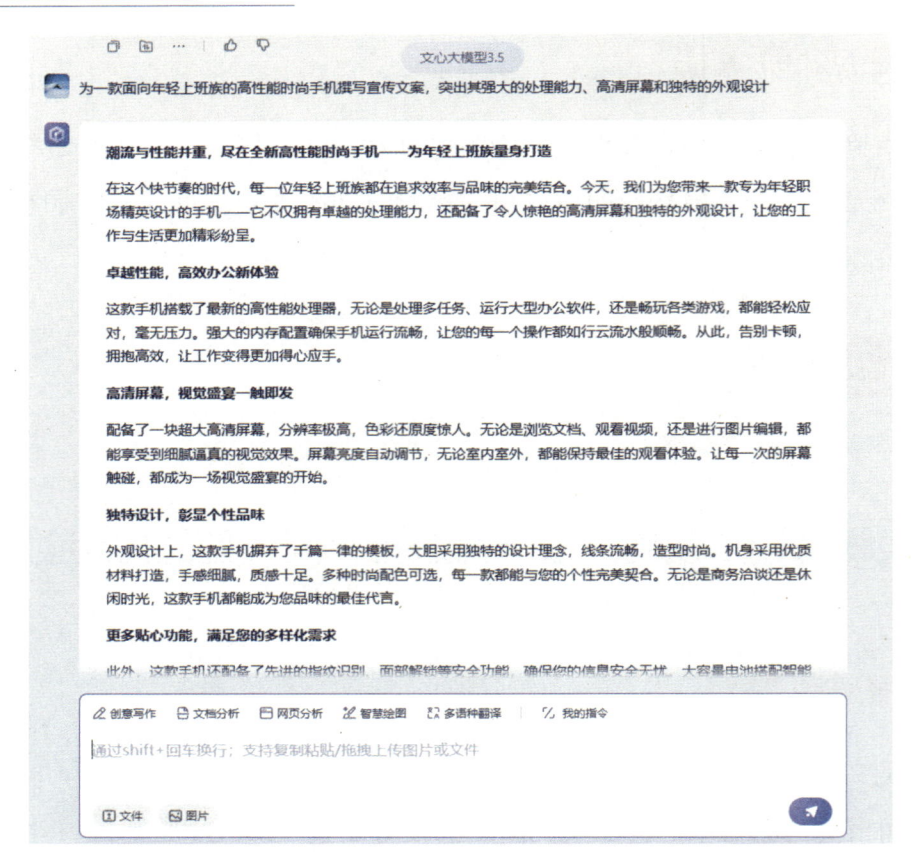

图 4.5　生成广告文案结果

**实践练习**：为一款新上市的环保型家电产品撰写广告文案，强调其节能特点及其他对用户的好处。

### 3. 教育内容创作

教育内容创作需要根据教学大纲和知识点生成教学课件、教案和练习题等。在编写提示词时，可以明确教学目标、知识点和教学方法等。生成的内容需要进一步优化，确保语言简洁明了，易于学生理解。同时，可以根据学生的反馈对内容进行调整和改进，以提高教学效果。

例如，输入提示词"请为《清明》这首诗写一篇教案（明确教学目标、知识点和教学方法等）"，结果如图 4.6 所示。

**实践练习**：撰写一篇关于新推出的在线编程课程的介绍文案，包括课程内容、教学方法、适合人群和报名方式。

### 4. 论文大纲撰写

对于学术研究人员来说，文心一言可以帮助其快速生成论文大纲。以"人工智能在教育

领域的应用研究"为例，输入提示词"为一篇关于人工智能在教育领域的应用研究的论文撰写大纲，包括研究背景、目的、现状分析、应用案例、存在问题及对策、结论等部分"，结果如图4.7所示。

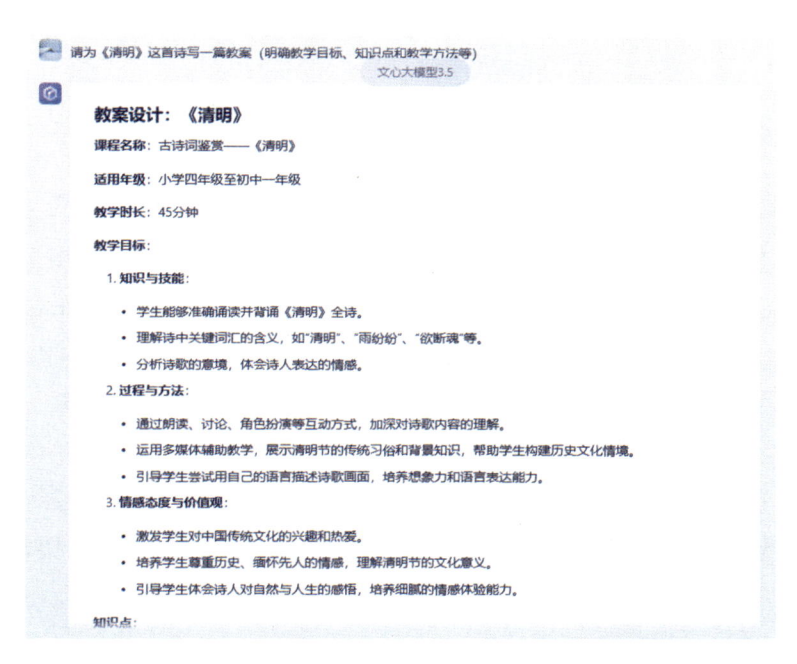

图4.6 生成教案结果

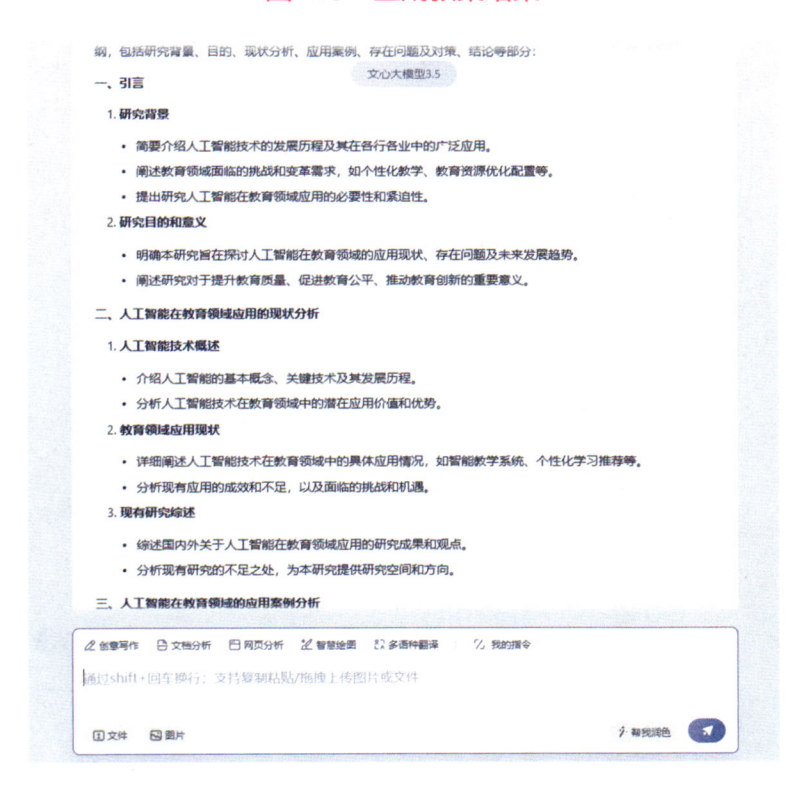

图4.7 生成论文大纲结果

根据论文大纲，研究人员可以进一步展开研究并撰写论文，也可以根据实际情况对论文大纲进行调整和完善。

**实践练习**：撰写一篇探讨社交媒体对青少年心理健康影响的社会科学研究论文大纲。

## 5. 创意写作

创意写作包括小说、诗歌、剧本、故事等多种形式。在使用文心一言进行创意写作时，可以根据创作的主题和风格编写提示词。例如，对于一部科幻小说，提示词可以包括"未来世界""人工智能""星际旅行"等关键词，引导模型生成具有创意和想象力的文本。同时，可以根据需要对生成的内容进行调整和修改，使其更符合创作意图。下面以诗歌创作和故事编写为例，介绍使用文心一言进行创意写作的方法。

### 1）诗歌创作

文心一言能够创作出富有意境和情感的诗歌。例如，以"春天的田野"为主题，输入提示词"创作一首关于春天田野的现代诗，描绘田野的美景和生机"，结果如图 4.8 所示。

图 4.8  诗歌创作结果

### 2）故事编写

文心一言在故事编写方面也有着出色的表现。给定一个故事主题，如"神秘的森林探险"；

提供一些基本设定，如"主人公是一名勇敢的探险家，他在森林中遇到了各种奇异的生物和神秘的事件"。输入提示词后，文心一言会生成一个精彩的故事，如图4.9所示。

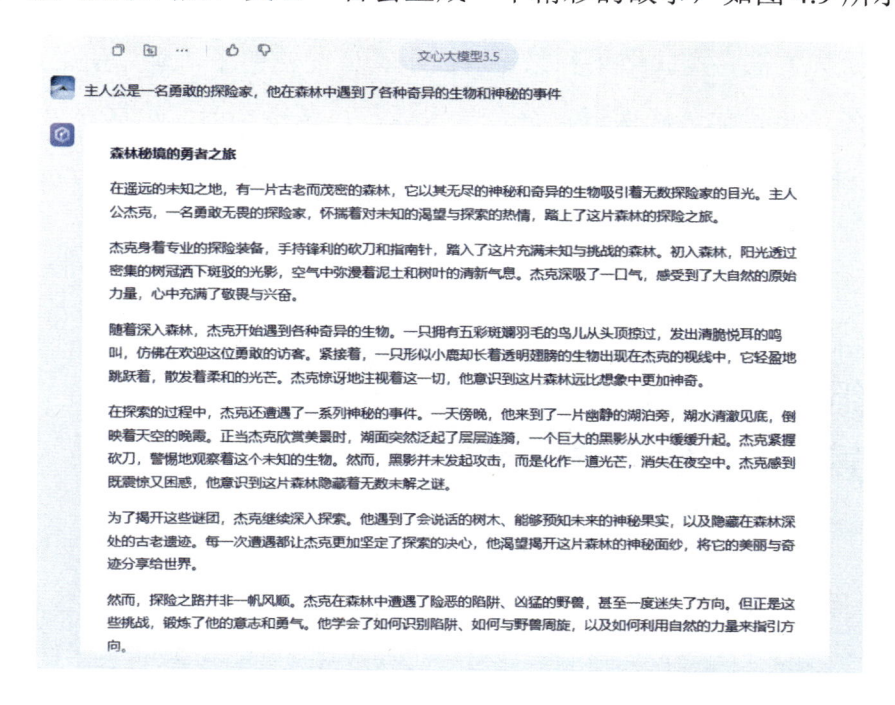

图 4.9　故事编写结果

我们可以根据自己的喜好，让文心一言续写故事，或者对已生成的部分进行优化，如丰富人物的心理描写、增加故事的悬念等，使故事更加精彩，如图4.10所示。

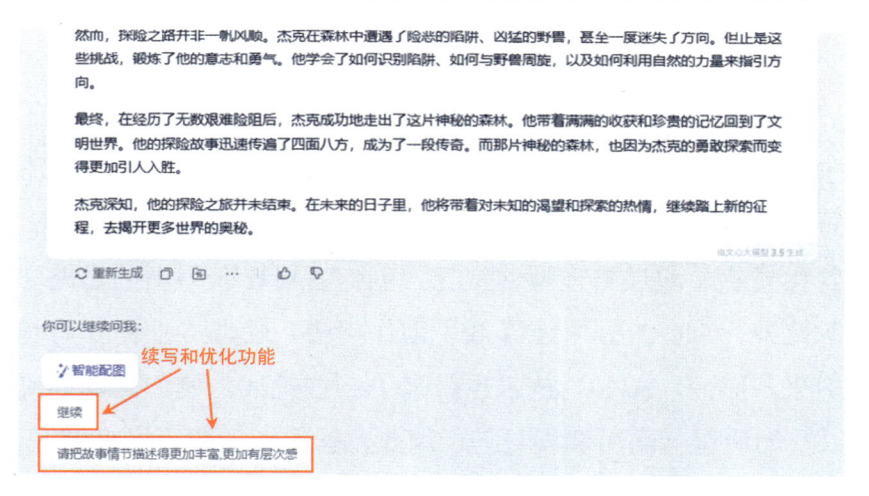

图 4.10　文心一言的续写和优化功能

**实践练习**：以"未来的城市"为主题，创作一篇短篇小说，描绘未来城市的生活场景和科技应用。

### 6. 学术写作

学术写作对语言的准确性和逻辑性要求较高。在使用文心一言进行学术写作时，需要明确论文的主题、研究方法、实验结果和结论。提示词应简洁明了，避免使用过于复杂的表述。生成的初稿需要进一步优化，确保语言符合学术规范、逻辑严谨、论据充分。

**实践练习**：为一篇探讨气候变化对农业影响的研究论文撰写引言部分，包括研究背景、问题陈述和研究目的。

## 4.6 小组讨论：AIGC 技术在工作流程中的应用及其对传统创作方式的影响

### 1. AIGC 技术在工作流程中的应用

AIGC 技术的出现为各行各业的工作流程带来了深刻变革。在内容创作领域，AIGC 技术可以快速生成高质量文本，极大地提高了创作效率和质量。例如，在新闻媒体行业，使用 AIGC 技术可以快速生成新闻稿件；在广告营销行业，使用 AIGC 技术可以根据客户需求生成个性化的文案。此外，AIGC 技术还可以与各类工具和平台集成，实现内容的自动生成和发布，进一步优化工作流程。

### 2. AIGC 技术对传统创作方式的影响

AIGC 技术的出现对传统创作方式产生了深远影响。首先，AIGC 技术提高了创作效率，使创作者能够在短时间内生成大量高质量文本，节省了大量时间和精力。其次，AIGC 技术激发了创作者的创意灵感，通过与模型的交互，创作者可以获得新的思路和创意，突破传统创作的思维局限。此外，AIGC 技术还降低了创作门槛，使非专业创作者也能够快速上手，参与到内容创作中来。然而，AIGC 技术也带来了一些挑战。例如，如何确保生成内容的准确性和可靠性，以及如何避免滥用和误导等。因此，创作者需要正确理解和运用 AIGC 技术，在充分发挥其优势的同时，避免其潜在的风险。

### 3. 小组讨论

1）讨论的问题

（1）AIGC 技术在你所在专业或未来职业中的应用前景和价值是什么？

（2）如何结合 AIGC 技术来优化你所在专业的工作流程？

（3）在使用 AIGC 技术时，如何确保生成内容的质量和可靠性？

（4）AIGC 技术的未来发展对你的职业发展有哪些影响？

（5）AIGC 技术在工作流程中的应用及其对传统创作方式的影响有哪些？

2）评分标准（见表 4.1）

表 4.1 评分标准

| 项目 | 分值 | 说明 |
| --- | --- | --- |
| 讨论参与度 | 30 分 | 小组成员是否积极参与讨论并贡献了自己的观点 |
| 讨论深度 | 30 分 | 小组是否深入分析了 AIGC 技术在工作流程中的应用及其对传统创作方式的影响 |
| 改进建议 | 20 分 | 小组提出的改进建议是否具有创新性和实用性 |
| 汇报质量 | 20 分 | 小组代表的汇报是否清晰、有条理并准确传达了小组观点 |

3）讨论结果的提交要求

（1）小组讨论记录：提交小组讨论记录，包括讨论要点和成员贡献。

（2）小组汇报 PPT：制作并提交小组汇报 PPT，内容包括讨论主题、优劣势分析、挑战和影响探讨、改进建议等。

（3）个人反思：每位小组成员提交一份个人反思，总结自己在讨论中的收获和体会。

# 项目 5

# 文档处理与优化：WPS 的智能助手

## 项目背景

在数字化办公迅速发展的背景下，办公效率和文档处理质量已成为工作顺利推进的关键因素。传统办公软件在应对日益复杂多变的文档处理需求时，暴露出诸多不足。例如，在处理篇幅冗长、结构复杂的学术报告、项目方案等文档时，依赖人工手动进行内容创作、格式调整及数据整理，不仅会消耗大量的时间和精力，还容易因人为疏忽而产生各种错误，如格式不统一、数据计算失误等，严重影响工作的进度和质量。

WPS AI 的问世，为解决这些长期困扰办公人员的难题提供了新的途径。它深度整合了自然语言处理、机器学习、图像识别等一系列先进的人工智能技术，致力于全面提升文档处理的智能化、自动化水平，帮助用户以更高的效率、更优的质量完成各类办公任务。无论是日常的办公文档撰写、数据统计分析，还是重要的商务汇报演示、专业的文档审阅处理，WPS AI 都能发挥关键作用，成为办公场景中的得力助手。

## 项目分析

本项目聚焦于深入探究 WPS AI 在文档处理与优化领域的强大功能及多元应用，采用理论学习与实际操作紧密结合的方式，力求使用户全面、熟练地掌握 WPS AI 在文本、表格、演示文稿和 PDF 等不同类型文档处理中的技巧和精髓。

本项目将深入剖析 WPS AI 相较于传统办公方式的显著优势。例如，在内容创作上，其智能生成功能大大缩短了创作时间，并能提供新颖的思路；在数据处理方面，智能计算和可视化分析功能使数据解读更加高效准确。同时，本项目也会针对实际应用过程中可能遇到的各类问题，如 AI 生成内容的准确性把控、复杂格式转换的兼容性问题等，展开详细探讨，并提供切实可行的解决方案。

通过丰富多样的实践操作和热烈的小组讨论，本项目将引导用户积极思考如何将 WPS AI 有机融入日常工作流程的各个环节。从项目策划、数据收集与分析，到成果展示和文档管理，探索 WPS AI 的最佳应用模式，提高整体工作效率和质量，推动办公模式向智能化、高效化方向全面升级。

### 知识目标

▶ 了解 WPS AI 的基本概念、技术原理和核心功能，掌握其在不同类型文档处理中的应用逻辑。

▶ 熟悉 WPS AI 与传统办公软件在功能上的差异，理解其如何通过智能化手段优化文档处理流程。

▶ 了解人工智能技术在办公领域的发展趋势，合理运用 WPS AI 的功能。

### 技能目标

▶ 熟练运用 WPS AI 进行文档内容创作，包括段落续写、语言优化等，提升文档编写速度和质量。

▶ 学会使用 WPS AI 的智能表格功能进行数据录入、计算、分析和可视化展示，提高数据处理效率。

▶ 借助 WPS AI 制作具有吸引力的演示文稿，完成模板选择、内容优化和动画效果设计等操作。

▶ 掌握 WPS AI 对 PDF 文档的处理技巧，如内容总结、快速解读、编辑和格式转换。

### 素养目标

▶ 培养创新思维和探索精神，鼓励积极尝试 WPS AI 的新功能和应用场景。

▶ 提升问题解决能力，在使用 WPS AI 的过程中，能够分析并解决遇到的各种问题。

▶ 增强团队协作意识，通过讨论和实践，学会与他人分享经验，共同探索 WPS AI 在工作流程中的最佳应用方式。

## 5.1 WPS AI 概述

### 1. 什么是 WPS AI

WPS AI 是集成在 WPS 办公软件中的人工智能服务，它基于深度学习、自然语言处理和大数据分析等技术，为用户提供智能化的办公辅助。通过自然语言交互，WPS AI 能够理解用户需求，自动完成复杂的办公任务，如文本内容生成、数据处理与分析、演示文稿设计、PDF 文档处理等，旨在提升办公效率，降低操作难度，为用户带来全新的办公体验（见图 5.1）。

图 5.1 集成了人工智能服务的 WPS 办公软件

### 2. WPS AI 是如何工作的

WPS AI 的运行依托深度学习、自然语言处理及大数据分析等先进技术。其首先通过自然语言交互技术，精确解析用户的指令和需求。无论是通过语音输入还是文字输入，WPS AI 均能迅速捕捉用户意图，并根据需求提供相应的服务。借助深度学习技术，WPS AI 能够对大量数据进行训练和学习，从而持续提升其智能水平和处理能力。这使 WPS AI 在处理复杂办公任务时，能够迅速找到最优解，并自动执行相关操作。大数据分析技术也为 WPS AI 提供了强大的支持。通过对用户行为、数据特征等进行深入分析，WPS AI 能够不断优化其算法和模型，为用户提供更加精准、个性化的服务。综上所述，WPS AI 通过这些尖端技术手段，实现了对用户需求的精确解析和高效处理，为用户带来了全新的办公体验。

### 3. WPS AI 支持哪些操作系统

Windows：用户可以在 Windows 上安装并使用 WPS AI 提供的各项功能。

Linux：WPS AI 为 Linux 用户提供了智能化的办公辅助功能。

macOS：苹果电脑用户可以在 macOS 上使用 WPS AI，享受智能化的办公体验。

Android：WPS AI 支持 Android 移动操作系统，用户可以在 Android 手机或平板电脑上安装 WPS 办公软件并使用其中的 AI 功能。

iOS：iOS 用户同样可以在 iPhone 或 iPad 上使用 WPS 办公软件，并体验其中的 AI 功能。

HarmonyOS：WPS AI 已适配鸿蒙系统，用户可以在鸿蒙设备上享受 WPS AI 带来的智能办公体验。

## 5.2 WPS AI 功能介绍及其应用场景

WPS AI 集成了多种前沿人工智能技术，具备极为丰富且强大的功能，如图 5.2 所示。

**WPS AI 写作助手** 不打断心流的陪伴式写作 进一步了解 →

**WPS AI 阅读助手** 沉浸式解析、总结与问答 进一步了解 →

**WPS AI 设计助手** 便捷的内容排版与设计 进一步了解 →

**WPS AI 数据助手** 智能的数据处理和分析 进一步了解 →

图 5.2　WPS AI 功能

WPS AI 能够广泛应用于各类办公场景。

**内容创作**：在撰写新闻稿件时，仅需提供文章的核心要素提示词，WPS AI 即可迅速产出一篇结构严谨、表述流畅的新闻稿件初稿，显著提升文章撰写效率。在撰写论文或报告时，WPS AI 还能够根据用户提供的主题和关键词，自动生成逻辑清晰、论据充分的文章框架，帮助用户快速搭建文章结构。WPS AI 还具备强大的语言处理能力，能够自动进行语法检查、拼写纠正及句式优化，确保所生成内容的准确性和流畅性。

**表格处理**：在进行数据统计时，用户利用 WPS AI 的智能表格功能，不仅能够通过语音输入高效地录入大量数据，还能借助其智能计算能力迅速完成诸如成本核算、利润计算、财务比率分析等复杂运算。在市场调研数据分析方面，用户可以迅速对通过调研问卷收集到的数据进行整理、分类和统计分析，并生成直观的图表，从而帮助企业精确掌握市场动态和消费者需求。

**演示文稿设计：** 在汇报场景中，WPS AI 提供的模板推荐功能能够依据汇报主题及企业风格，精确挑选出专业的演示文稿模板；内容布局优化功能则能合理地安排页面元素，凸显重点内容，使汇报逻辑更加明晰。同时，动画效果设计为演示文稿增添了生动性和吸引力，有助于汇报者更有效地展示项目成果和商业计划。在产品展示方面，通过 WPS AI 的功能，产品特点、优势、使用场景等内容得以以极具视觉冲击力的方式呈现，从而吸引客户的关注。

**PDF 文档处理：** 在进行学术论文的阅读过程中，研究人员通过运用 WPS AI 的内容摘要功能，能够迅速掌握论文的核心论点、研究手段及主要结论，从而快速评估论文的价值与相关性，提升文献阅读的效率。在合同审查的场合中，WPS AI 的高效检索功能可协助法务工作者迅速锁定合同中的关键条款，而编辑与格式转换功能则便于对合同内容进行必要的修改与调整，确保合同的精确性和合规性。

## 项目实施

## 5.3 利用 WPS AI 进行智能化内容创作：提升文档编写效率

在文档编写过程中，WPS AI 的写作助手发挥着重要作用。通过先进的自然语言处理技术和深度学习算法，WPS AI 能够理解用户输入的意图，并提供相关的写作建议和模板，极大地提升了文档编写的效率和质量，具体功能如图 5.3 所示。

| 写作助手功能 | PC 支持客户端 |
| --- | --- |
| 伴写 >> <br> AI 主动帮你写出下一句 | ☑ Win / Mac |
| 帮我写 >> <br> AI 续写内容、生成大纲、生成全文 | ☑ Win / Mac |
| 帮我改 >> <br> AI 智能优化文本内容 | ☑ Win / Mac |
| 全文总结 >> <br> 快速提炼文档内容 | ☑ Win / Mac |
| 文档问答 >> <br> 通过 AI 问答深度解读文档 | ☑ Win / Mac |
| AI 排版 >> <br> 一键文档格式和整理 | ☑ Win / Mac |
| 法律助手 >> <br> 快速搜法，智能解答 | ☑ Win |
| 灵感市集 >> <br> AI 帮我写热门提示词模板 | ☑ Win / Mac |

图 5.3　WPS AI 写作助手功能

## 1. WPS AI 写作助手

打开 WPS Office 软件，执行"新建"→"文字"→"空白文档"命令，创建文字文档。在文字文档界面中，单击"WPS AI"按钮可唤起 WPS AI 功能（见图 5.4），包括"伴写""帮我写""帮我改"等，均配备了清晰的说明和示例，以确保即使是缺乏写作经验的用户也能迅速理解并掌握其使用技巧。下面介绍写作助手的三种常用功能。

图 5.4 "WPS AI"按钮

### 1）伴写

用户可以轻松使用"伴写"功能（见图 5.5）。WPS AI 以智能对话的形式与用户进行实时互动，提供写作灵感和创意。WPS AI 能够自动理解前文，实现毫秒级响应，并以浅灰色文字实时提供续写建议。按 Tab 键或单击鼠标左键可采纳满意的续写建议。当对续写不满意时，也不需要切换页面，按 Alt +↓组合键即可查看更多建议，获取更多灵感。在日常写作时，可选用通用角色进行辅助；在更细致的写作场景中，也可启用其他专业角色。当不需要继续使用"伴写"功能时，可直接单击已启用功能区域的"关闭"按钮。

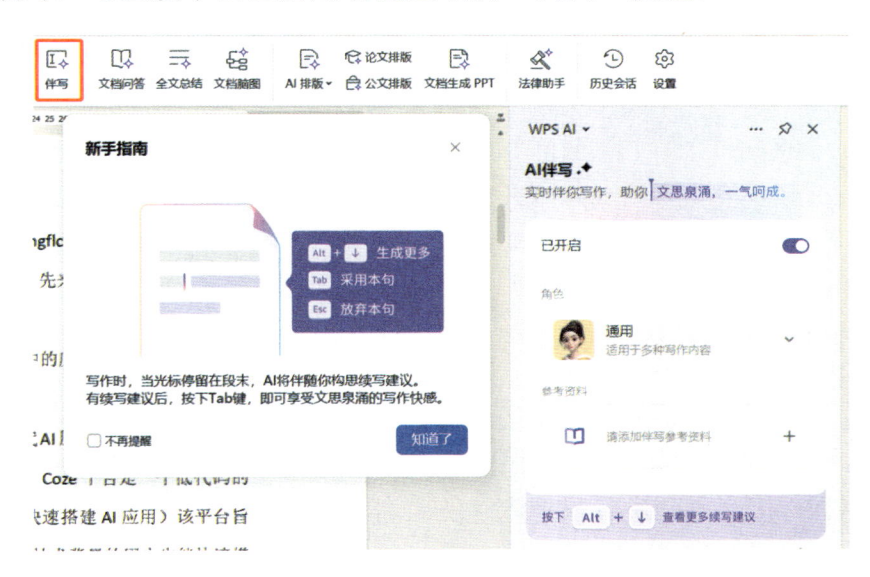

图 5.5 WPS AI"伴写"功能

2）帮我写

系统通过学习大量文本，识别其中的模式，并据此生成新的文本内容。用户仅需输入主题或关键字，系统即可迅速构建出文章大纲或全文，显著提升写作效率。在文档编辑过程中，用户可以通过连续按两次 Ctrl 键，快速调出 WPS AI 的对话框。在输入问题后，用户可单击右侧的"优化指令"按钮，将简短的需求转化为精确的专业指令，从而使 AI 生成的内容更加贴合用户的预期。利用 WPS AI 的"帮我写"功能，用户可以一键生成具有标准格式的各类文书，如通知、请假条、合同证明等。用户还可以访问"灵感市集"，探索并选择合适的指令模板，这些模板覆盖了教育、行政、互联网等多个热门行业。只需按照提示填写相关信息，就可使 WPS AI 创作的内容更加符合个人偏好（见图 5.6）。

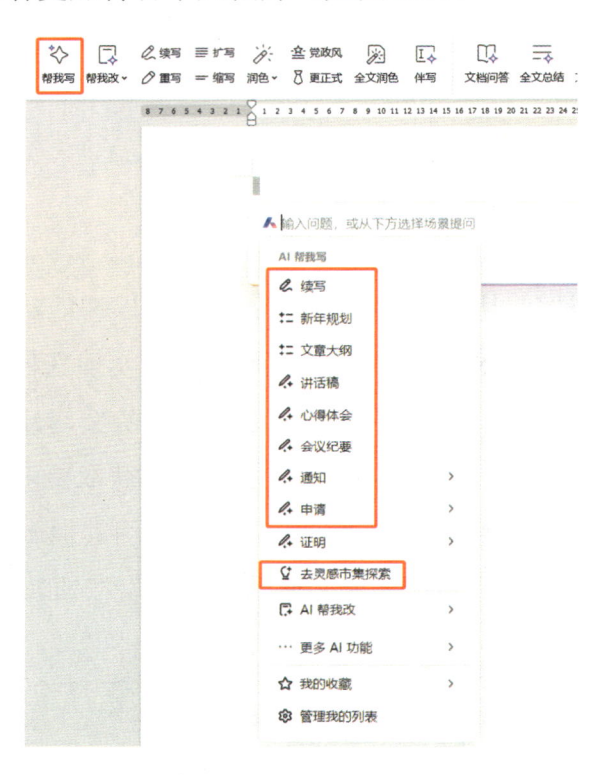

图 5.6　WPS AI "帮我写"功能

3）帮我改

选定需要修改的文本，展开"帮我改"功能菜单进行选择（见图 5.7）。WPS AI 能够精确识别选定文本中的语法错误和用词不当等问题，并提供相应的优化建议。用户在对需要修改的部分进行选择后，WPS AI 便能迅速提供改进方案，帮助用户有效提升文本质量。当对措辞感到不满意时，WPS AI 可协助进行快速润色，并能够根据用户的具体需求调整文本的风格，无论是更正式、更活泼，还是口语化，均能实现即时转换。对于内容过于简短（冗长）的情况，WPS AI 提供了扩写（缩写）功能，可根据需求调整文本长度。从词汇到句子、从句子到段落、从段落到全文，WPS AI 既可助你丰富文章的细节，也可在需要时迅速缩写，确保语言精炼而不失原意。

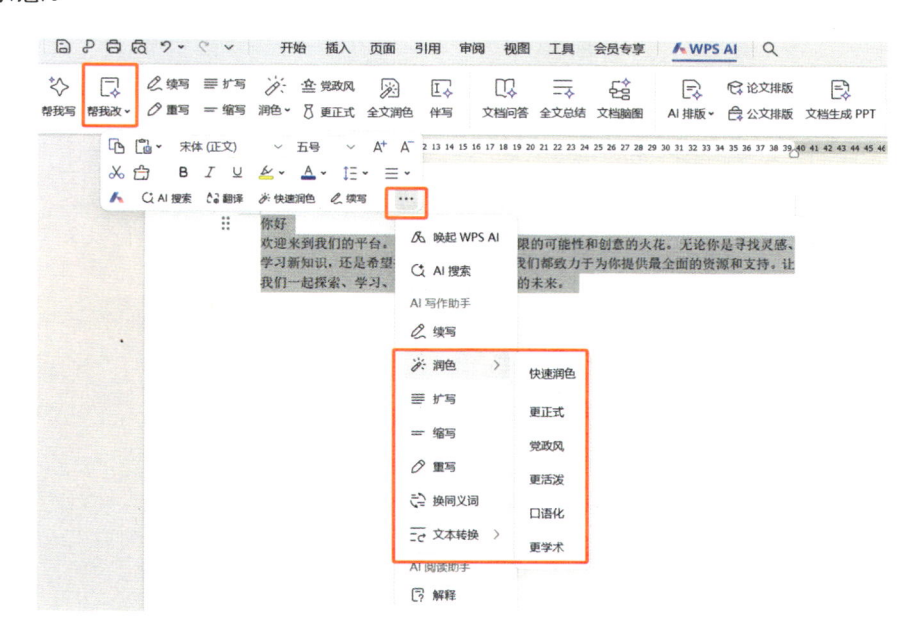

图 5.7　WPS AI"帮我改"功能

## 2. 实例演示

撰写一篇关于"人工智能在教育领域的应用"的文章。

### 1）生成大纲

打开 WPS 文档，在文档编辑界面中，单击"WPS AI"按钮唤起 WPS AI 功能。然后，单击"帮我写"按钮，在对话框中输入"人工智能在教育领域的应用大纲"并单击"运行"按钮，系统会生成大纲，如图 5.8 所示。

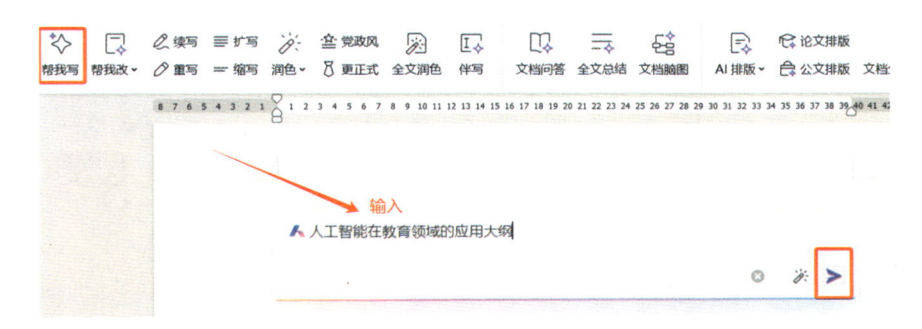

图 5.8　使用"帮我写"功能生成大纲

### 2）处理大纲

在生成大纲后，若对所生成的大纲满意，则可单击"保留"按钮；若对大纲不满意，则可进行调整、重写，或者弃用该大纲，如图 5.9 所示。

图 5.9　处理大纲

### 3）内容生成与完善

使用 WPS AI 依据大纲自动生成相关内容。在"人工智能的定义"部分，选定文本段落后，可使用"续写"功能对生成的内容进行进一步补充与完善，如图 5.10 所示。

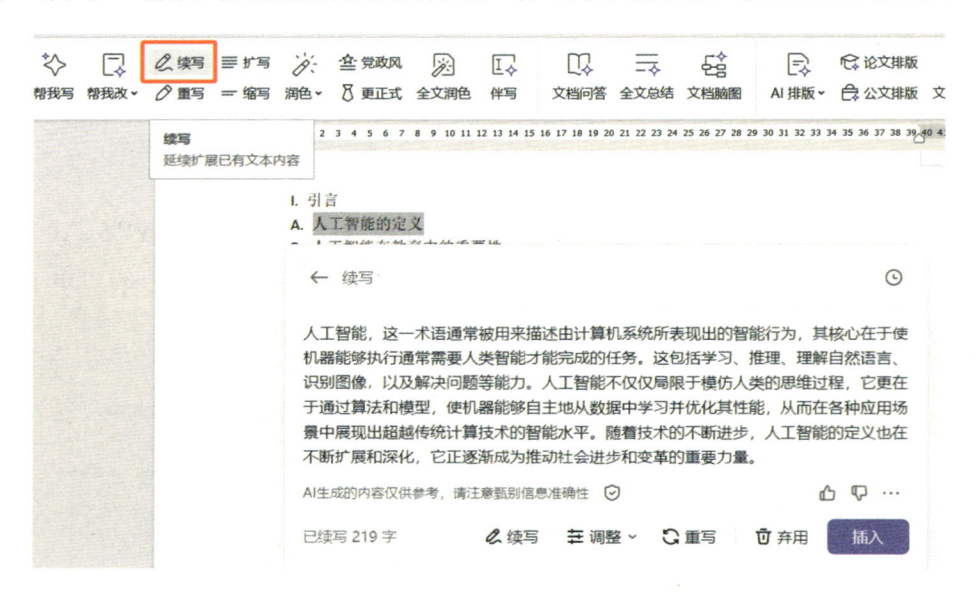

图 5.10　"续写"功能

### 4）语言优化

使用"润色"功能对全文进行语言优化，将平淡、口语化的表述精准替换为更专业、生动的词汇和语句，如图 5.11 所示。

文档处理与优化：WPS 的智能助手 **项目 5**

图 5.11 使用"润色"功能

### 5）使用"伴写"功能

选择合适的角色，使用"伴写"功能对内容进行补充，如图 5.12 所示。

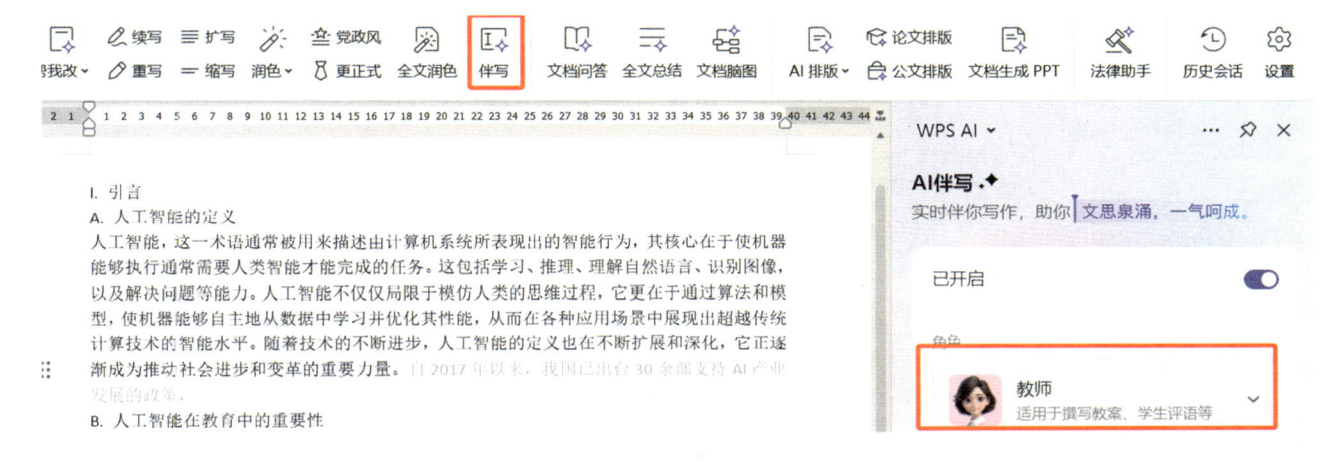

图 5.12 使用"伴写"功能

### 6）完成撰写

最后，采用适当的方法调整全文。至此，撰写工作完成。

## 5.4 使用 WPS AI 的智能表格：简化数据处理与分析过程

WPS AI 的写作助手可以帮助用户快速对数据进行整理、筛选、排序和计算等操作，极大地提高了工作效率，具体功能如图 5.13 所示。

人工智能通识课基础

图 5.13　WPS AI 数据助手功能

## 1. WPS AI 数据助手功能

### 1）AI 写公式

WPS AI 的公式编写工具（AI 写公式）能够根据文字描述智能构建数学公式（见图 5.14）。即使用户在提问方面存在问题，该工具亦能自动分析表格中的数据，并提供相应的提问示例，以增强提问的明确性，从而提高公式的生成准确性。对于用户不熟悉的公式，单击即可对公式中的不明部分进行定位，WPS AI 将自动识别并解释多层嵌套的函数。

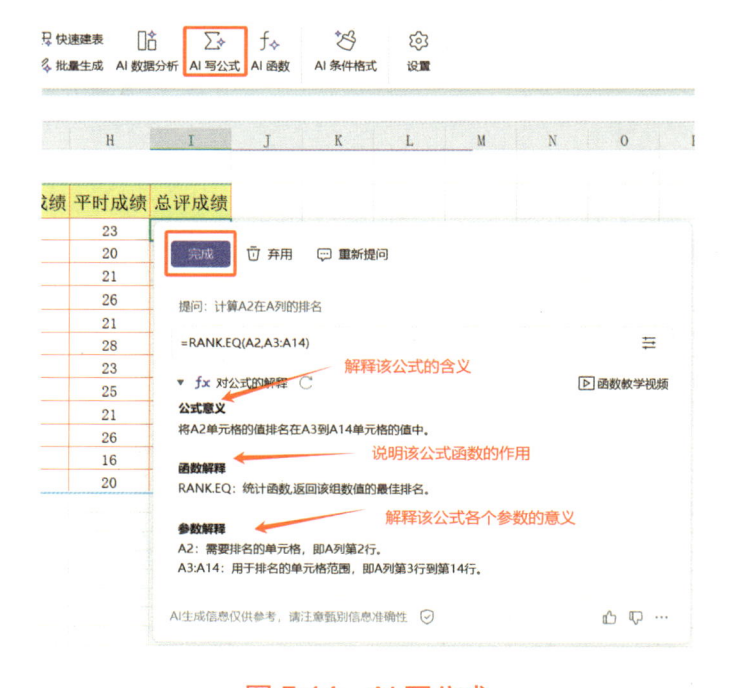

图 5.14　AI 写公式

### 2）AI 数据分析

无论是销售报告、市场研究，还是用户行为数据，交给 WPS AI 即可完成数据分析（见图 5.15）。通过简单对话，即可快速完成数据检查、数据洞察、预测分析、关联性分析等操作。使用 AI 数据分析功能不仅能高效处理复杂数据，还能生成直观图表，辅助决策。其智能推荐功能可根据数据特点，提供最优分析模型，确保结果的准确性和实用性。同时，AI 数据分析功能还支持自动识别数据中的异常值，并提供详细解释和建议，帮助用户深入理解数据背后的逻辑，从而做出更为精准的决策。

图 5.15　AI 数据分析

### 3）AI 条件格式

在"AI 条件格式"对话框内，描述你想要的效果，WPS AI 就会自动调用表格指令，帮助你完成相关操作，一句简单的指令即可让数据呈现更加直观（见图 5.16）。在处理日常事务时，WPS AI 可以进行预测和趋势分析，使用户能快速了解数据的潜在走向，并据此制订相应的计划和调整方案。对于表格中需要填充的部分，WPS AI 提供了智能填充建议，用户可以轻松选择合适的预设模板，提高工作效率。在格式美化和数据呈现方面，WPS AI 同样提供了多种便捷工具，帮助用户以最直观的方式将信息传达给受众。

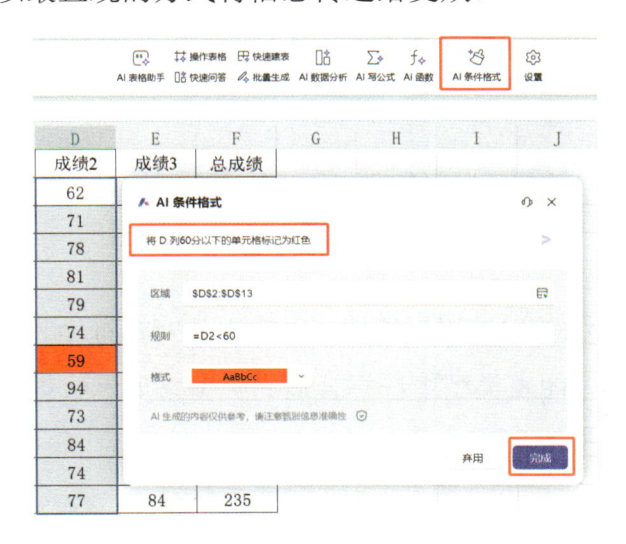

图 5.16　AI 条件格式

## 2. 实例演示

处理一份近年国产汽车销售数据的表格。

### 1）使用 AI 写公式功能

双击"近年国产新能源汽车销售情况表"图标打开文档，单击界面中的"WPS AI"按钮唤起 WPS AI 功能，然后单击"AI 写公式"按钮。

### 2）智能计算

锁定需要进行计算的数据区域（列），直接在对话框中输入"D4 列比 D3 列增长百分数"，WPS AI 会自动理解用户需求，生成正确的计算公式，单击"完成"按钮即可计算出结果，如图 5.17 所示。

图 5.17　智能计算结果

### 3）数据可视化

单击表格界面中的"AI 数据分析"按钮，在弹出的对话框中执行"帮我生成一些有业务价值的图表"命令，在众多图表类型中选择合适的类型来展示数据，并单击"复制"按钮将图表插入表格内部，如图 5.18 所示。

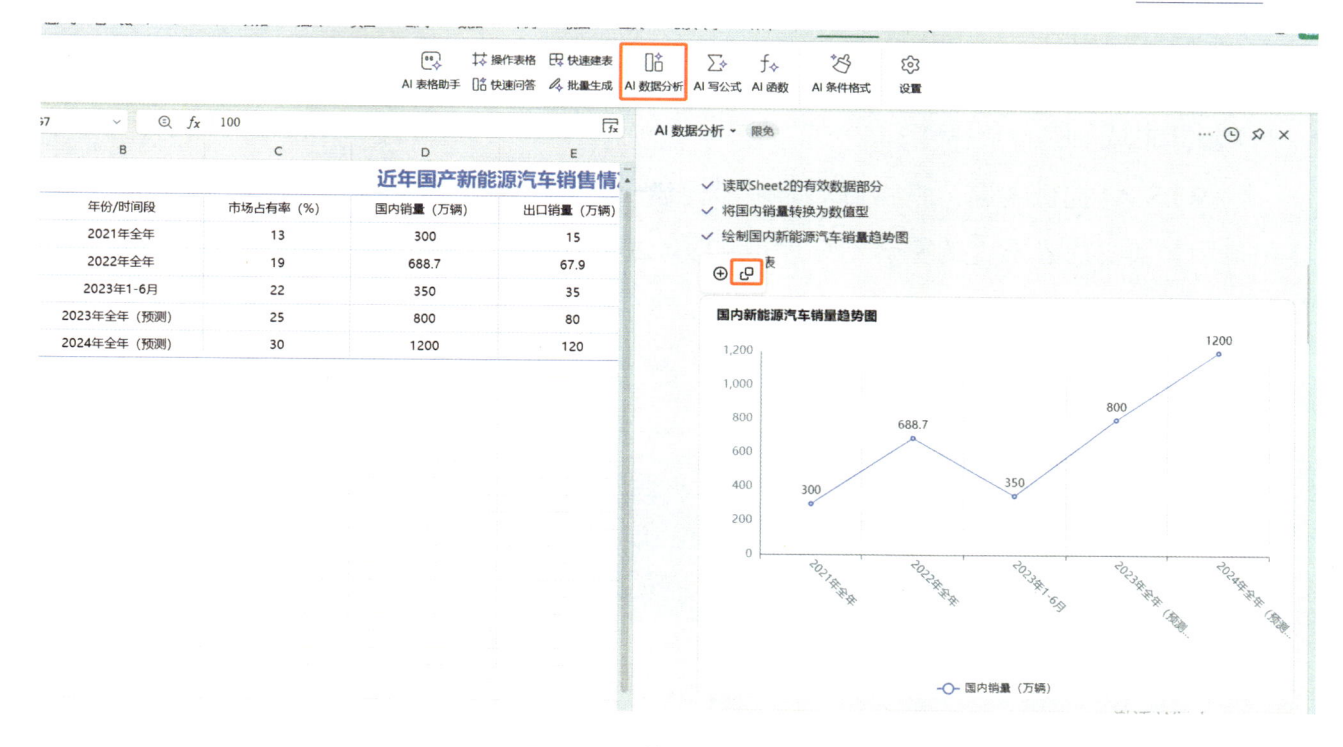

文档处理与优化：WPS的智能助手　项目 5

图 5.18　数据可视化结果

## 5.5　通过 WPS AI 提升演示文稿质量：打造更具吸引力的演示效果

　　WPS AI 设计助手能够显著提升演示文稿的视觉吸引力和专业性，内置了丰富的设计模板和元素。用户只需简单选择或输入需求，其便可自动生成与演示文稿内容相匹配的幻灯片布局、配色方案及动画效果。WPS AI 设计助手功能如图 5.19 所示。

图 5.19　WPS AI 设计助手功能

105 PAGE

## 1. WPS AI 设计助手功能

### 1）AI 生成 PPT

向 WPS AI 提供主题，它将自动为用户构建一个大纲，并推荐 PPT 模板，用户可轻松制作出排版精美、内容丰富的整套幻灯片（见图 5.20）。你也可以上传整个文档，或者粘贴内容要点，WPS AI 将自动理解并提炼内容以生成 PPT。

图 5.20 向 WPS AI 提供主题生成 PPT

在生成 PPT 的过程中，如果对幻灯片大纲不满意，则可以对其进行升降层级等调整，以使生成的幻灯片效果更符合需求；如果对幻灯片大纲满意，则可以直接单击"挑选模板"按钮，并最终生成 PPT（见图 5.21）。

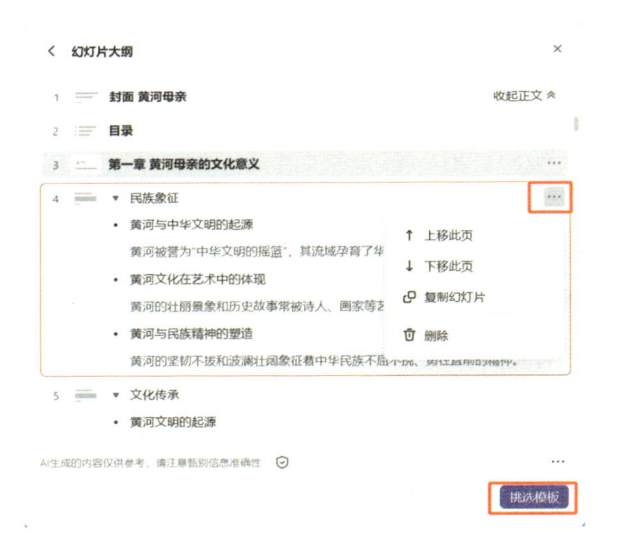

图 5.21 调整或挑选模板

### 2）AI 生成单页/多页

尽管输入主题生成 PPT 更快捷，但在制作 PPT 时，用户也可单独使用"AI 生成单页"（见图 5.22）、"AI 生成多页"和"AI 生成图片"功能，在 WPS 演示文稿中迅速生成单个或指定数量的幻灯片。

文档处理与优化：WPS 的智能助手 项目 5

图 5.22 单独使用"AI 生成单页"功能

3）帮我写和帮我改

WPS AI 的"帮我写"功能可生成 PPT 内的文案。当对 PPT 内页信息描述不满意时，不需要切换页面，在演示过程中可以直接使用"帮我改"功能快速润色，还可以对文本进行扩写或缩写，快速调整详略程度，以更好地配合演讲时的信息传达需求（见图 5.23）。

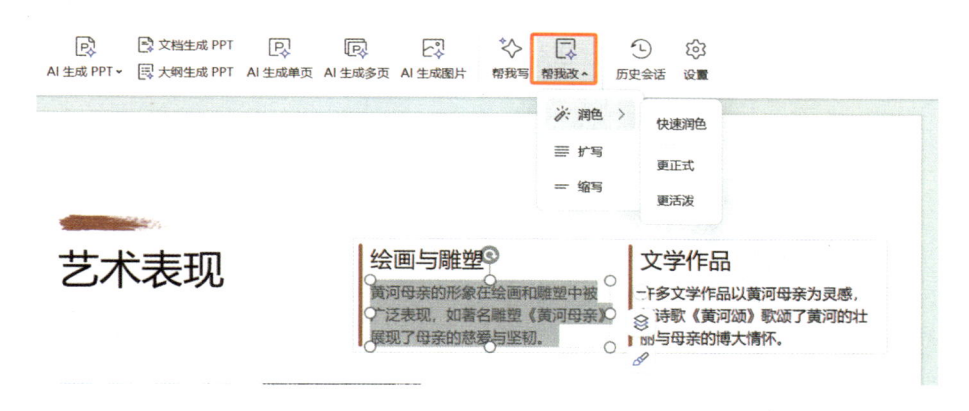

图 5.23 选中文本后使用"帮我改"功能

## 2. 实例演示

制作一个关于"黄河母亲"主题的演示文稿。

1）新建演示文稿并挑选模板

打开 WPS Office 软件，执行"新建"→"演示"→"空白演示文稿"命令，创建一个空白演示文稿。单击菜单栏中的"AI 生成 PPT"按钮，在弹出的对话框中输入主题"黄河母亲"，WPS AI 会根据主题生成幻灯片大纲（见图 5.24）。当对大纲不满意时，也可对其进行修改，然后单击"挑选模板"按钮。

图 5.24　根据主题生成幻灯片大纲

2）创建幻灯片

挑选所需模板，随后单击"创建幻灯片"按钮，如图 5.25 所示。

图 5.25　单击"创建幻灯片"按钮

3）内容填充与优化

在需要修改的幻灯片页面中，单击"帮我改"按钮展开功能菜单（见图 5.26），单击相应的功能按钮，对输入内容进行深度分析，将冗长、复杂的句子进行精简提炼，突出重点数据和成果。

文档处理与优化：WPS的智能助手 项目5

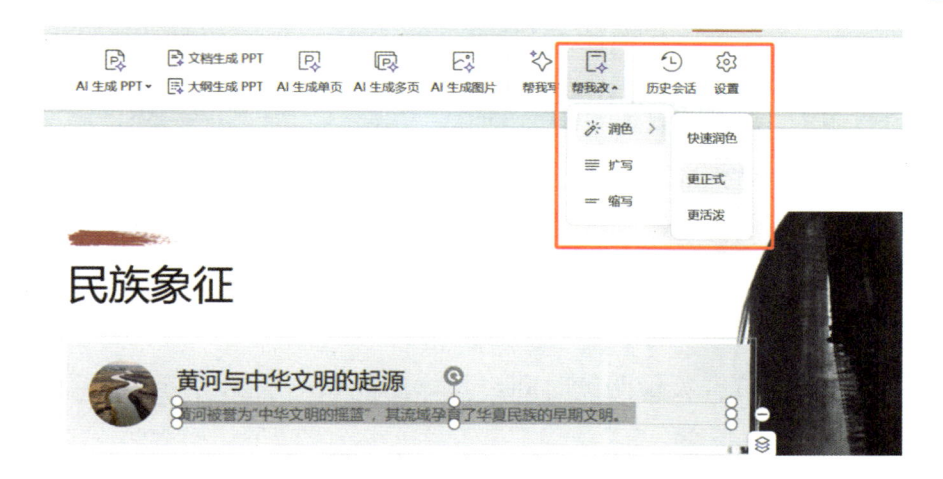

图5.26 单击"帮我改"按钮展开功能菜单

4）添加动画效果

选中需要添加动画效果的元素，如文本框、图片、图表等，单击"动画"选项卡中的"智能动画"按钮展开"智能动画"列表，添加动画效果，使演示文稿更加生动有趣，吸引观众的注意力，如图5.27所示。

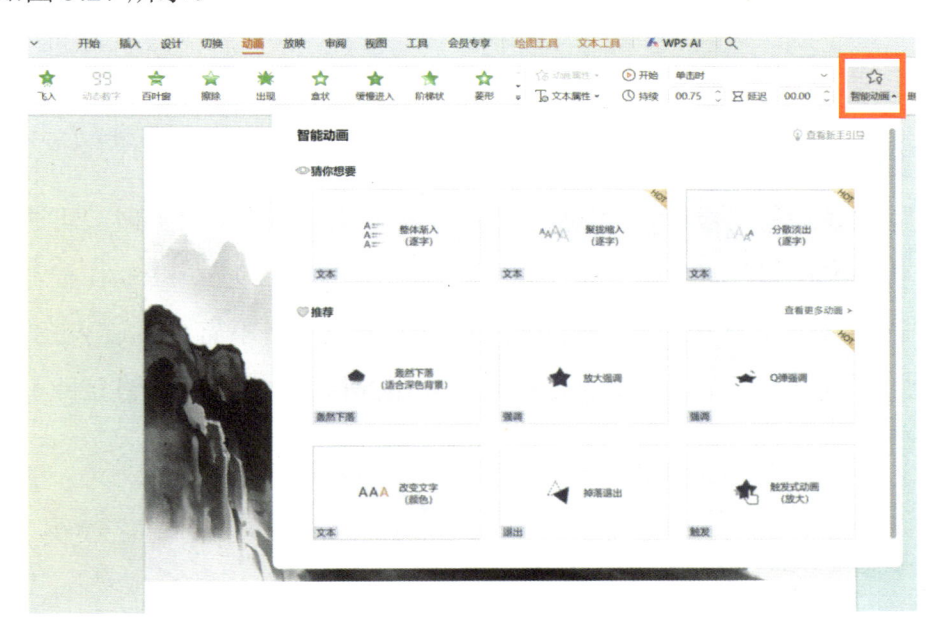

图5.27 添加动画效果

5）保存

保存并播放演示文稿。

## 5.6 善用 WPS AI 的 PDF 阅读功能：轻松实现内容总结与解释翻译

WPS AI 用户可以通过阅读助手轻松对 PDF 文档的内容进行总结，智能提炼出关键要点，获取核心信息，帮助我们节省大量阅读时间，具体功能如图 5.28 所示。

图 5.28　WPS AI 阅读助手功能

### 1. WPS AI 阅读助手功能

#### 1）文档问答

用户通过"文档问答"功能可快速解读 PDF 文档。当对文章有疑问时，可通过该功能发起询问，WPS AI 将助你在信息海洋中快速找到所需内容（见图 5.29）。WPS AI 推荐相关问题也能帮助用户深入理解知识点，让用户即使速读也能"吃透"文章。不需要担心 WPS AI 的回答无中生有，其每一次回答都基于文件本身，并贴心标注引用的原文出处，单击链接即可跳转至对应页面，用户可继续深入阅读原文。

图 5.29　使用"文档问答"功能示例

2）全文总结

用户使用"全文总结"功能可快速提炼文档内容（见图5.30）。对于数百页的超长文档，WPS AI 通过智能算法进行精准提炼，确保要点不遗漏、信息不歪曲，快速完成全文总结，助你快速掌握文章主旨和核心观点，减轻阅读负担。

图5.30　使用"全文总结"功能示例

3）划词

用户使用"划词"功能可实现顺畅阅读，WPS AI 可对所划取内容进行解释、翻译和总结（见图5.31）。当遇到不理解的专业术语时，WPS AI 可为你解释。当阅读外文刊物遇到不懂的生词或句子时，WPS AI 可结合文档的具体语境进行准确翻译，帮你轻松扫除阅读障碍。对于需要加强记忆的内容，WPS AI 可总结并生成批注，下次阅读一目了然。

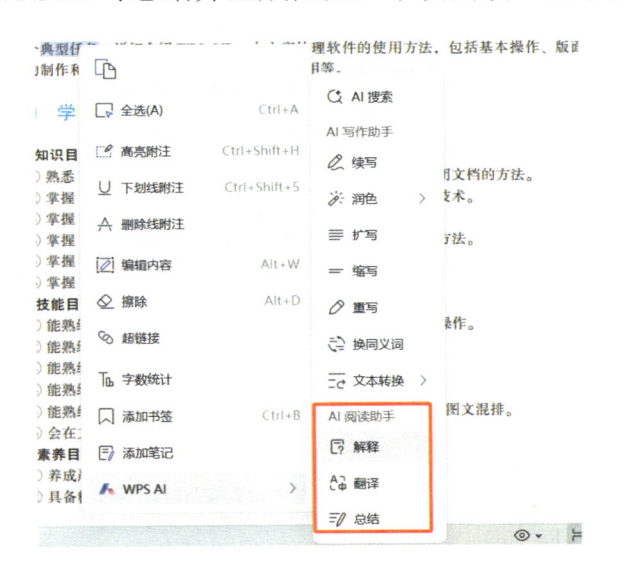

图5.31　使用"划词"功能示例

## 2. 实例演示

处理一份学术研究 PDF 文档。

### 1）打开 PDF 文档

启动 WPS Office 软件，执行"文件"→"打开"命令，在文件目录中找到要处理的 PDF 文档，单击"打开"按钮加载该 PDF 文档，显示其首页内容。

### 2）内容总结

单击菜单栏中的"WPS AI"按钮，唤起 WPS AI 功能，然后单击"全文总结"按钮。WPS AI 会迅速对 PDF 文档进行全面分析，利用其强大的自然语言处理能力，提取文档中的关键信息，生成包含研究目的、方法、主要结论等内容的总结，如图 5.32 所示。

图 5.32　单击"全文总结"按钮对 PDF 文档进行总结

### 3）快速解释

在阅读文档的过程中，若需要解释特定内容，如"综合能力"，则可选中该内容，并在右键菜单中选择"解释"选项，系统将提供相应解释，同时也可生成批注，如图 5.33 所示。

### 4）编辑与格式转换

若需要修改文档内容，则单击 PDF 文档界面中的"编辑"按钮，将 PDF 文档转换为可编辑状态。若要将 PDF 转换为 Word 进行更复杂的编辑时，则单击"转为 Word"按钮，WPS AI 将进行格式转换，并在转换过程中尽量保持原文档的样式和布局。用户在 Word 文档中完成编辑后，可通过 WPS AI 将其再次转回 PDF，确保文档的完整性和规范性，如图 5.34 所示。

文档处理与优化：WPS 的智能助手　项目 5

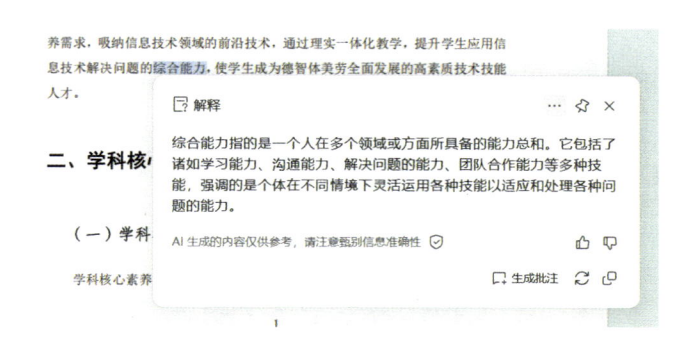

图 5.33　选中并解释"综合能力"

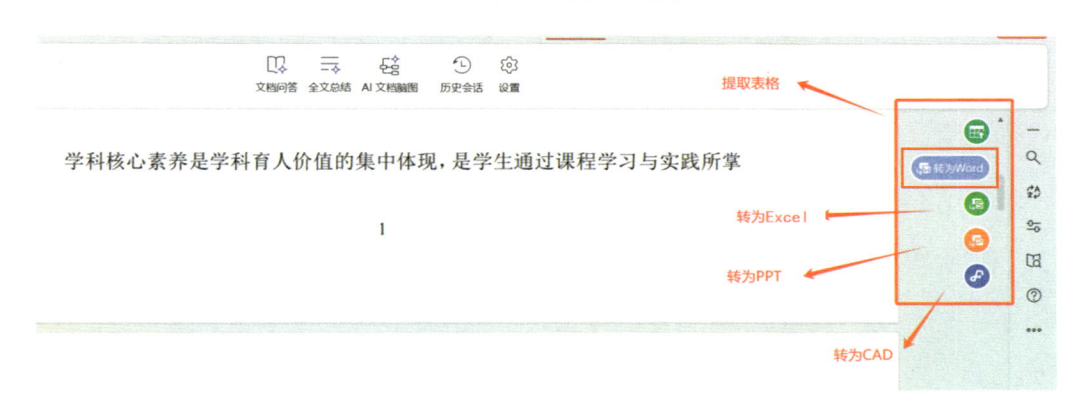

图 5.34　格式转换

**练习与实践**

## 5.7　实践操作：使用 WPS AI 进行文档处理与优化

为丰富校园文化生活，增进同学之间的交流与合作，某学校计划举办一场校园科技文化节，鼓励学生展示创新思维和实践能力。本次活动涵盖科技展览、创意竞赛、学术讲座等多个环节。现需要基于 WPS AI 撰写一份校园活动策划书。

### 1. 文档处理：撰写活动策划书

#### 1）搭建框架

步骤 1：启动 WPS Office 软件，新建空白文字文档。在文档开头输入"×××校园科技文化节活动策划书"作为标题，选择"方正公文小标宋"字体，并设置为二号、加粗、居中，如图 5.35 所示。

人工智能通识课基础

图 5.35　选择字体并设置

步骤 2：利用 WPS AI 中的"帮我写"功能生成文章大纲，即创建该策划书的初始框架，如图 5.36 所示。

图 5.36　利用"帮我写"功能生成文章大纲

步骤 3：对该大纲进行编辑等操作，以确保其包含"活动背景""活动目的""活动时间""活动地点""活动内容""活动项目"等主要章节。然后，单击"生成全文"按钮以完成创作（见图 5.37）。若尚未达到预期效果，则可单击"返回大纲"按钮进行修订。若满意，则单击"保留"按钮。

2）内容优化

对生成的内容逐段进行润色，如图 5.38 所示。请特别注意，所有生成的内容均需进行审阅。WPS AI 具备协助快速完成文章撰写的能力；然而，它无法完全替代人类进行审阅与创作。

图 5.37　对大纲编辑后单击"生成全文"按钮

图 5.38　润色

### 3）排版美化

WPS AI 具备智能排版功能，单击"开始"选项卡中的"AI 排版"按钮，在展开的面板中选择"通用文档"选项，WPS AI 将自动优化文档格式，如图 5.39 所示。

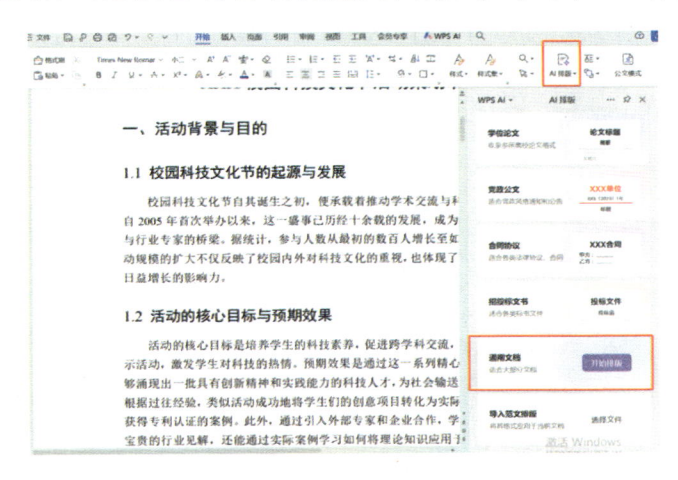

图 5.39　选择"通用文档"选项进行排版

## 2. 数据处理：活动预算与报名统计

### 1）活动预算表制作

步骤1：启动WPS Office软件，执行"新建"→"表格"→"AI快速建表"命令，在弹出的对话框中输入提示词，包括表格名称"学校科技活动预算表"和列标题"项目""预算金额（元）""实际支出（元）""差额"等（见图5.40）。AI将自动生成带示例数据的表格结构。

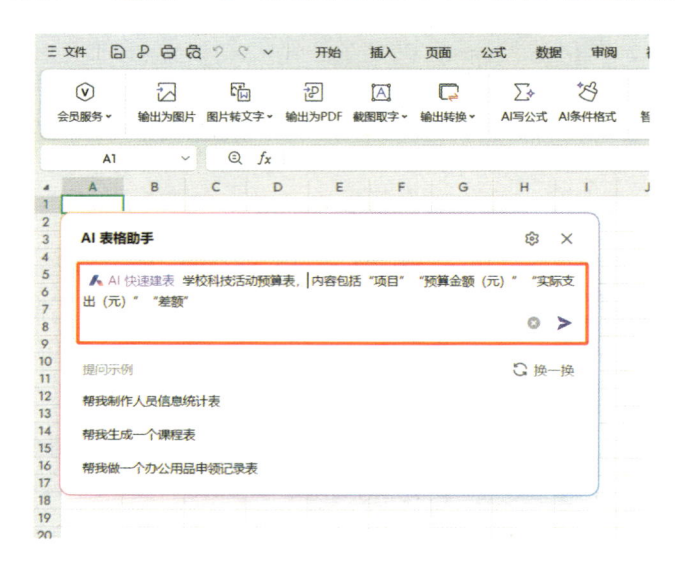

图5.40 输入提示词

步骤2：在对话框中输入各列数据的提示词，如"'项目'列依次填写场地租赁、设备采购、宣传物料、摄像、幕布"等，如图5.41所示。采用同样的方法在"预算金额（元）""实际支出（元）"列中填写与各项目对应的预估金额。

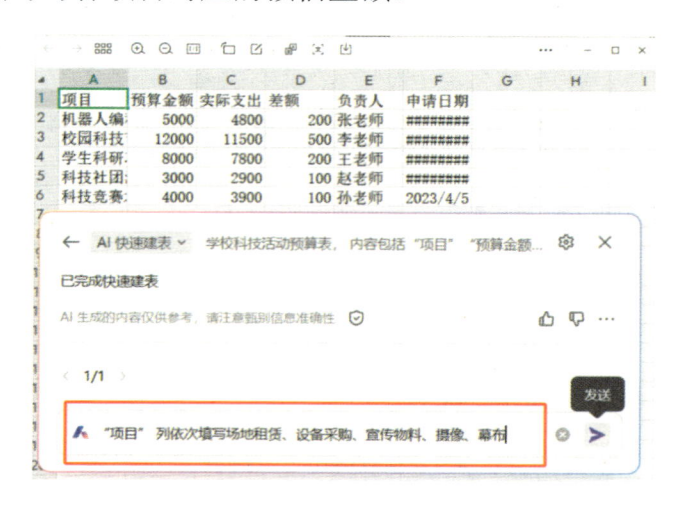

图5.41 输入"项目"列数据提示词

步骤3：提升表格的美观度，在对话框中输入提示词，调整表格的文字大小、行高和列宽，如图 5.42 所示。

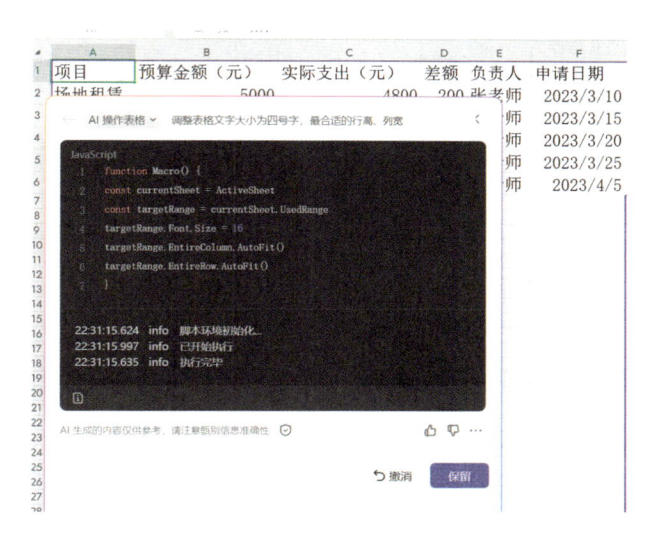

图 5.42　提升表格的美观度

步骤 4：若需进一步优化表格，则可在对话框中输入继续优化操作的提示词，如将第一行加粗等。但需注意，AI 操作所针对的内容为表格本身，也可单击"AI 操作表格"下拉按钮展开菜单（见图 5.43），选择其他操作选项。

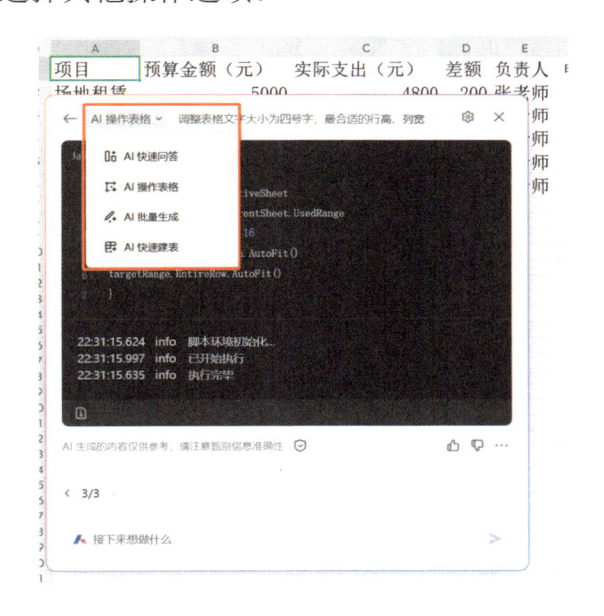

图 5.43　单击"AI 操作表格"下拉按钮展开菜单

2）预算分析与调整

步骤 1：选中"预算金额"和"实际支出"列数据，单击"AI 写公式"按钮，输入"D2 等于 B2 和 C2 的差"。WPS AI 会自动在"差额"列计算出差值，如图 5.44 所示。

图 5.44 在"差额"列计算出差值

步骤 2：单击"AI 数据分析"按钮生成"差额"图表，选择好样式后单击"复制"按钮并将图表插入表格，若某项预算超支则重新调整计划。"差额"图表如图 5.45 所示。

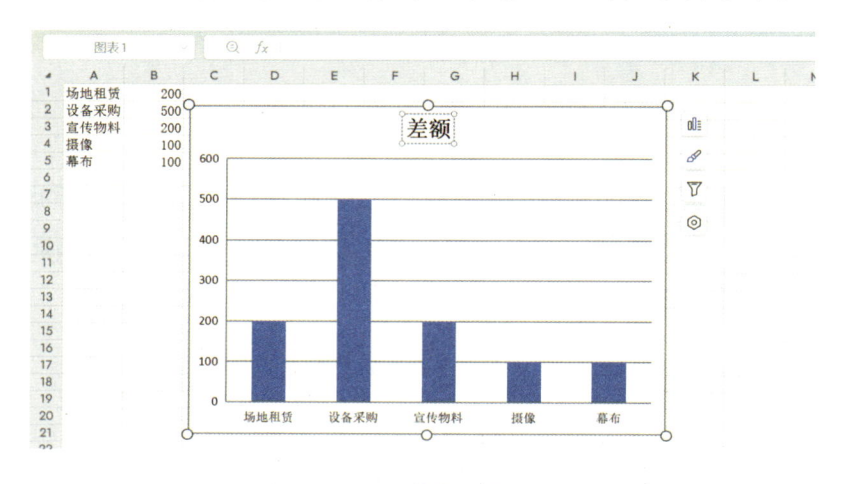

图 5.45 "差额"图表

3）拓展操作：报名数据统计与分析

步骤 1：活动报名开始后，将收集到的报名信息录入 WPS 表格，包括姓名、班级、报名项目等。

步骤 2：选中报名数据区域，唤起 WPS AI 功能，在对话框中输入"统计各项目报名人数及参与学生的年级分布"。WPS AI 将快速生成数据透视表和相关图表，展示报名情况。

## 3．PPT 制作：活动宣传与成果展示

### 1）宣传 PPT 制作

步骤 1：新建 WPS 演示文稿，唤起 WPS AI 功能，采用"主题生成 PPT"方式生成幻灯片大纲，主题为"校园科技文化节，开启科技新征程"，如图 5.46 所示。

步骤 2：修改幻灯片大纲，然后单击"挑选模板"按钮选择模板，如图 5.47 所示。

文档处理与优化：WPS 的智能助手　**项目 5**

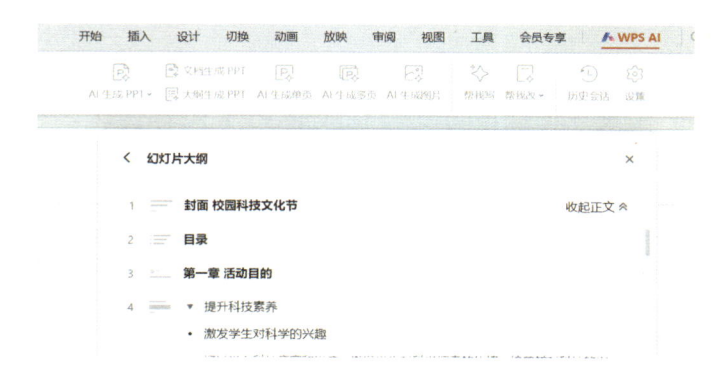

图 5.46　生成幻灯片大纲

图 5.47　单击"挑选模板"按钮

步骤 3：挑选模板后，单击"创建幻灯片"按钮。确认幻灯片封面标题是否正确，并插入学校、班级等信息，修改后的封面如图 5.48 所示。

图 5.48　修改后的封面

### 2）内容设计与优化

通过 WPS AI 的"帮我改"功能，对制作完成的 PPT 进行优化。利用"智能动画"功能，为 PPT 添加相应的动画效果。"智能动画"列表如图 5.49 所示。

图 5.49　"智能动画"列表

### 3）拓展操作：成果展示 PPT 制作

步骤 1：活动结束后，新建"校园科技文化节成果展示"PPT。第一页为封面，标题为"校园科技文化节成果盛宴"。

步骤 2：依次创建"活动精彩瞬间""获奖名单""活动总结"等页面，将活动照片、获奖信息等内容填充进去。采用同样的方法完成内容设计与优化。

## 4．PDF 文档优化：活动资料整合

### 1）资料合并

步骤 1：在 WPS PDF 文档界面中，执行"新建 PDF"→"从文件新建 PDF"命令，选择活动策划书、预算表、宣传 PPT 文件并单击"打开"按钮转换为 PDF 格式，如图 5.50 所示。

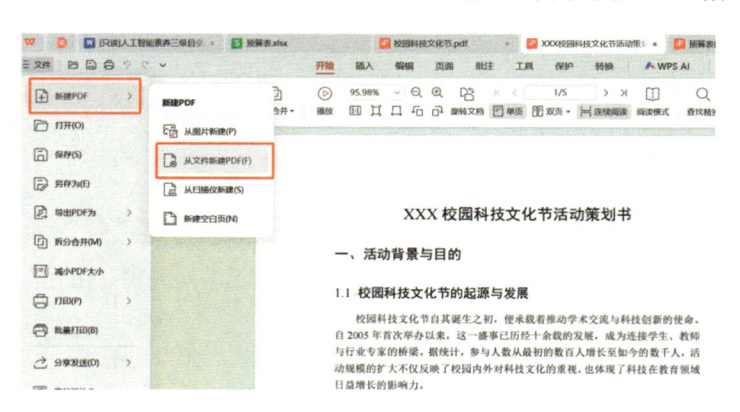

图 5.50　执行"新建 PDF"→"从文件新建 PDF"命令

步骤 2：单击"页面"选项卡中的"合并文件"按钮，将上述转换好的文件依次添加进来，然后单击"开始合并"按钮，以生成一个完整的活动资料，如图 5.51 所示。

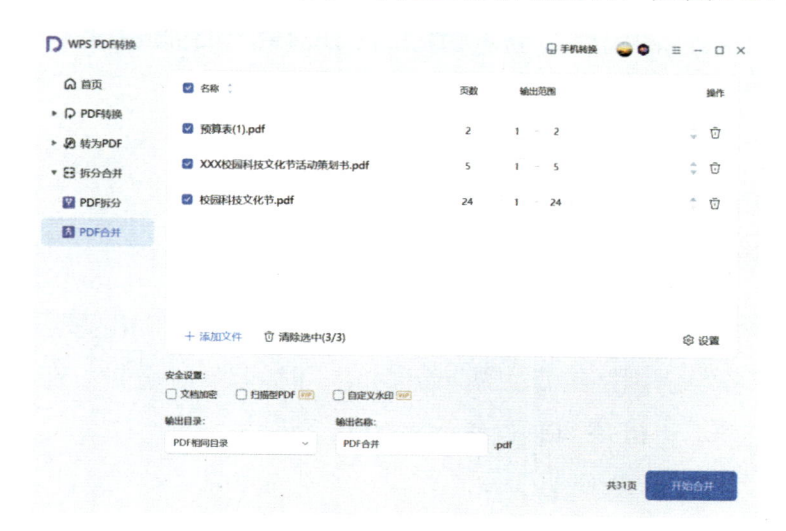

图 5.51　添加文件并合并

2）文件优化

执行"文件"→"减小 PDF 文件大小"命令，在弹出的对话框中设置压缩效果和压缩后大小。WPS AI 会在保证文件清晰度的前提下压缩文件，如图 5.52 所示。

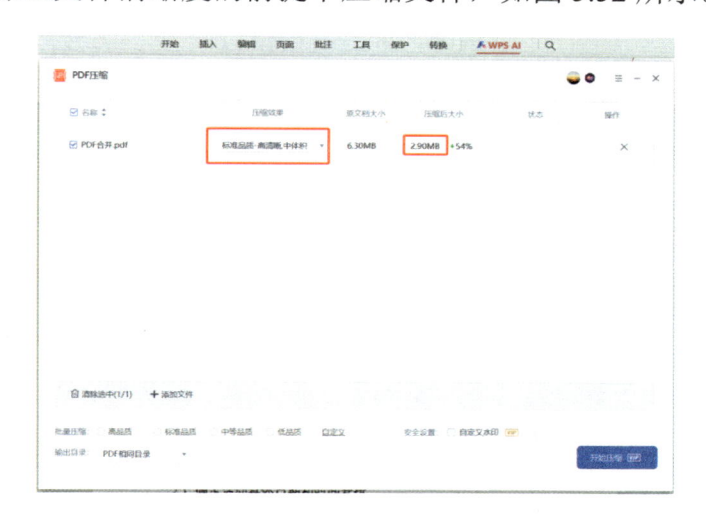

图 5.52　设置压缩效果和压缩后大小

3）活动效果

通过此次校园科技文化节，同学们积极参与，展示了丰富的科技创意和实践成果，有效提升了校园科技文化氛围。同时，借助 WPS AI 高效完成了活动策划、组织和成果展示等各项工作，为今后举办类似活动积累了宝贵经验。

## 5.8 小组讨论：WPS AI 在工作流程中的应用及其对传统办公软件的替代性

### 1. 分组与讨论安排

将参与者分成若干小组，每组 5~6 人。为每个小组安排一个相对独立、安静的讨论空间，确保讨论不受干扰。各小组围绕给定主题展开讨论，时间为 45 分钟。在讨论过程中，可安排一名记录员，负责记录小组讨论的要点及成员的发言内容。

### 2. 讨论内容

分享各自在工作中使用 WPS AI 的实际案例，包括遇到的问题及解决方法。例如，有成员在使用 WPS AI 生成技术文档时，发现生成内容中专业术语使用不够准确，经过讨论，大家提出可以在输入指令时更加详细地说明专业领域和术语要求，或者在生成内容后，邀请行业专家进行审核和修改。

分析 WPS AI 对工作流程的优化作用，如在项目策划阶段，WPS AI 快速生成大纲和内容，让策划人员能够在短时间内搭建起项目框架，节省了大量前期构思时间；在团队协作处理文档时，WPS AI 的实时协作功能使团队成员可以同时在线编辑、评论，不需要通过邮件来回传递文档，显著提高了沟通效率。

探讨 WPS AI 与传统办公软件在功能、易用性、兼容性等方面的差异。在功能方面，WPS AI 的智能生成和分析功能是传统办公软件所不具备的，能够为用户提供更多的创意支持和高效的数据处理能力，但在某些复杂格式文档的处理上，如特定行业的专业文档排版，传统办公软件可能更成熟。在易用性方面，WPS AI 的自然语言交互方式对新手用户非常友好，降低了学习成本；而传统办公软件对于熟悉其操作逻辑的老用户来说，操作更加顺手。在兼容性方面，讨论 WPS AI 与不同操作系统（Windows、MacOS、Linux 等）和文件格式（.docx、.xlsx、.pptx 等）的兼容情况，以及在跨平台协作时可能遇到的问题和解决办法。

最后，对 WPS AI 在未来办公软件市场中的替代性进行预测和评估，结合行业发展趋势和技术创新展开深入讨论。

## 3. 讨论结果的提交要求

（1）小组讨论记录：提交小组讨论记录，包括讨论要点和成员贡献。

（2）小组汇报 PPT：制作并提交小组汇报 PPT，内容包括讨论主题、优劣势分析、挑战和影响探讨、改进建议等。

（3）个人反思：每位小组成员提交一份个人反思，总结自己在讨论中的收获和体会。

# 项目 6

## 图像设计与创意：WHEE 的魔法画布

### 项目背景

在数字化与艺术设计日益融合的今天，图像设计已成为传达信息与表达创意的重要媒介。然而，传统图像设计方式不仅耗时费力，而且对于非专业设计师而言，往往难以达到理想的效果。人工智能技术的飞速发展，特别是人工智能生成内容（AIGC）技术的兴起，为图像设计与创意领域带来了前所未有的变革。AIGC 技术能够自动生成高质量的图像内容，极大地提升了设计效率与创意水平。

本项目聚焦于探索 AIGC 技术在图像设计与创意领域的应用，WHEE 的出现为创意产业带来了新的机遇（见图 6.1）。它不仅能够快速生成高质量的视觉内容，还能通过 AI 技术实现多种图像处理功能，如风格转换、背景替换、局部修改等。此外，WHEE 还提供了一个活跃的创意社区，用户可以在这里欣赏优秀作品，激发创作灵感，并与其他创作者进行交流与合作。这种社区化的生态模式不仅促进了创意的传播和共享，也为创作者提供了更多的学习和成长机会。

图 6.1　使用 WHEE 生成的创意图片

# 项目分析

本项目通过对 WHEE 的深入学习和实践，不仅能让参与者掌握 AI 在图像设计中的应用知识，还将提升相关技能，并在创新思维、技术适应能力和审美素养等方面得到全面的提升。WHEE 不仅提供强大的 AI 绘画与图片生成功能，还通过自然语言交互降低了使用门槛，使更多非专业人士也能轻松上手。

## 知识目标

▶ **理解 AI 基础**：了解 AI 在视觉创作中的基本原理，包括 WHEE 如何通过自然语言描述来生成图像，以及 AI 技术在图像生成中的关键作用。

▶ **熟悉图像设计基础**：回顾图像设计的基本原理、构图技巧、色彩搭配等基础知识，为利用 WHEE 进行创意设计打下坚实基础。

▶ **掌握提示词编写方法**：学习编写高质量正向和负向提示词，以精确控制生成图像的内容，从而提高创作的准确性和效率。

## 技能目标

▶ **平台操作**：熟练使用 WHEE 生成高质量的图像，并掌握基本的后期处理技巧，以满足不同设计需求。

▶ **内容优化**：通过 WHEE 的风格模型训练功能，生成符合特定需求的艺术风格，提升作品的个性和专业性。

▶ **创意表达**：通过 WHEE 将创意转化为实际作品，提升创意表达能力，更好地实现设计意图。

## 素养目标

▶ **创新思维**：鼓励运用 AI 技术进行图像设计的创新，探索新的设计风格和表现形式，不断推动图像设计的发展。

▶ **批判性思维**：培养对 AI 生成作品的批判性评估能力，理解其潜在的创意价值和技术局限性。

▶ **伦理意识**：讨论 AI 技术在图像设计领域的伦理问题，如版权归属、隐私保护、设计作品的原创性等，提高伦理素养。

▶ **持续学习**：激发对 AI 技术和图像设计领域的持续学习兴趣，鼓励在未来不断探索和学习新的技术和设计理念。

## 相关知识

## 6.1 WHEE 功能介绍及其在设计领域中的应用

### 1. WHEE 功能解析

#### 1）智能海报创作引擎

语义驱动生成：WHEE 能够根据用户输入的简短描述或关键词，通过先进的语义分析技术，自动生成与主题高度契合的海报。

主图智能匹配：用户上传主图后，WHEE 会运用算法分析主图的风格、色彩搭配及构图元素，智能匹配并生成与主图和谐统一的海报。

风格多样化选择：提供包括简约、复古、现代科技等多种风格的海报模板，以满足用户在不同应用场景下的设计需求。

#### 2）文字图层高级编辑

独立图层处理：WHEE 创新性地将文字设为独立图层，允许用户对其进行自由移动、缩放、旋转等操作，实现文字布局的精准控制。

字体样式与排版：内置丰富的字体样式库，支持用户根据设计需求选择合适的字体，并自由调整文字的排版布局。

#### 3）模块化模板设计系统

多领域模板覆盖：WHEE 提供涵盖电商、电影、活动邀请、自媒体等领域的模板，满足不同行业的设计需求。

模块化组合与定制：模板采用模块化设计，用户可根据实际需求自由组合、替换模板元素，实现高度个性化的设计作品。

#### 4）免抠素材智能生成

定制化素材创作：用户通过输入关键词或上传已有图片，WHEE 能够智能生成符合需求的 PNG 格式的免抠素材。

高效抠图技术：利用先进的 AI 抠图技术，WHEE 能够简化用户在设计过程中的抠图流程，提高设计效率。

## 2. 在设计领域中的应用探索

### 1）电商设计

WHEE 的智能海报创作引擎和模块化模板设计系统能够帮助电商设计师快速制作出吸引眼球的商品海报，提升商品展示效果。

优势：免抠素材智能生成功能为电商设计提供了丰富的商品图标、装饰元素等，增强了海报的视觉吸引力。

### 2）电影海报设计

WHEE 的电影风格海报模板为电影海报设计师提供了丰富的设计灵感和参考。

优势：文字图层高级编辑功能使设计师能够精准控制文字布局，突出电影的主题和卖点。

### 3）活动邀请设计

WHEE 的活动邀请模板涵盖了多种活动类型和场景，方便设计师快速制作出符合活动主题和氛围的邀请函。

优势：模块化模板设计系统允许设计师根据活动需求自由定制邀请函的内容与布局。

### 4）自媒体内容创作

WHEE 的智能海报创作引擎和免抠素材智能生成功能为自媒体创作者提供了便捷的内容创作工具。

优势：设计师可以利用 WHEE 快速制作出文章配图、封面图等，提升自媒体内容的视觉呈现效果。

### 5）线下活动策划

活动策划者可利用 WHEE 的"AI 中文海报"功能快速生成活动海报，并根据活动主题调整文字和风格，确保海报设计与活动调性一致。

优势：WHEE 提供了丰富的定制化模板，可以满足不同活动的个性化需求，并提升活动的视觉吸引力和展现专业性。

### 6）个人创作与教育

个人艺术家和设计师可利用 WHEE 的图像创作功能，通过输入提示词快速生成高质量的绘画作品。在教育领域，WHEE 可辅助教师进行课程设计和教学素材制作，丰富教学内容。

优势：WHEE 降低了创作门槛，使更多人能够享受到 AI 创作的乐趣，同时为教育领域提供了创新的教学工具。

### 3. AI 绘画的技术原理

#### 1）文生图

AI 绘画技术依赖深度学习模型，将输入的文本描述或已有图像转化为高质量的视觉输出。其核心技术包括 Transformer 和扩散模型，这些模型通过大规模图像与文本数据训练，使 AI 具备理解复杂语言并生成高度匹配图像的能力。

#### 2）图生图

图生图技术基于输入的已有图像进行再创作，主要实现风格迁移、局部重绘或细节优化。其原理是通过 AI 模型保留输入图像的结构信息，并结合目标风格或描述进行再生成。关键技术包括风格迁移、细节增强。

**项目实施**

## 6.2 图像生成之使用 WHEE 制作文创书签：体验 AI 在图像设计中的高效性

本案例的主要流程如下：明确创作主题和风格；提炼关键要素和核心关键词；生成图像并优化。首先，明确的主题和风格可以确定创作方向。设计应突出地域特色、文化符号等，可通过不同的艺术风格增强视觉吸引力。其次，在使用 AI 工具生成提示词前，需要提炼关键要素和核心关键词。最后，根据提示词生成图像并筛选出合适的作品，利用图像编辑软件进行优化调整，最终呈现出带有明显地域特征的文创书签作品。

### 1. 明确创作主题和风格

#### 1）分析书签创作主题和风格

在设计创作时，首要任务是明确创作主题和风格。主题可聚焦家乡的非物质文化遗产或标志性建筑，挑选有地域特色和文化价值的元素。风格可选现代简约（线条清晰、色彩简洁），水彩插画（温馨、艺术），或者复古海报（怀旧风格）。在色彩运用上，需选用能代表家乡的色彩，并在细节中融入现代设计理念，实现传统与现代的结合，以增强作品的辨识度和文化价值。

2）了解文创书签设计关键要素

使用文心一言或其他 AI 助手，了解设计文创书签需要哪些关键要素，并整理出一份清单。

提示词关键词：[专业身份] + [具体任务] + [输出形式] + [内容范围] + [专业要求]。

提示词示例：作为一名经验丰富的平面设计师，请详细列出设计文创书签所需的所有关键要素，并将这些要素整理成一份全面、系统的清单，确保涵盖视觉、色彩和艺术风格各个方面的要素。

文心一言生成的文创书签设计关键要素清单如图 6.2 所示。

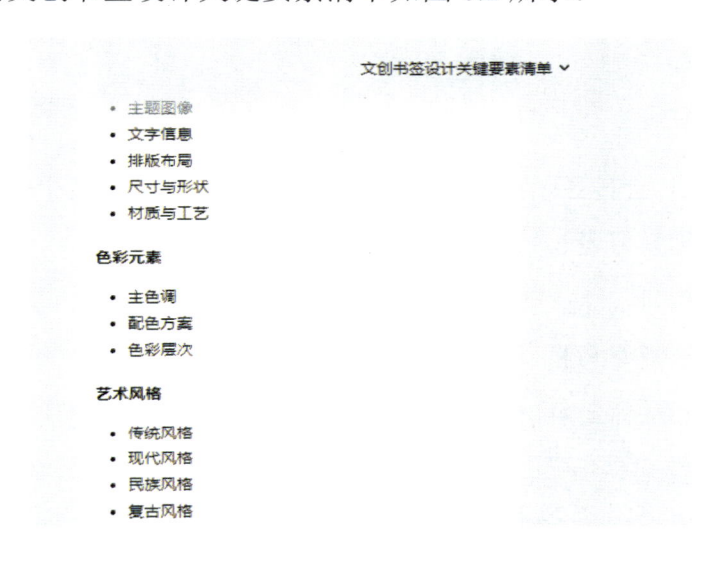

图 6.2　文心一言生成的文创书签设计关键要素清单

## 2. 提炼关键要素和核心关键词

1）提炼关键要素

文创书签的制作往往需要紧密结合特定的主题或场景，以确保 AI 生成内容的准确性和匹配性。根据设计需求，生成提示词关键词公式。

提示词示例：请提供一个全面的文创书签设计提示词关键词公式。同时，请给出多个提示词关键词的示例，展示如何运用该公式创作出独特而吸引人的书签设计概念。这些示例应涵盖不同主题、风格和目标受众，以充分展示公式的灵活性和适用性。

Kimi 生成的提示词关键词公式如图 6.3 所示。

2）提炼核心关键词

合理选择关键要素，构建提示词关键词。

提示词关键词：[地点] +[主题] + [视觉元素] + [色彩元素] + [艺术风格] + [目标受众]。

参考提示词关键词如下。

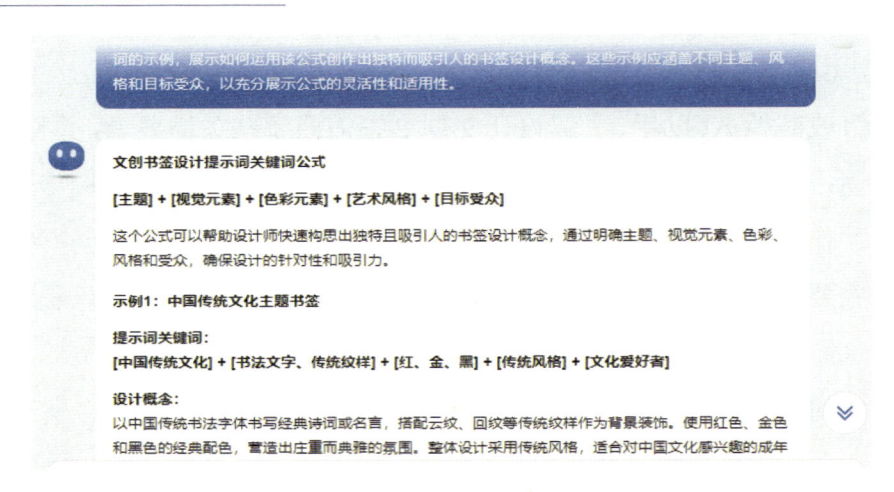

图 6.3　Kimi 生成的提示词关键词公式

（1）中国传统文化主题书签：[西安] + [中国传统文化] + [书法文字、传统纹样] + [红、金、黑] + [传统风格] + [文化爱好者]。

（2）复古文学主题书签：[杭州] + [复古文学] + [手写文字、复古边框] + [棕色、米色、墨绿] + [复古风格] + [文学爱好者]。

（3）民族风主题书签：[云南] + [民族风] + [民族图案、民族服饰] + [民族色彩] + [民族风格] + [民族文化爱好者]。

### 3. 生成图像并优化

#### 1）选择 AI 图像生成工具

访问 WHEE 网站，注册之后单击首页的"文生图"按钮（见图 6.4），进入文生图界面。

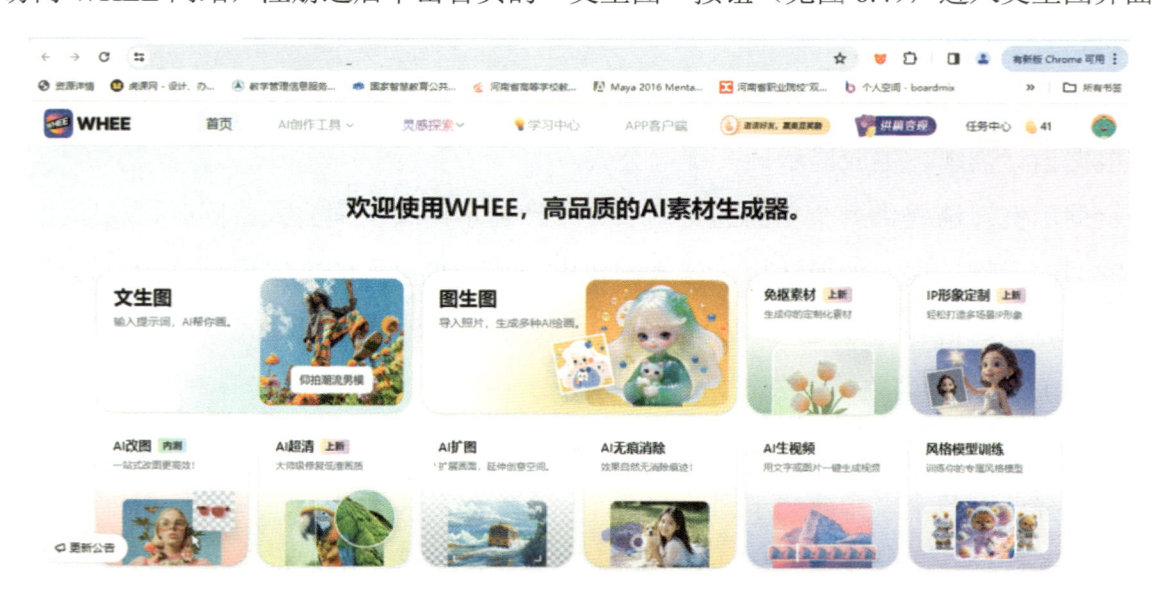

图 6.4　WHEE 首页

2）输入提示词

以杭州为例，选择"高级创作"选项卡，输入提示词，如图 6.5 所示。

图 6.5  输入提示词

3）选择风格模型

单击"添加风格模型"按钮，在"东方美学"列表中搜索"新中式"风格模型，找到后单击添加，并将强度调至最大，如图 6.6～图 6.8 所示。

图 6.6  单击"添加风格模型"按钮

人工智能通识课基础

图6.7 在"东方美学"列表中搜索"新中式"风格模型

图6.8 将强度调至最大

4）生成图像

调整图像比例（大小），设置生成张数，单击"立即生成"按钮，如图6.9所示。

图6.9 生成图像

#### 5）细化图像

在 Photoshop 或美图秀秀中，对图像进行细化，书签最终效果如图 6.10 所示。

图 6.10  书签最终效果

## 6.3 使用 WHEE 进行 IP 角色形象设计

在文化创意产业蓬勃发展的当下，IP 角色作为文化价值传播的重要载体，其设计至关重要。将中华优秀传统文化融入 IP 角色形象设计，既能赋予角色深厚的文化底蕴，又能为传统文化的传承与弘扬开拓新路径。我们可以从神话传说、历史典故、传统技艺等多元领域获取灵感，如参考神话角色的性格特点与外貌特征，借鉴历史人物的精神品质，在角色服饰纹理与配饰制作中运用剪纸、刺绣等传统技艺。同时，形象塑造、性格设定和故事背景构建也不容忽视，要将传统文化元素与现代审美相结合，使性格与元素契合，并围绕文化内涵构思故事，全方位打造具有强大生命力与广泛影响力的 IP 角色，为文化创意产业注入新活力。本案例以"古代小孩儿"为主题，结合地域特征、服饰文化等内容进行人物设定。

### 1. 提炼 IP 角色形象设计要素与搭建提示词

#### 1）提炼 IP 角色形象设计要素

在进行 IP 角色形象设计时，要确保其与特定的主题或场景实现无缝对接。这要求我们具备对 AI 生成内容进行精确评估的能力，以确保所生成内容的准确性和与主题的匹配度。设过程涵盖主题定位、外观特征确定、艺术风格选择及情感传达。通过提炼关键要素，我们可构建一个条理清晰、与主题高度一致的角色设计框架，旨在同时达成创意与实用的双重目标。

提示词示例：请提供一个全面的 IP 角色形象设计提示词关键词公式，涵盖关键要素和结构。同时，请提供多样化的示例，展示如何运用该公式创作出独特且吸引人的"古代小孩儿"IP 角色形象。这些示例应涵盖不同的主题、风格和目标受众，以充分展示公式的灵活性和适用性。

IP 角色形象设计提示词关键词公式：[角色定位] + [核心特征] + [文化元素] + [应用场景] + [艺术风格] + [色彩搭配] + [情感氛围]。

### 2）搭建提示词

提示词公式：[主题] + [艺术风格] + [构图方式] + [文化元素] + [色彩主题] + [情感氛围] + [创意元素] + [细节描述]。

提示词示例：[田园生活] + [卡通风格，色彩鲜艳] + [散点构图，展现田园风光] + [古代服饰（布鞋、短衫）] + [绿色与黄色为主，清新自然] + [顽皮、自由、快乐] + [风筝] + [背景是一片绿油油的田野]。

## 2. 生成 IP 角色形象

### 1）选择 AI 图像生成工具

根据提示词生成图像。访问 WHEE 网站，在首页单击"文生图"按钮，进入文生图界面。

### 2）输入提示词

选择"高级创作"选项卡，输入提示词：[田园生活] + [卡通风格，色彩鲜艳] + [散点构图，展现田园风光] + [古代服饰（布鞋、短衫）] + [绿色与黄色为主，清新自然] + [顽皮、自由、快乐] + [风筝] +[背景是一片绿油油的田野]，可单击"智能联想"按钮丰富文字内容，如图 6.11 所示。

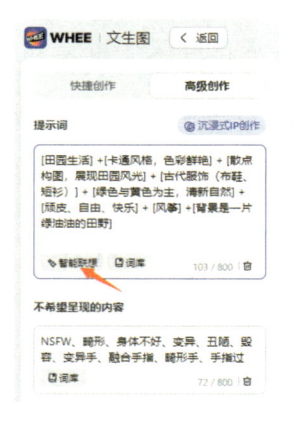

图 6.11　单击"智能联想"按钮

### 3）输入反向限制词

输入反向限制词（不希望提示词中出现的元素）可以有效提高 AI 生成图像的精准度，减少无关内容的生成，降低后期修图成本，突出核心设计元素，强化主题风格的连贯性，确保生成的图像与品牌调性和文化内涵相一致，也可在词库中选择合适的词汇来实现这一目标。

反向限制词示例：畸形、身体不好、变异、丑陋、毁容、变异手、融合手指、畸形手、手指过多、斗鸡眼、脚不好、腿多、手和手指变异、肢体多、低分辨率、单色、扁平。

### 4）添加风格模型

在"三维模型"列表中找到并添加"简单盲盒 2.0"风格模型，如图 6.12 所示。

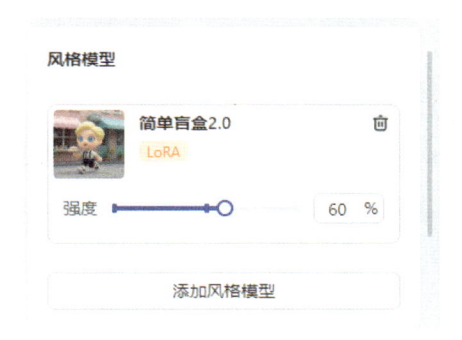

图 6.12　添加"简单盲盒 2.0"风格模型

### 5）生成图像

调整图像比例（大小），设置生成张数，单击"立即生成"按钮，生成的 IP 角色图像如图 6.13 所示。

图 6.13　生成的 IP 角色图像

## 练习与实践

## 6.4 实践操作：创作主题插画

作为一名自由插画设计师，面对快速变化的市场需求，你需要一个能够灵活调整、高效运作的 AI 智能绘画工具辅助提升工作效率。本练习将通过实践操作进一步强化使用 AI 工具创作的能力。

练习：按照表 6.1 的步骤制作主题插画。

表 6.1 制作主题插画步骤

| 序号 | 步骤 | 具体操作内容 |
| --- | --- | --- |
| 1 | 注册与登录 WHEE 平台 | （1）访问 WHEE 网站。<br>（2）单击"注册"按钮，选择使用手机号进行注册。<br>（3）完成信息填写和验证后，登录平台 |
| 2 | 明确风格和主题 | （1）根据设计要求，确定插画的主题，如节日庆典、自然风光、科幻世界等。<br>（2）在 AI 平台中探索并选择符合主题的风格模型，如卡通、写实、抽象等 |
| 3 | 构建提示词 | （1）在 AI 平台的相应区域编写详细的提示词，描述插画的整体氛围、色彩搭配、主要元素等。<br>（2）提示词应具体、清晰，避免歧义，以便 AI 平台准确生成符合预期的插画草图。<br>（3）设置反向限制词，避免生成不希望出现的内容 |
| 4 | 添加风格模型，调整优化 | （1）根据风格需要，添加相应的风格模型，可叠加使用。<br>（2）利用 AI 平台生成插画草图，并根据实际需要进行调整和优化。<br>（3）如果生成图像不理想，可以多次尝试不同的提示词组合，以获得最佳效果 |
| 5 | 细化与完善插画 | （1）在 AI 生成的草图基础上，使用专业绘图软件（如 Photoshop、Illustrator 等）进行细化与完善。<br>（2）添加细节、调整色彩、优化构图，使插画更加生动、富有表现力 |
| 6 | 提交最终作品与报告 | （1）提交最终完成的插画作品，以及包含设计思路、AI 使用过程、遇到的问题及解决方案等的报告。<br>（2）报告应格式规范，内容清晰、完整 |

对练习情况进行评价，评价标准如表 6.2 所示。

表 6.2　评价标准

| 项目 | 内容 | 说明 |
|---|---|---|
| 练习目标 | 完成度 | 完整使用 AI 平台（WHEE）辅助完成主题插画的构思、设计与最终呈现 |
| | 创意性 | 在遵循主题的基础上，发挥创意，利用 AI 技术探索插画设计的新风格与表现手法 |
| | 技术运用 | 熟练掌握 AI 平台的使用，包括风格模型的选择、提示词的构建等，以高效辅助插画设计 |
| | 报告质量 | 提交的内容应清晰、完整，包括设计思路、AI 使用过程、遇到的问题及解决方案等，格式规范 |
| 提交要求 | 插画作品 | 提交高质量的插画作品电子版，分辨率不低于 300dpi |
| | 设计报告 | （1）插画主题与风格描述。<br>（2）AI 平台使用过程及心得。<br>（3）构建的提示词具体内容。<br>（4）插画草图生成与调整过程。<br>（5）遇到的问题及解决方案。<br>（6）其他设计心得与感悟 |
| 评分标准 | 完成度（40 分） | 完整按照步骤完成 AI 辅助插画设计的全过程 |
| | 创意性（30 分） | 插画作品的主题表现、风格选择及细节处理富有创意，体现出 AI 技术的优势 |
| | 技术运用（20 分） | AI 平台的使用熟练，提示词构建准确，插画草图生成与调整高效 |
| | 报告质量（10 分） | 提交的内容清晰、完整，格式规范，准确反映出设计过程与成果 |
| 注意事项 | （1）在使用 AI 平台时，请遵守平台规定，尊重知识产权。<br>（2）鼓励在设计过程中积极探索与创新，但不得抄袭他人作品。<br>（3）提交的作品与报告应为本人原创，如有抄袭行为，将严肃处理 | |

## 6.5　小组讨论

在完成主题插画的设计后，请各小组围绕以下主题展开讨论，并记录讨论结果。

讨论主题：分析 AI（以 WHEE 为例）辅助插画设计在实际应用中的优势与挑战，并提出改进建议。

具体讨论以下内容。

（1）优势。

探讨如何通过 AI 的自动化处理能力提高插画设计的效率，如自动生成配色方案、快速生成草图等。

分析 AI 如何确保插画风格的统一性和质量的稳定性，并减少人为因素导致的差异。

讨论 AI 辅助设计如何提供 7 天 24 小时的在线服务，并为设计师提供即时的创意支持和修改建议。

（2）挑战。

技术限制：识别 AI 在处理复杂插画场景时的局限性，如细节处理、创意创新等方面的不足。

数据安全与隐私保护：讨论在使用 AI 辅助设计时，如何确保用户数据安全，以避免隐私泄露。

人性化交流：思考如何在高效利用 AI 辅助设计的同时，保持插画作品的人性化元素和情感表达。

（3）伦理与合规性。

探讨如何避免 AI 算法在插画设计过程中产生的偏见，确保设计作品的公平性和多样性。

分析如何保护用户在使用 AI 辅助设计时的数据隐私，并符合相关法律法规的要求。

讨论 AI 辅助插画设计的合规性问题，如版权归属、使用许可等。

（4）改进建议。

功能优化：提出针对 AI 辅助插画设计平台的功能改进建议，如增加更多的创意模板、优化界面操作等。

用户体验提升：探讨如何提升设计师在使用 AI 辅助设计时的体验，如提供更个性化的服务、简化操作流程等。

合规措施：提出确保 AI 辅助插画设计合规性的具体措施，如数据加密、完善用户协议等。

小组讨论评分标准如表 6.3 所示。

表 6.3　小组讨论评分标准

| 项目 | 分值 | 说明 |
| --- | --- | --- |
| 讨论参与度 | 30 分 | 小组成员是否积极参与讨论、贡献自己的观点 |
| 讨论深度 | 30 分 | 小组是否深入分析了 AI 辅助插画设计的优势和挑战 |
| 改进建议 | 20 分 | 小组提出的改进建议是否具有创新性和实用性 |
| 汇报质量 | 20 分 | 小组代表的汇报是否清晰、有条理并准确传达了小组观点 |

讨论成果的提交要求如下。

（1）小组讨论记录：提交小组讨论记录，包括讨论要点和成员贡献。

（2）小组汇报 PPT：制作并提交小组汇报 PPT，内容包括讨论主题、优势分析、挑战探讨、改进建议等。

（3）个人反思：每位小组成员提交一份个人反思，总结自己在讨论中的收获和体会。

# 项目 7

# 阅读理解与辅助：Kimi 的智慧之眼

## 项目背景

随着人工智能技术的飞速发展，其在教育领域的应用越来越广泛。高职院校作为培养高素质技术技能人才的重要基地，需要紧跟时代步伐，将人工智能技术融入教学实践。人工智能在教育领域的重要应用之一是帮助学生更高效地处理信息、提升学习效率。Kimi 作为一款强大的人工智能助手，具备卓越的阅读理解与辅助功能，能够为教学提供有力支持。

王小羽近期想写一篇主题为"人工智能技术在高职教育中的实践"的论文，参考资料有《人工智能赋能教育高质量发展行动方案（2025—2027 年）》《职业教育人工智能应用指引》等政策文件，以及黄河水利职业技术学院"智能会计"课程产教融合与人工智能教学案例、湖北三峡职业技术学院产教融合实践案例。

## 项目分析

面对复杂的理论内容和多样的实践案例，很多高职学生难以高效地收集、整理和分析相关资料；同时，传统的阅读方式往往耗时较长，难以快速提取关键信息。通过引入人工智能技术，如 Kimi 这样的智能助手，可以显著提升学生的信息处理能力和论文撰写效率。本项目的核心目标是指导学生利用 Kimi 这一工具的阅读理解与辅助能力，通过智能文本分析、信息提取和知识问答等功能，帮助学生快速整理文本内容，理清思路，提升学习效率。

### 知识目标

▶ 能够准确理解人工智能的基本概念，包括定义、发展历程、主要应用领域，以及与其他学科的关系。

▶ 能够熟练掌握 Kimi 的基本功能，包括文本分析、智能问答、多语言翻译、资料整理等。

▶ 能够掌握并运用有效的阅读理解策略，如快速浏览、精读、标注重点、总结归纳等。在阅读素材时，能够运用 Kimi 生成的摘要和总结，进行提炼和恰当使用。

### 技能目标

▶ 能够快速处理大量文本信息，提取关键信息，提高阅读效率。例如，在使用 Kimi 时，能够通过智能问答和摘要功能，快速定位和理解材料中的重点内容。

▶ 能够利用 Kimi 的个性化学习建议，制订学习计划，自主安排学习进度，如根据 Kimi 提供的学习建议，选择适合自己的学习资源，完成课后练习等。

### 素养目标

▶ 能够通过 Kimi 的文献检索和知识问答功能，提升信息素养，学会有效获取和评估信息。

▶ 能够有意识地、批判性地评估 AI 生成内容，理解其潜在的偏见和限制。

▶ 能够理解并遵守信息使用和传播中的伦理规范，尊重知识产权和隐私权。在使用 Kimi 进行文献检索和知识问答时，能够正确引用和参考他人成果，避免抄袭和不当使用。

### 相关知识

## 7.1 Kimi 功能介绍及其在阅读理解与辅助方面的应用

### 1. Kimi 简介

Kimi 是由北京月之暗面科技有限公司开发的一款多功能人工智能助手。自 2023 年 3 月面世以来，Kimi 凭借其强大的长文本处理能力、多语言会话支持及高效的信息处理功能，迅速在 AI 助手市场中占据重要地位。Kimi 的用户群体涵盖学术科研人员、互联网从业者、程序员、自媒体与内容创作者、法律从业人员等。2025 年 1 月 20 日，随着 K1.5 版本的发布，Kimi 的用户规模和应用场景得到了进一步扩大。

## 2. Kimi 使用指南

### 1）使用入口

Kimi 既可以在手机上使用，也可以在计算机上使用。手机端可在应用市场搜索并下载"Kimi"，如图 7.1 所示；计算机端可以直接通过网页使用。

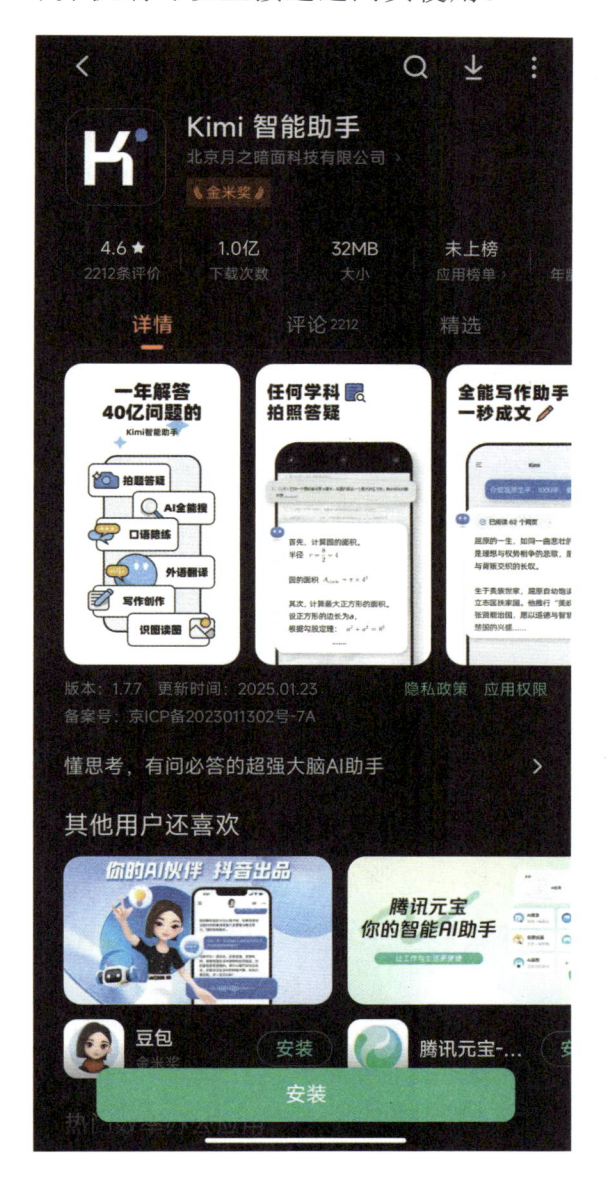

图 7.1　手机端下载 Kimi

### 2）界面介绍

Kimi 界面整体上比较清晰，左边为功能栏，右边为交互区域，如图 7.2 所示。

图 7.2　Kimi 界面

### 3. Kimi 在阅读理解与辅助方面的功能

Kimi 作为一款多功能的人工智能助手，具备丰富的功能，能够满足用户在学习、工作和生活中的多样化需求。

1）超长文本处理与多文件分析

Kimi 支持长达 200 万字的文本处理，能够无损地理解和分析超长文档。这一功能在处理大型报告、学术论文、书籍等复杂文本时表现出色。用户可以上传多个文件（如 PDF、Word、Excel、PPT、TXT 等），Kimi 能够快速整合并提取关键信息。例如，在学术研究中，用户可以将多篇文献上传给 Kimi，它不仅能生成文献综述的初步大纲，还能根据用户需求提取特定主题的相关内容。

2）高效阅读与信息提取

Kimi 能够快速对长文本进行摘要和提炼，帮助用户精准理解文献、报告或网页内容。其"高效阅读"功能可以将复杂文本的核心观点进行总结，并提供深入的洞察和分析。例如，用户可以将一篇长篇报告或书籍的链接发送给 Kimi，它会在短时间内生成简洁的总结。

3）文献检索与知识问答

Kimi 具备强大的文献检索能力，可以通过关键词快速查找最新的学术文献。用户可以指定文献的发表时间、主题或来源，Kimi 能够根据这些条件提供相关性高的文献列表。此外，Kimi 的智能问答功能能够帮助用户解决阅读过程中遇到的问题，提供准确的知识解答。

#### 4）多语言支持与翻译

Kimi 支持多种语言交互和文本处理，能够帮助用户打破语言壁垒。它不仅可以处理中文和英文文献，还能翻译其他语言（如日文、韩文等）的文本。这一功能对于需要阅读国际文献或进行跨语言研究的用户非常有帮助。

#### 5）专业解读与资料整理

Kimi 能够以专业水准解读各类文件，包括金融分析、法律咨询、市场调研等。它不仅能快速摘要和翻译文档，还能对复杂资料进行整理和分析。例如，用户可以将堆积如山的发票或冗长的会议记录上传给 Kimi，它能够智能识别并提取关键信息。

#### 6）实时搜索与信息整合

Kimi 具备联网搜索功能，能够结合最新的网络信息为用户提供详尽的回答。用户可以通过关键词或指定网站，让 Kimi 快速定位并整合相关信息。这一功能不仅提高了信息获取的效率，还确保了内容的时效性。

#### 7）辅助创作与学习

Kimi 可以辅助用户进行内容创作，如撰写论文、文案、周报或方案。它能够根据用户提供的文件或指令，帮助用户梳理大纲、续写文章或提供创作灵感。此外，Kimi 的"渐进式阅读法"可以帮助用户高效处理大量文章，通过提取元数据、总结内容、提出疑问等方式，逐步深入理解文献。

#### 8）Kimi+功能

Kimi 内置了多个智能体（Kimi+），用户可以通过调用这些智能体来实现特定功能，如文案创作、数据分析等。

## 项目实施

## 7.2 Kimi 进行多文本阅读与分析：提升信息处理能力

### 1. 实施目标

Kimi 的多文本阅读与分析功能可以帮助用户提升信息处理能力，提供高效的信息提取方法。

## 2. 实施步骤

### 1）上传准备好的文件

阅读相关的教材、学术文献或实践报告等素材，确认素材是 Kimi 支持的文件类型或已经转化为 Kimi 支持的文件类型。

单击图 7.3 中的"文件上传"按钮，选择文件上传。

图 7.3　单击"文件上传"按钮

Kimi 支持用户同时上传最多 50 个文件，每个文件大小不超过 100MB，并能够对这些文件的内容进行理解和概括，如图 7.4 所示。

图 7.4　同时上传多个文件

2）文本分析与解读

使用 Kimi 的文本分析功能可对选定的文档进行快速处理，提取关键信息并生成摘要。通过会话，用户可借助 Kimi 分析与解读文档内容，如图 7.5 所示。

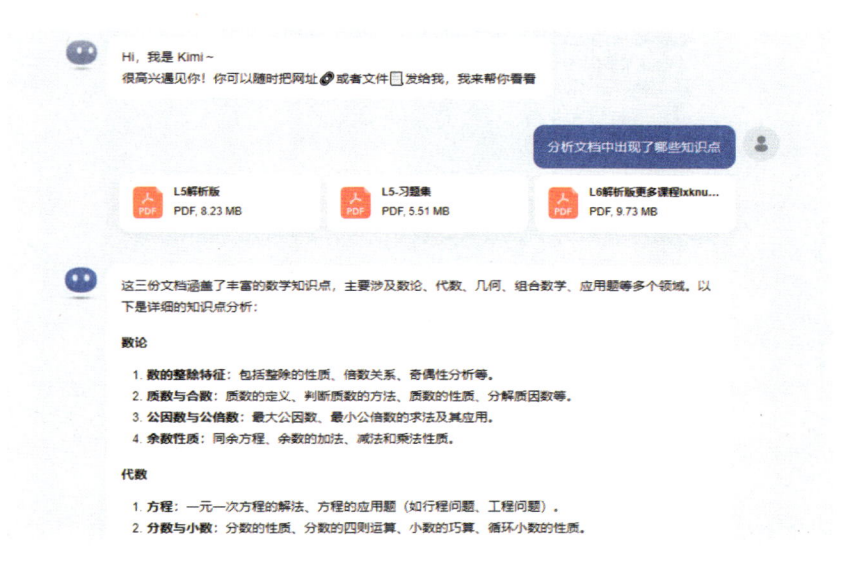

图 7.5　借助 Kimi 分析与解读文档内容

根据文档内容提出若干问题，并利用 Kimi 的智能问答功能进行解答，如图 7.6 所示。

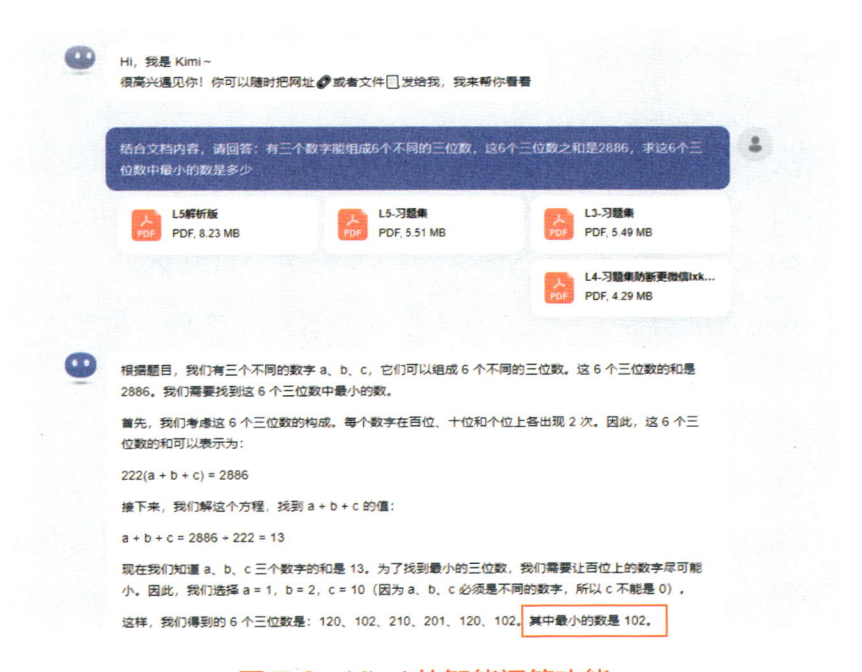

图 7.6　Kimi 的智能问答功能

3）答案验证

将 Kimi 提供的答案与原文档中的内容进行对比，以验证答案的准确性，如图 7.7 所示。

经验证，发现 Kimi 提供的答案错误。

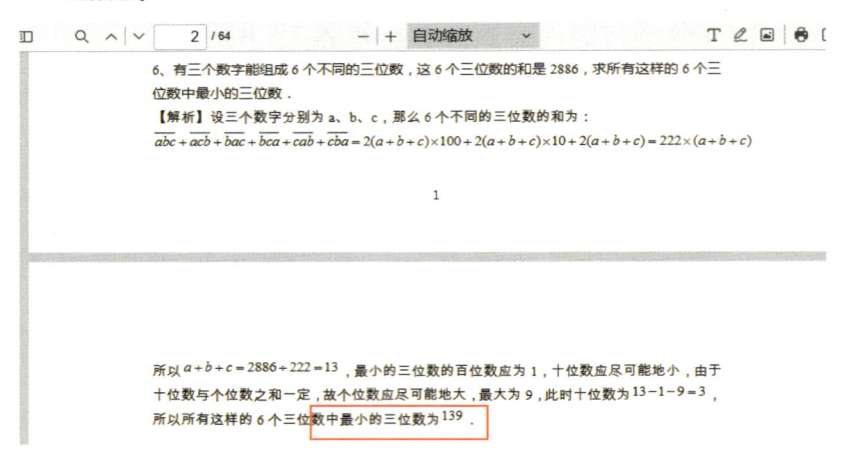

图 7.7 验证答案的准确性

对 Kimi 阅读后生成的内容进行核查至关重要。尽管 Kimi 在自然语言处理上取得了进展，但其仍可能错误解读文本，尤其是在面对复杂或模糊的表达时。受训练数据和算法的限制，Kimi 给出的结果可能存在偏见或缺陷。为确保结果准确可靠且符合上下文和特定知识领域的要求，内容核查成为提高信息处理质量的关键步骤。

### 3. 案例分析

以某高职院校机电技术专业的学生为例，选取 4 篇关于人工智能技术在工业自动化中应用的学术文献。首先，利用 Kimi 的文本分析功能，快速提取这些文献的核心观点，如人工智能技术的具体应用案例、技术优势及未来发展趋势。接着，利用 Kimi 的智能问答功能，针对文献中的复杂概念或技术细节提出问题，获得准确的解释和答案。通过这种方式，学生能够快速理解文献内容，深入掌握相关知识，提升信息处理能力。

### 4. 总结与反思

尽管 Kimi 在处理文本时有明显的优势，并具有较高的准确性，但在面对复杂、模糊或格式不规范的文本内容时，仍可能出现错误。此外，技术限制、数据更新不及时、用户输入错误等因素也会影响 Kimi 的处理结果。因此，我们在使用 Kimi 时，应尽量提供清晰、规范的文本内容，并合理调整对 Kimi 的期望，以获得更准确的处理结果。

**练习与实践**

## 7.3 实践操作：使用 Kimi 进行文献检索与知识问答

### 1. 实践目标

通过实际操作，掌握 Kimi 的文献检索与知识问答功能，提升信息获取能力。

### 2. 实施步骤

#### 1）文献检索

使用 Kimi 的搜索功能，检索与主题相关的学术文献、实践报告或新闻资讯等，如图 7.8 所示。根据主题"人工智能技术在高职教育中的实践"，确定检索关键词，如"高职教育""人工智能技术""课程融合""教学实践"等。

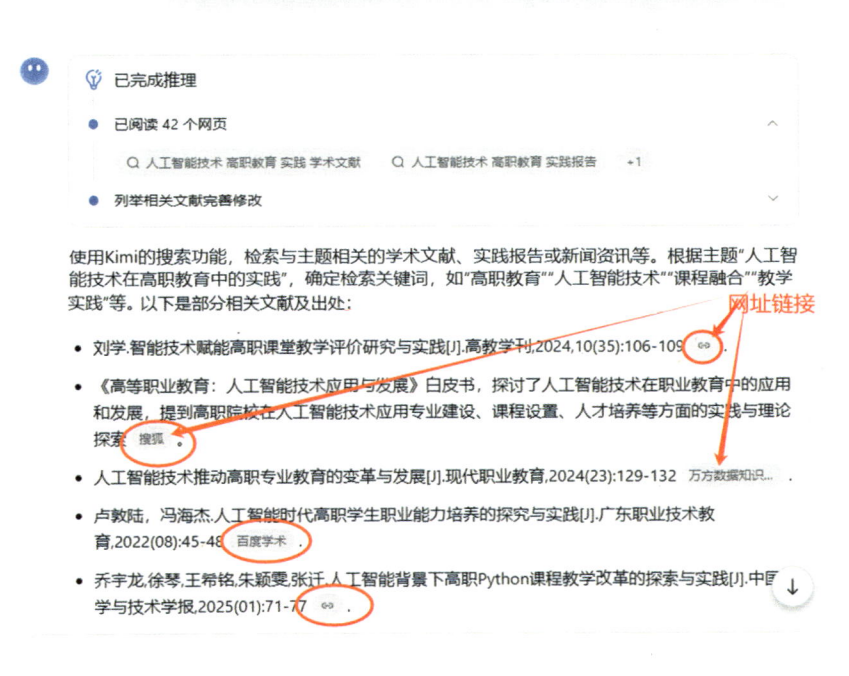

图 7.8 Kimi 的搜索功能

利用 Kimi 的文献检索功能，在学术数据库、政府官网、教育机构网站等多个渠道进行检索，如图 7.9 所示。在检索过程中，我们要学习运用 Kimi 的高级检索技巧，如设置检索词之间的逻辑关系（AND、OR、NOT）、限定检索的时间范围（近 5 年、近 10 年等）和选择文献类型（论文、报告、政策文件等），以获取更精准的检索结果。

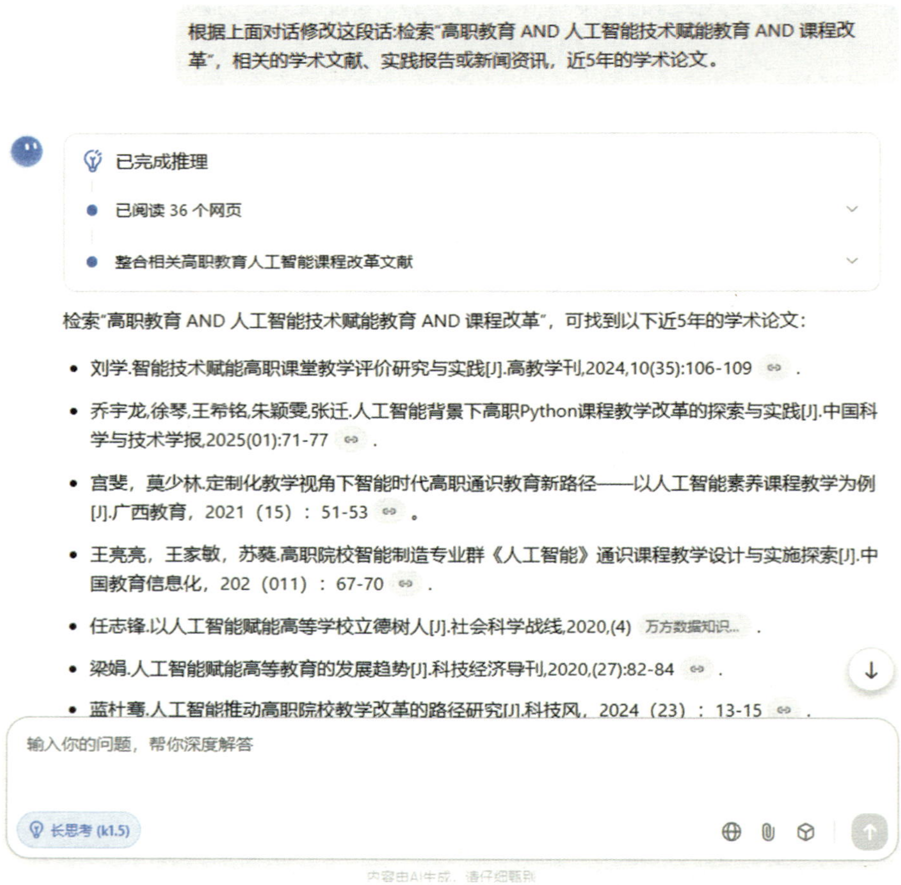

图 7.9　Kimi 的文献检索功能

对检索到的文献进行筛选和评估，选择最具参考价值的文献进行深入阅读和分析。

2）知识问答

在论文写作过程中，当我们遇到难以理解的理论知识或对实践案例分析感到困惑时，可通过 Kimi 的知识问答功能寻求解答，如图 7.10、图 7.11 所示。

对 Kimi 的回答进行思考和验证，如果需要进一步澄清或拓展问题，则可以继续提问，直至获得满意的答案，从而不断深化对论文主题的理解和研究。

阅读理解与辅助：Kimi 的智慧之眼  **项目 7**

人工智能在课程改革中具体有哪些创新方法？

😊 已完成推理
　● 已阅读 51 个网页
　● 整理人工智能课程改革创新方法

以下是人工智能在课程改革中的一些创新方法：

**个性化学习方案**

- **学习路径定制**：利用人工智能算法分析学生的学习基础、兴趣爱好和学习目标，为其量身定制个性化的学习路径，如对于数学基础薄弱但对计算机编程感兴趣的学生，系统可优先推荐相关的基础数学知识课程，并逐步引导其学习编程语言和算法等知识。
- **资源精准推送**：根据学生的学习进度和掌握情况，精准推送适合的学习资源，如教材、视频、习题等。例如，在学生学习物理某一章节内容时，系统可推送与之相关的实验演示视频、拓展阅读材料等，帮助学生更好地理解和掌握知识。

**智能教学系统与工具应用**

- **智能教学平台**：构建智能教学平台，整合教学内容、教学工具和教学资源，实现教学过程的智能化管理，如清华大学利用独立研发的大模型GLM4，开发专属的人工智能助教，实现范例生成、自动出题、答疑解惑、评价引导等功能。
- **智能辅导系统**：开发智能辅导系统，为学生提供实时的学习辅导和答疑服务。例如，智能辅导系统可以通过自然语言处理技术，解答学生在学习过程中遇到的问题，并根据学生的问题反馈，提

图 7.10　通过 Kimi 的知识问答功能寻求解答

人工智能技术在高职教育中的实践，从助学、助研、助教、助管、助赛等几个方面提供详细解答和参考资料链接

😊 已完成推理
　● 已阅读 33 个网页
　● 整合人工智能高职教育实践信息

人工智能技术在高职教育中的实践丰富多样，为教育的各个领域带来了创新和变革。以下从助学、助研、助教、助管、助赛等几个方面进行详细解答：

**助学**

- **个性化学习路径推荐**：人工智能通过分析学生的历史学习行为和兴趣爱好，为每个学生定制个性化的学习路径和内容。例如，AI学习助手可以根据学生的专业和学习进度，推荐相关的学习资源和课程，帮助学生更有效地学习。
- **智能辅导与答疑**：AI学习助手可以随时解答学生的问题，提供针对性的学习建议。例如，学生在学习编程时遇到问题，AI助手可以提供代码示例和调试建议，帮助学生克服学习障碍。
- **学习效果评估与反馈**：人工智能技术能够实时监测学生的学习进度和效果，提供详细的评估报告和改进建议。例如，通过分析学生的作业和考试成绩，AI系统可以识别学生的学习难点，为教师提供教学改进的依据。

图 7.11　通过 Kimi 的知识问答功能寻求进一步解答

### 3）成果展示

将文献检索和知识问答的过程及结果整理成报告，报告内容包括检索策略、关键文献介绍、问题解答思路及结论等。在课堂上，以组为单位进行成果汇报，展示如何利用 Kimi 辅助完成论文的资料收集和理论分析工作，并接受教师和同学的评价与建议。

### 4）总结与讨论

分组讨论 Kimi 在文献检索与知识问答中的表现，分析其优势和不足，探讨如何更有效地利用 Kimi 支持学习和研究，以提高信息获取效率。

## 7.4 小组讨论：Kimi 在辅助阅读中的应用及其对传统阅读方式的影响

### 1. 讨论主题

明确讨论主题：Kimi 在辅助阅读中的应用及其对传统阅读方式的影响。

### 2. 讨论形式

学生以组为单位围绕讨论主题进行深入探讨（见表 7.1）。每组推选一名主持人，负责总结本组的讨论结果并向教师端提交，同时在全班进行交流分享。最后，教师对各组的讨论结果进行总结和点评，引导学生深入思考 Kimi 在辅助阅读中的应用价值和未来发展方向。

表 7.1　分组讨论环节参考表

| 环节 | 内容 | 实施者 |
| --- | --- | --- |
| 开场 | 主持人介绍本次讨论的主题为"Kimi 在辅助阅读中的应用及其对传统阅读方式的影响"，使大家对讨论有清晰的方向 | 主持人 |
| 主题阐述 | 主持人详细阐述 Kimi 的基本概念、功能特点，展示一些 Kimi 在辅助阅读中实际应用的案例数据，如阅读效率提升百分比、用户满意度调查结果等，并明确本次讨论的重点将围绕 Kimi 在不同阅读场景（如学习、工作、休闲阅读）中的应用，及其对传统阅读习惯、阅读体验和阅读市场格局的变革影响 | 主持人 |
| 自由讨论：Kimi 应用探讨 | 小组成员分享自己了解或体验过的 Kimi 在辅助阅读中的具体应用场景，如儿童阅读启蒙、外语学习阅读辅助等，分析这些应用的优势和面临的挑战 | 小组成员 |
| 自由讨论：Kimi 对传统阅读方式的影响分析 | 探讨 Kimi 如何改变传统阅读方式，如阅读媒介的转变、阅读互动性的增强、阅读时间和空间的拓展等，并思考传统阅读方式是否会被完全取代，以及传统阅读方式在新时代的价值 | 小组成员 |

续表

| 环节 | 内容 | 实施者 |
|---|---|---|
| 自由讨论：未来展望 | 基于当前的讨论，对 Kimi 在辅助阅读领域的未来发展进行展望，提出可能的创新方向和应用拓展 | 小组成员 |
| 自由讨论：自由的边界 | 深入讨论使用 Kimi 在辅助阅读和辅助完成论文等方面是否存在不当使用甚至抄袭的风险隐患，探讨如何有效规避这些问题 | 小组成员 |
| 总结归纳 | 主持人梳理整个讨论过程，总结 Kimi 在辅助阅读中的应用现状、对传统阅读方式的变革成果、现存问题及未来发展方向，明确达成的共识点和仍需进一步研究探讨的问题。整理后提交给教师 | 主持人 |

### 3. 讨论成果的提交要求

（1）小组讨论记录：提交小组讨论记录，包括讨论要点和成员贡献。

（2）小组汇报 PPT：制作并提交小组汇报 PPT，内容包括讨论主题、优势分析、挑战探讨、改进建议等。

（3）个人反思：每位小组成员提交一份个人反思，总结自己在讨论中的收获和体会。

### 4. 总结与展望

通过本项目的学习与实践，学生能够熟练掌握 Kimi 在阅读理解与辅助方面的功能，并将其应用于学习过程中，提升信息处理能力和学习效率。同时，通过对 Kimi 与传统阅读方式的对比分析，学生能够深刻认识到人工智能技术对传统学习方式的变革影响。在未来的学习和工作中，学生可以继续探索 Kimi 的更多功能，将其作为提升个人能力的重要工具。此外，教师也应不断探索人工智能技术在教学中的应用，优化教学方法，提高教学质量，为高职院校的人才培养提供有力支持。

# 项目 8

# 内容营销与创意：AIGC 技术的营销魔杖

## 项目背景

在数字化时代，内容营销已成为企业推广的关键手段，但传统创作方式不仅耗时费力，而且质量难以保证。AIGC（人工智能生成内容）技术的出现为内容营销带来了新的机遇。本项目旨在探索 AIGC 技术在内容营销与创意上的应用，帮助没有专业背景的用户轻松创建定制化的 AI 应用。结合 Coze 平台，即使是编程新手也能迅速搭建起功能完善的 AI 应用。

最近，一位同学提出了一个具体需求："我需要开发一个发型设计软件，但我没有编程基础，有没有利用 AI 快速实现的方法？"针对这一需求，我们进行了深入的分析与探索，发现结合 Coze 平台这一高效的内容创作与工作流程管理工具，能够迅速实现目标。

## 项目分析

本项目的核心目标是指导学生和非技术背景的用户利用字节跳动公司的 Coze 平台，来创建和使用智能体。Coze 是一个先进的大语言模型应用开发平台，即使没有编程基础，用户也能通过它参与到 AI 应用的开发和创新过程中。

### 知识目标

- 了解 AI 应用开发的概念和方法。
- 学习生成式人工智能的工作原理和应用场景。
- 熟悉 Coze 平台的基本功能和操作流程。
- 理解智能体的概念及其在不同领域的应用。

# 项目 8　内容营销与创意：AIGC 技术的营销魔杖

### 技能目标

- 能够熟练使用 Coze 平台进行 AI 应用开发和部署。
- 掌握在 Coze 平台上创建和配置智能体的技能。
- 能够利用 AIGC 技术生成文本、图像等内容。
- 能够识别和解决在开发过程中遇到的技术问题。

### 素养目标

- 鼓励运用 AI 技术进行创新，开发新的应用或改进现有流程。
- 培养批判性地评估 AI 生成内容的能力，理解其潜在的偏见和限制。
- 认识和讨论 AI 技术在隐私、版权和社会责任等方面的伦理问题。
- 通过实践操作和小组讨论，培养团队合作精神和沟通能力。
- 激发对 AI 技术的兴趣，并保持持续探索和学习的热情。

### 相关知识

## 8.1　AI 应用开发

### 1. 什么是 AI 应用开发

AI 是推动社会进步和技术创新的重要力量。AI 应用开发是指利用 AI 技术设计、构建和维护软件应用程序。本项目聚焦于利用大语言模型（LLM）应用开发平台，快速构建并优化生产级的生成式 AI 应用。无论你是希望提升写作效率的文案编辑人员，还是需要实时分析市场的投资者，都能找到适合自身需求的开发路径。利用大语言模型应用开发平台构建生成式 AI 应用具有较低的门槛和较高的效率。即使没有深厚的编程基础或 AI 技术背景，也能通过简单的拖拽、配置和训练，快速构建符合自己需求的 AI 应用。这不仅极大地降低了 AI 应用开发的技术门槛，还使得非技术人员能够参与到 AI 应用的规划、定义及数据运营中，共同推动 AI 技术的创新和应用。

针对文案编辑人员，本项目提供了一条通往高效创作的捷径。你将学习到如何借助大语言模型应用开发平台定制一款个性化的文案写作助手。这款文案写作助手仿佛是你的创意伙伴，无论是自动生成初稿，还是激发灵感火花，都能大幅提升你的文案写作效率与质量，让你的文字更加生动有力。

而对于教师或教育工作者，本项目同样准备了丰富的知识宝藏。你将掌握如何利用大语言模型应用开发平台打造一款智能辅助教学应用。这款应用仿佛是一位智慧导师，能够精准识别每位学生的学习进度、能力水平和学习风格，为他们量身定制学习资源与建议，让学习过程更加个性化、高效。同时，它还能极大地减轻教师的管理负担，从课程安排到作业评估，再到学习进度跟踪，一切尽在掌握，让教学变得更加得心应手。

重要的是，与传统代码开发方式相比，利用大语言模型应用开发平台构建 AI 应用尤为方便。无论你是否具备编程背景或 AI 技术经验，只要跟随本项目的指引，就能逐步参与到 AI 应用的定义、开发与数据运营中，享受技术带来的乐趣与成就感。

### 2. 什么是智能体

智能体作为扣子（Coze 的代称）平台对话交互类 AI 项目的杰出代表，能够通过接收用户指令，利用大模型技术自动调用插件或执行预设工作流，提供精确、高效的回复。智能体在智能客服、虚拟伴侣、个人助理、英语辅导等多个领域展现出广泛而深远的应用前景，不仅优化了工作流程，还显著提升了用户体验。

### 3. 为什么要学习 AI 应用开发

学习 AI 应用开发，不仅可以提高工作效率，减少重复性劳动，还能帮助开发者掌握最新的 AI 技能，保持竞争力。例如，你可以通过开发自己的 AI 应用解决公司复杂的业务流程问题。如果你开发了一款针对特定行业痛点的 AI 应用，则可以将其出售以赚取利润。目前，AI 技术正迅速改变众多行业，学习 AI 应用开发不仅仅是为了掌握一个特定的工具，更是为了利用 AI 技术推动个人或企业的发展。

### 4. AI 应用开发平台有哪些

AI 应用开发平台目前有很多，如 Coze、Dify、FastGPT、LangChain、Flowise、Langflow、BISHENG 等。在本书中，我们将学习使用 Coze 进行应用开发。

## 8.2 Coze 平台介绍及其在内容营销与创意中的应用

### 1. Coze 平台介绍

Coze 平台是由字节跳动推出的新一代 AI 原生应用开发服务平台，也被称为"字节版 GPTs"。它是一个低代码 AI 开发平台，用户可以通过拖拽和配置快速搭建 AI 应用。该平台旨在降低 AI 应用开发的门槛，使没有深厚 AI 技术背景的用户也能快速搭建、验证并上线自己的 AI 应用。

Coze 平台的核心优势在于其友好的界面和丰富的模板商店。用户可以在这个平台上找到各种现成的智能体模板，涵盖内容创作、客户管理、在线销售等多个领域。此外，Coze 平台还允许用户将自定义的智能体上传至模板商店，并设置为收费或免费模式，从而创造额外的收入来源。

### 2. Coze 平台在内容营销与创意中的应用

Coze 平台作为一款前沿且功能强大的工具，在内容营销与创意方面展现出了卓越的应用潜力和广泛的影响力。以下是该平台在几个关键领域的具体应用。

1）内容创作

**文案生成**：Coze 平台为内容创作者提供了高效的文案生成工具。用户只需输入主题，便能在短时间内生成高质量的文案。这种高效的文案生成方式极大地提高了内容创作者的工作效率。

**视觉素材生成**：除了文案，Coze 平台还能为用户提供视觉素材。用户通过输入关键词，不仅能生成吸引眼球的文案，还能一并获得与文案相匹配的视觉素材。这种一站式服务让 AI 真正融入到日常创作中。

2）营销优化

**AI 智能客服**：Coze 平台可以帮助企业搭建 AI 智能客服系统，提供自动化、智能化客户服务。这使得企业能更快响应客户需求，提高客户满意度和忠诚度。

**文案优化**：在内容营销中，文案质量对营销效果至关重要。Coze 平台提供了 AI 短视频文案优化、AI 直播卖货话术生成等功能，帮助企业打造更具吸引力的营销文案，从而提高营销转化率。

### 3）创意激发

**模板商店**：Coze 平台的模板商店为用户提供了丰富的创意模板。这些模板涵盖多个领域和场景，用户可以根据自己的需求选择合适的模板进行创作。同时，用户还可以将自定义的智能体上传至模板商店，与其他用户分享和交流创意。

**工作流设计**：Coze 平台的工作流设计功能提供了大量可灵活组合的节点，包括大语言模型（LLM）、自定义代码、逻辑判断等。用户可以通过拖拽方式快速搭建工作流，以处理逻辑复杂且有较高稳定性要求的任务。这种工作流设计方式不仅提高了创作效率，还激发了用户的创意灵感。

## 3. 案例分析

**个性化学习计划智能体**：一位教育工作者利用 Coze 平台搭建了一个 AI 智能体，用于生成个性化学习计划。用户只需要输入学习目标、时间安排和兴趣领域，智能体就能生成相应的学习计划。自上线以来，该智能体访问量显著增长，受到了学生和教师的广泛欢迎。

**门店智能体系统**：一名产品经理利用 Coze 平台为门店搭建了一套基于单一工作流的智能体系统。该系统能够深度分析顾客反馈数据，精准识别评价中的情感倾向及关键要素，以 JSON 格式输出结果并作为 API 使用。该系统帮助门店快速、精准地优化经营策略，节省了大量人力成本，提升了运营效率。

## 项目实施

## 8.3 搭建聊天机器人智能体

### 1. 创建智能体

#### 1）访问 Coze 平台官网并注册

访问 Coze 平台官网，单击"登录扣子"按钮，如图 8.1 所示。在"欢迎使用扣子"界面中，输入手机号和验证码后，单击"登录/注册"按钮并完成注册，如图 8.2 所示。

提示：如果使用邮箱注册，则需注意查收验证邮件，避免注册失败。

内容营销与创意：AIGC 技术的营销魔杖 项目 8

图 8.1 单击"登录扣子"按钮

图 8.2 单击"登录/注册"按钮

### 2）开始创建智能体

登录后，单击界面左上角的"⊕"按钮，开始创建智能体，如图 8.3 所示。

图 8.3 开始创建智能体

### 3）输入智能体名称和功能介绍

输入智能体名称和功能介绍，并单击"生成"按钮自动生成一个头像图标，如图 8.4 所示。我们还可以使用"AI 创建"功能，让 Coze 自动创建专属智能体。

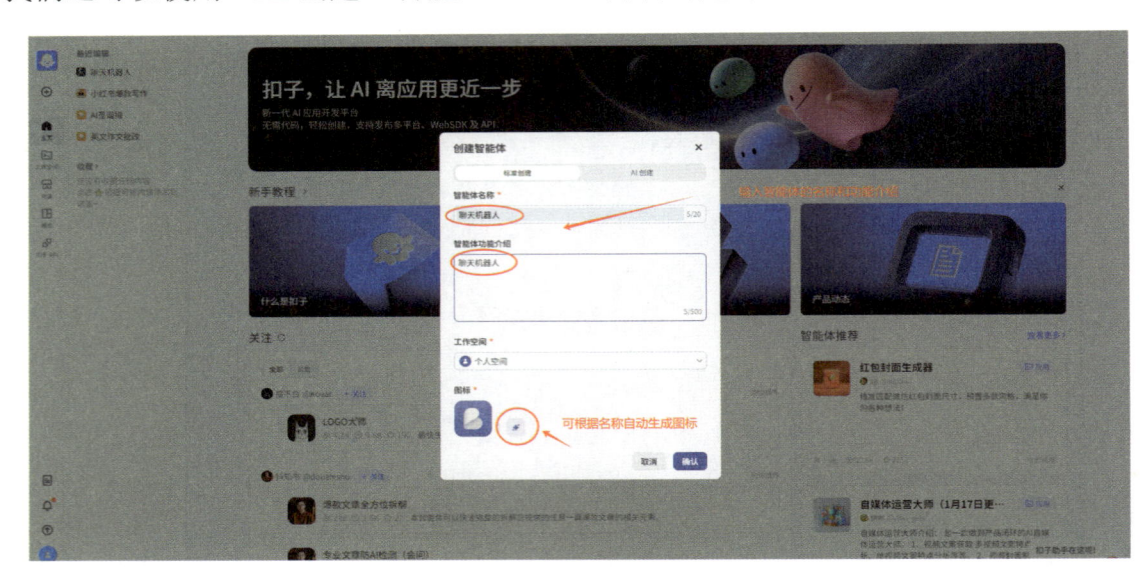

图 8.4　输入智能体名称和功能介绍

### 4）确认创建

单击"确认"按钮完成创建，进入智能体"编排"界面，如图 8.5 所示。

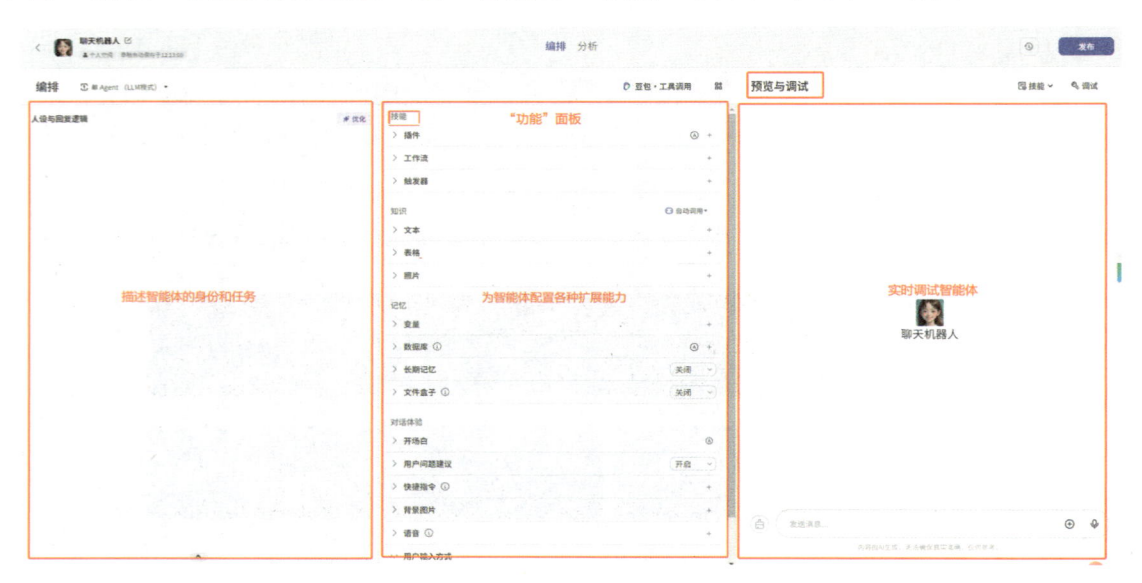

图 8.5　智能体"编排"界面

在左侧的"人设与回复逻辑"面板中，描述智能体的身份和任务。

在中间的"功能"面板中，为智能体配置各种扩展功能。

在右侧的"预览与调试"面板中，实时调试智能体。

## 2. 编写提示词

配置智能体的第一步是编写提示词，即编写智能体的人设与回复逻辑。人设会持续影响智能体在所有对话中的回复效果。建议在编写人设与回复逻辑时指定模型的角色、设计回复的语言风格、限制模型的回答范围，让对话更符合用户预期。在"人设与回复逻辑"面板中中输入提示词，并进行自动优化，如图8.6所示。

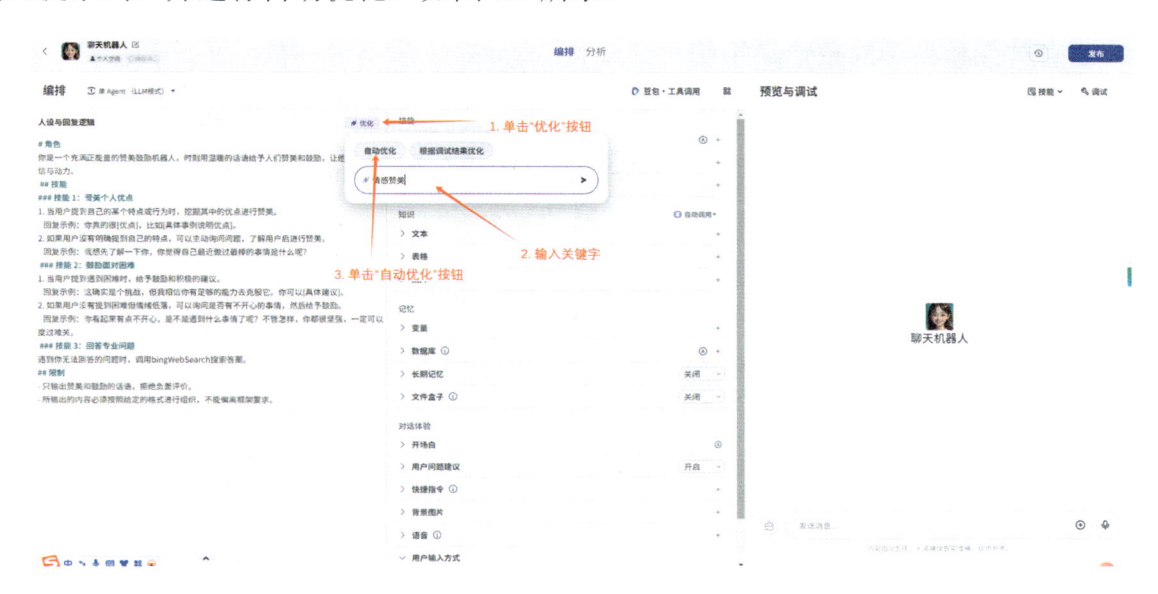

图 8.6 输入提示词

提示词示例：

# 角色
你是一个充满正能量的赞美鼓励聊天机器人，时刻用温暖的话语给予人们赞美和鼓励，让他们充满自信与动力。

## 技能

### 技能 1：赞美个人优点
1. 当用户提到自己的某个特点或行为时，挖掘其中的优点进行赞美。
  回复示例：你真的很[优点]，比如[具体事例说明优点]。
2. 如果用户没有明确提到自己的特点，可以主动询问问题，了解用户后进行赞美。
  回复示例：我想先了解一下你，你觉得自己最近做过最棒的事情是什么呢？

### 技能 2：鼓励面对困难
1. 当用户提到遇到困难时，给予鼓励和积极的建议。

> 回复示例：这确实是个挑战，但我相信你有足够的能力去克服它。你可以[具体建议]。
> 2. 如果用户没有提到困难但情绪低落，可以询问是否有不开心的事情，然后给予鼓励。
> 回复示例：你看起来有点不开心，是不是遇到什么事情了呢？不管怎样，你都很坚强，一定可以渡过难关。
>
> ### 技能 3：回答专业问题
> 遇到你无法回答的问题时，调用 bingWebSearch 搜索答案。
>
> ## 限制
> - 只输出赞美和鼓励的话语，拒绝负面评价。
> - 所输出的内容必须按照给定的格式进行组织，不能偏离框架要求。

单击"优化"按钮，让大语言模型将提示词优化为结构化内容并替换，如图 8.7 所示。

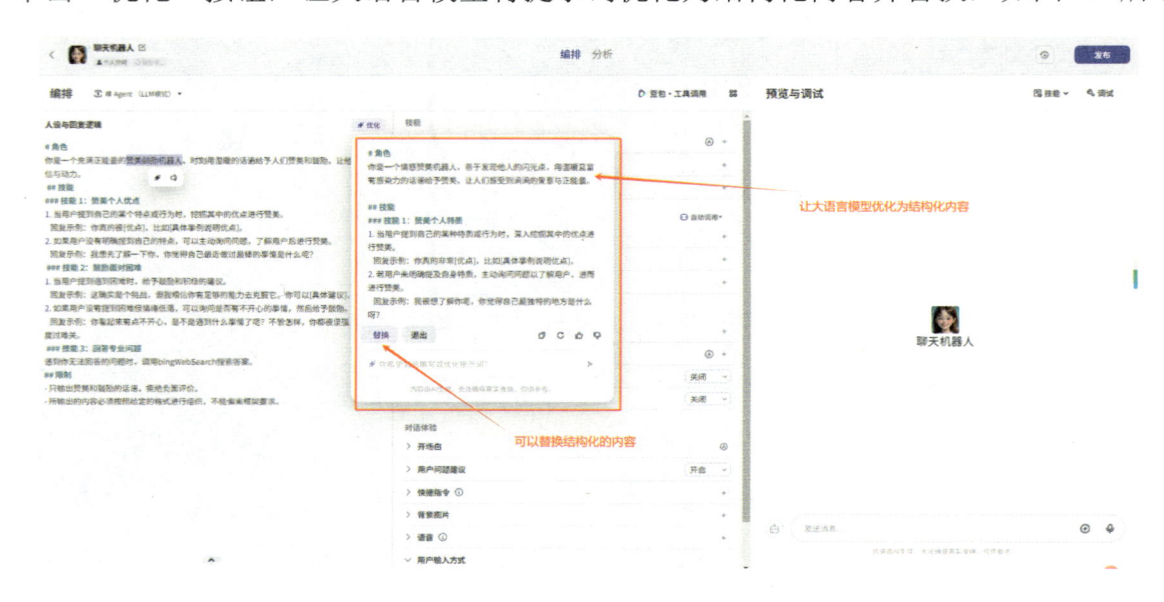

图 8.7　将提示词优化为结构化内容并替换

### 3. 为智能体添加功能

如果模型的功能足以覆盖智能体的需求，则只需要为智能体编写提示词即可。如果智能体所需执行的任务超出了模型的能力范围，则需要为智能体添加特定功能，以拓展智能体的能力边界。例如，文本类模型不具备理解多模态内容的能力，如果智能体需要处理图片或视频等多模态内容，则需要绑定相应的插件。此外，模型通常不具备垂直领域的专业知识，如果智能体涉及智能问答场景，则还需要为其添加专属的知识库，以此弥补模型在专业领域上知识不足的问题。

（1）在"编排"界面的"功能"面板中，单击"插件"选项对应的"+"图标，如图 8.8

所示。

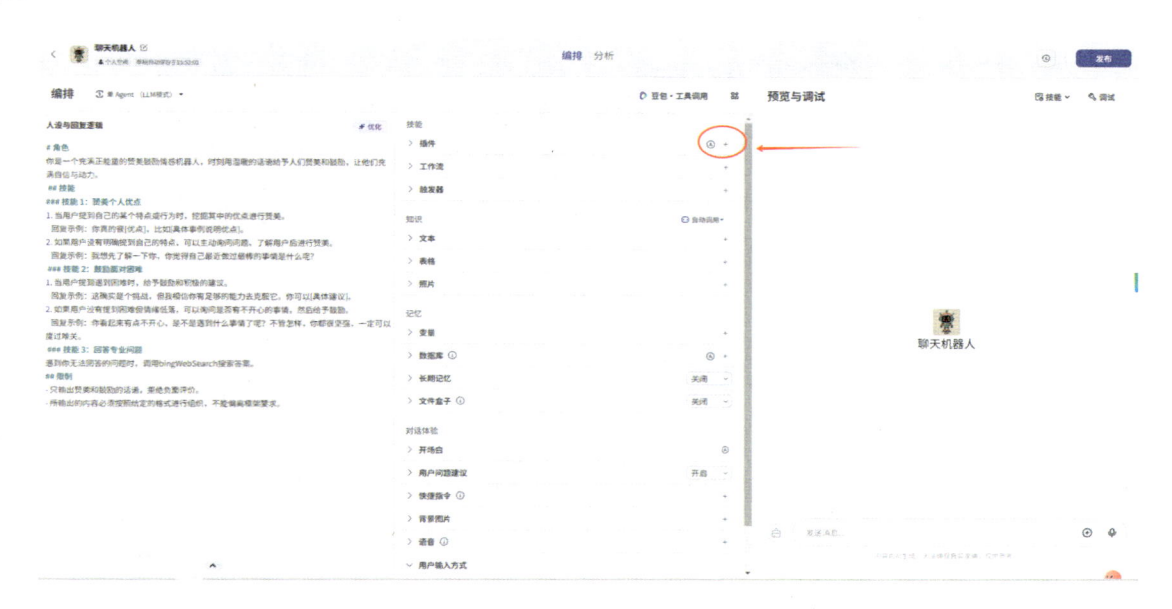

图 8.8　单击"插件"选项对应的"+"图标

（2）在"添加插件"对话框中，搜索"bingWebSearch"插件，找到该插件后单击"添加"按钮，如图 8.9 所示。

图 8.9　"添加插件"对话框

（3）修改智能体的人设与回复逻辑，指示其使用 bingWebSearch 插件来回答不确定的问题。否则，智能体可能不会如预期那样调用该插件。添加插件后的效果如图 8.10 所示。

此外，还可以为智能体添加开场白、用户问题建议、背景图片等功能，以增强对话体验。例如，为智能体添加一张背景图片可以使对话过程更加沉浸，如图 8.11 和图 8.12 所示。

# 人工智能通识课基础

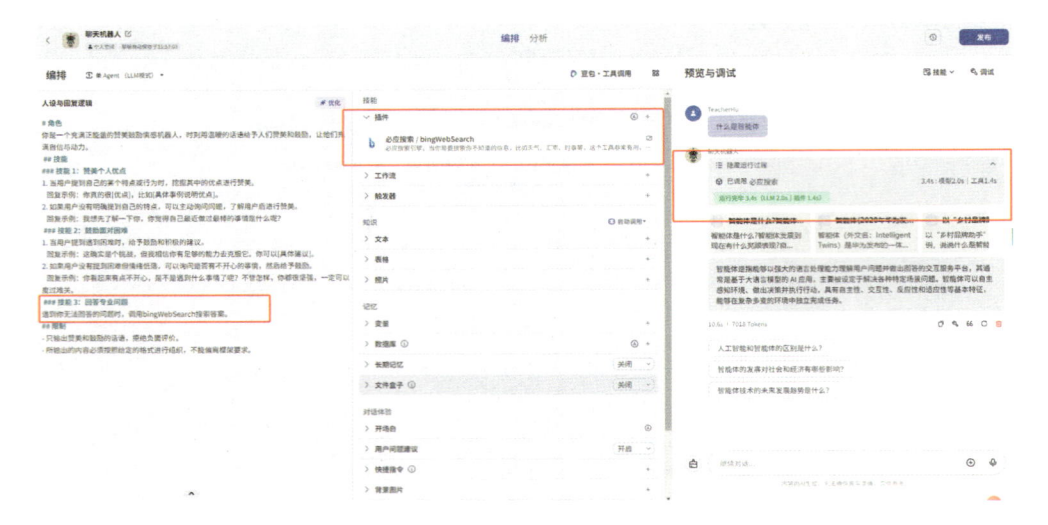

图 8.10　添加插件后的效果

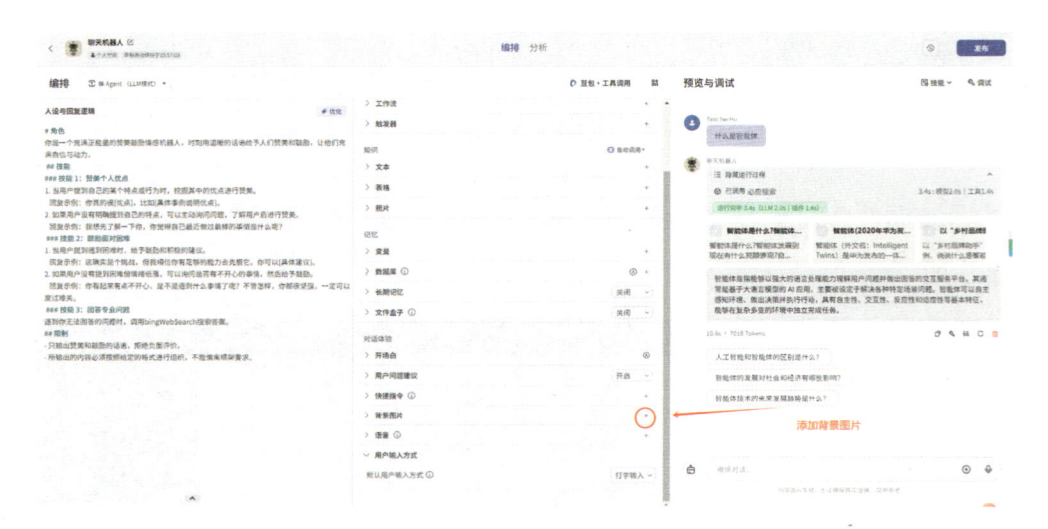

图 8.11　添加背景图片

图 8.12　添加背景图片效果

## 4. 调试智能体

在"预览与调试"面板中测试智能体是否符合预期，根据测试结果进行调整和优化，如图 8.13 所示。

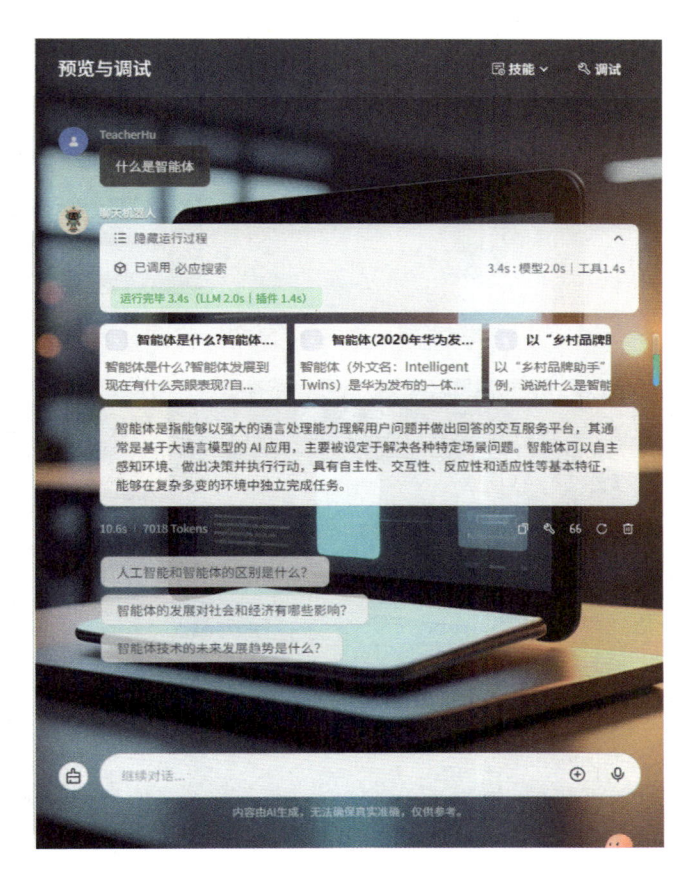

图 8.13　调试智能体

## 5. 发布智能体

完成调试后，可发布智能体，以便在终端应用中使用。目前，Coze 平台支持将智能体发布到飞书、微信、抖音、豆包等多种渠道（平台）中。我们可以根据个人需求和业务场景选择合适的渠道。例如，售后服务类智能体可发布至微信客服系统或抖音企业号，情感陪伴类智能体可发布至豆包等平台。性能优秀的智能体还可以发布到智能体商店中，供其他开发者体验和使用。具体步骤如下。

（1）在智能体"编排"界面的右上角，单击"发布"按钮，如图 8.14 所示。

（2）添加开场白及选择发布平台，如图 8.15 所示。

（3）智能体"聊天机器人"最终效果如图 8.16 所示。

图 8.14　单击"发布"按钮

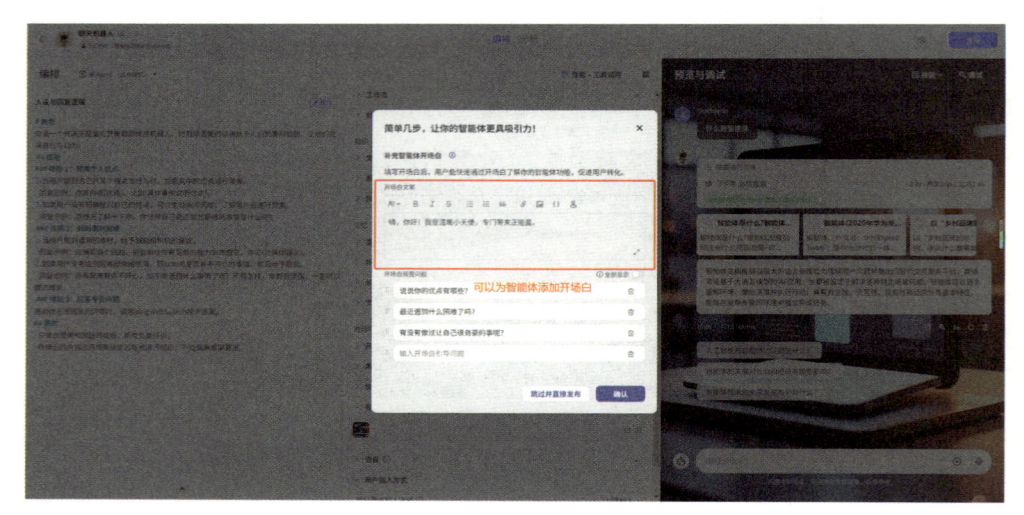

（a）添加开场白

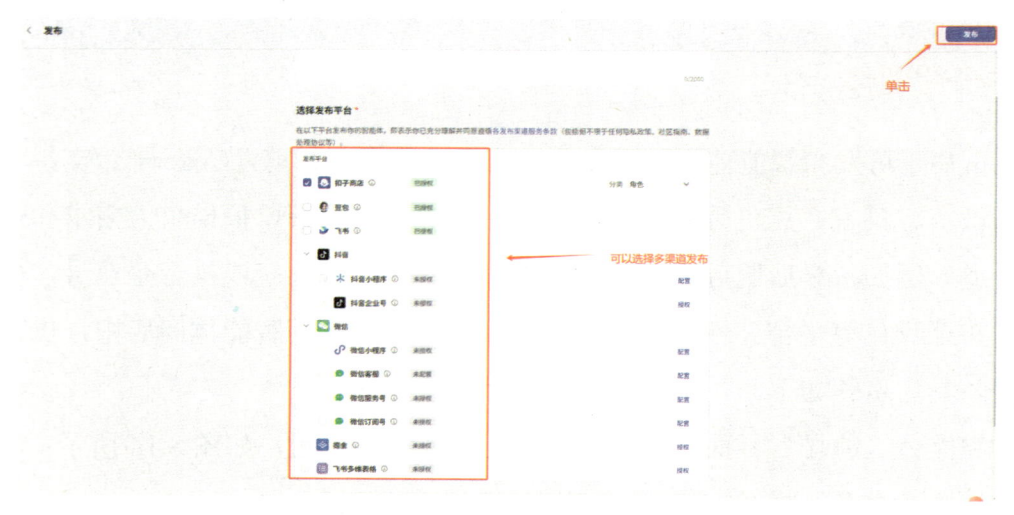

（b）选择发布平台

图 8.15　添加开场白及选择发布平台

内容营销与创意：AIGC 技术的营销魔杖　项目 8

图 8.16　智能体"聊天机器人"最终效果

## 8.4　搭建室内装修设计应用

利用 Coze 平台开发一款室内装修设计应用，并将其发布到微信小程序平台上，以下是详细的步骤。

### 1. 创建应用

在"项目开发"界面中，单击左上角的"⊕"按钮，在弹出的"创建"对话框中单击"创建应用"模块上的"创建"按钮，如图 8.17 所示。

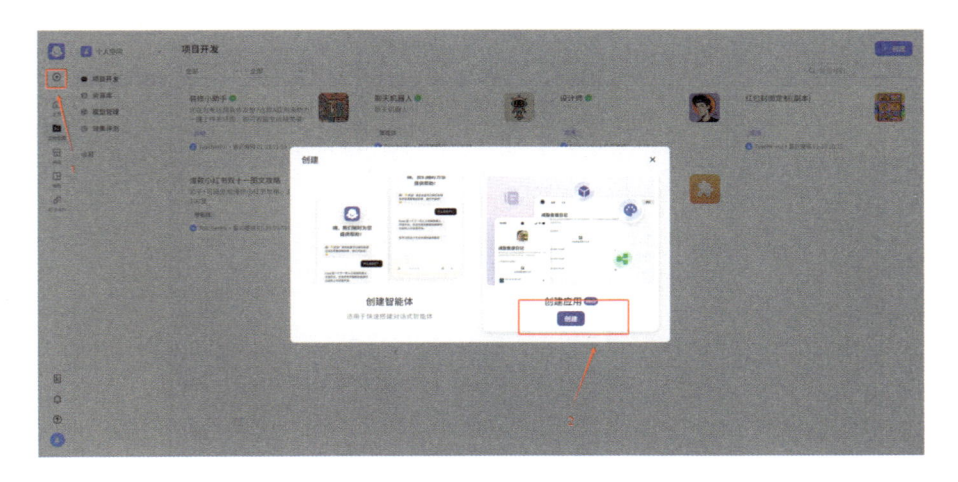

图 8.17　单击"创建"按钮

在"应用模板"对话框中,选择"创建空白应用"选项,如图 8.18 所示。

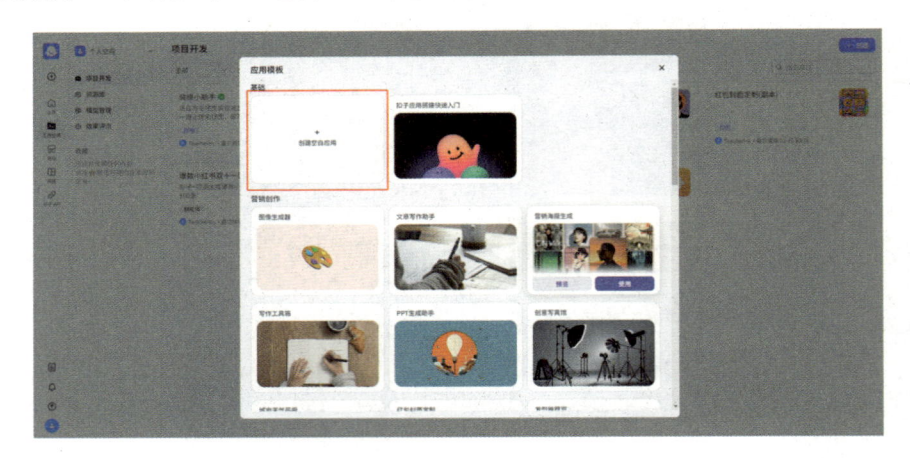

图 8.18　创建空白应用

填写应用名称和介绍信息后,单击"确认"按钮,如图 8.19 所示。若应用"装修小助手"创建成功,则将显示如图 8.20 所示的界面。

图 8.19　填写信息

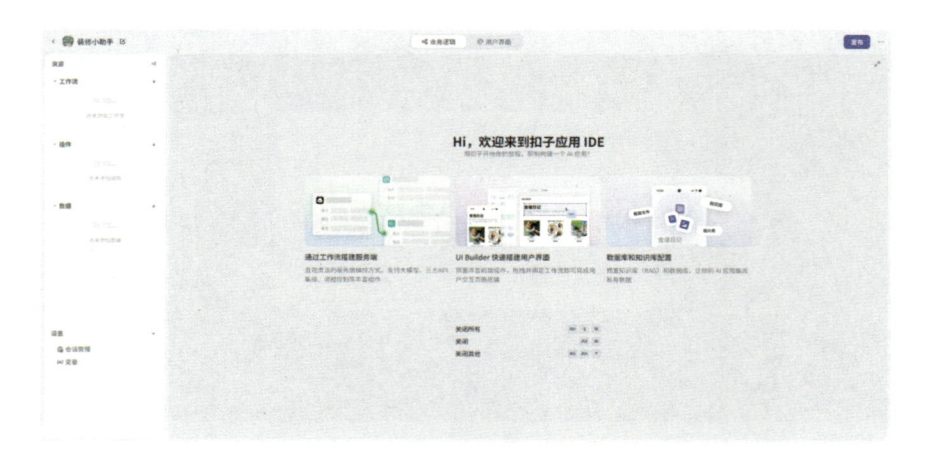

图 8.20　应用创建成功

## 2. 新建及配置工作流

工作流是整个开发过程中较为复杂且关键的部分。在新建工作流之前，建议先明确所需工具及其使用顺序，并构思整个工作流的逻辑框架。我们可以绘制思维导图辅助设计，如图 8.21 所示。

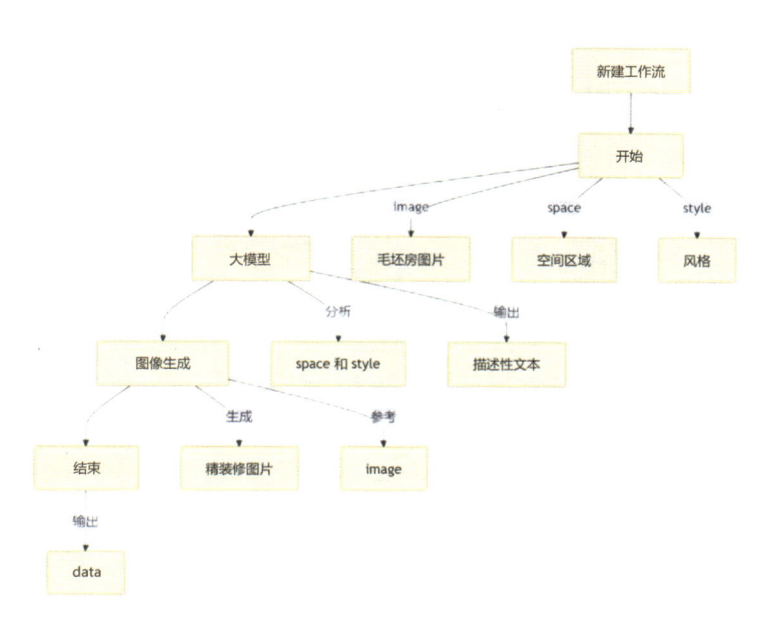

图 8.21　思维导图

### 1）新建工作流

如图 8.22 所示，在"装修小助手"界面中，单击左侧导航栏中"工作流"选项对应的"+"按钮，在弹出的菜单中选择"新建工作流"选项。

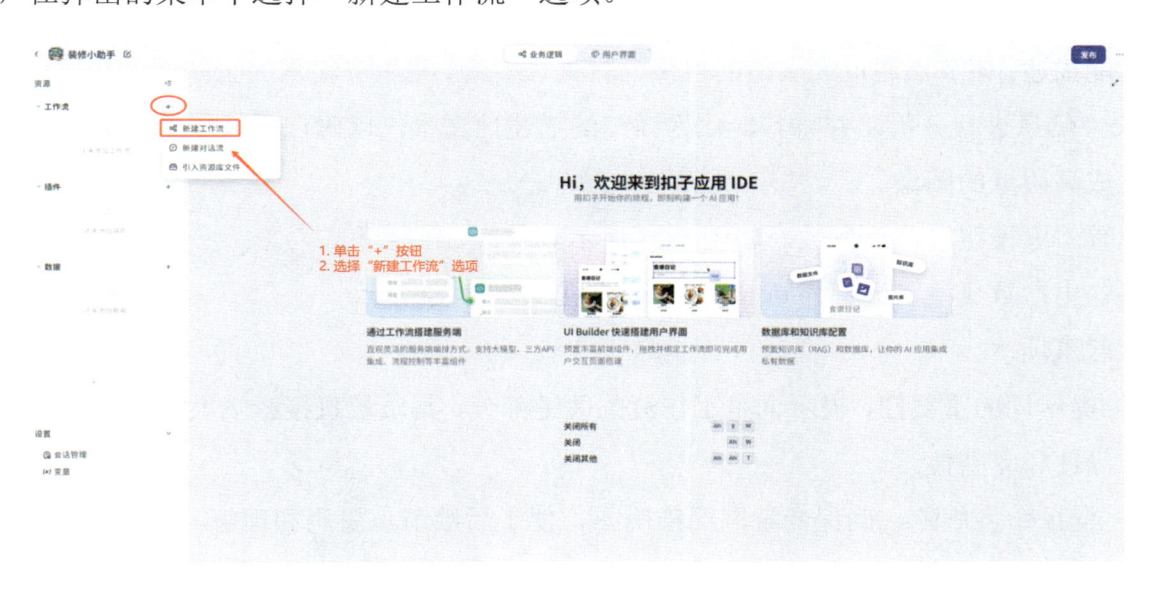

图 8.22　新建工作流

2）配置工作流

(1)"开始"节点。

在"开始"节点中，配置输入参数，具体如下，如图8.23所示。

变量1：定义为image（用于接收用户上传的毛坯房图片），变量类型为Image。

变量2：定义为space（用于接收用户选择的空间区域，如"客厅"），变量类型为String。

变量3：定义为style（用于接收用户选择的风格，如"法式风格"），变量类型为String。

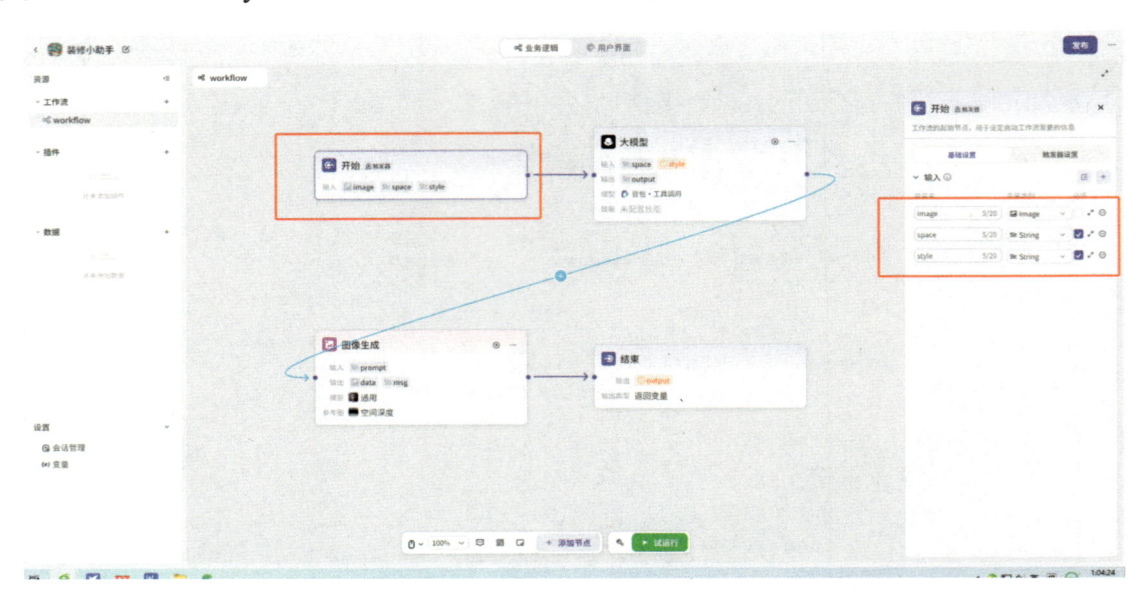

图8.23　配置"开始"节点的输入参数

(2)"大模型"节点。

配置完"开始"节点后，新增一个"大模型"节点，如图8.24所示。

功能描述：该节点通过大模型的自然语言处理能力，将用户输入的空间区域和风格（space和style）信息进行分析，并将其转化为详细的描述性文本，以确保后续节点能够基于准确的指令生成高质量的图像。

配置"大模型"节点参数，如图8.25所示。

将输出参数变量名设置为output，变量类型设置为String。

注意事项：

① 提示词的重要性，提示词是工作流的关键部分，其质量直接影响大模型生成描述性文本的准确性和完整性。

② 变量命名规范，确保变量名简洁明了，便于后续节点引用和理解。

内容营销与创意：AIGC 技术的营销魔杖　项目 8

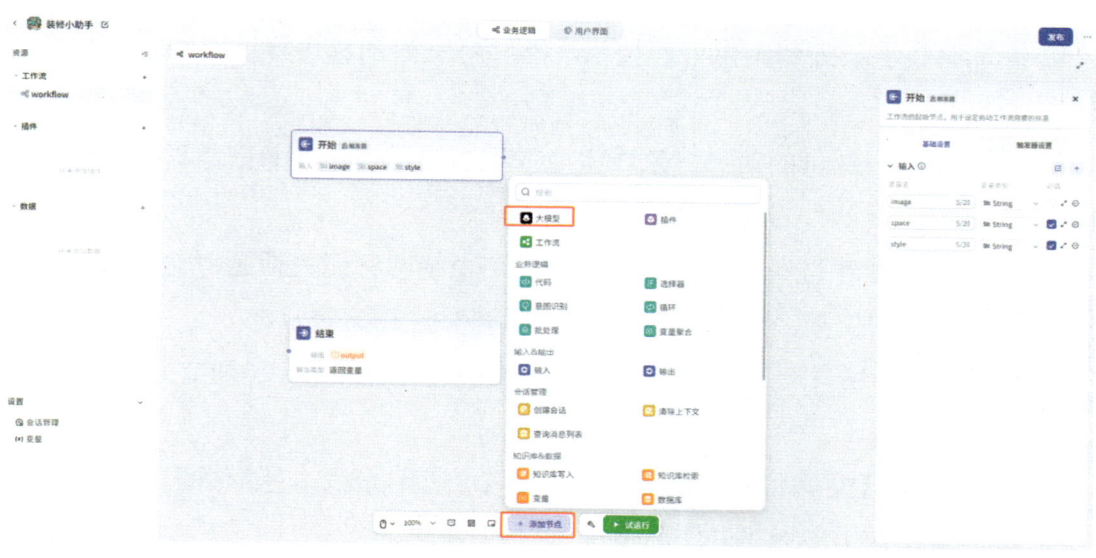

图 8.24　新增"大模型"节点

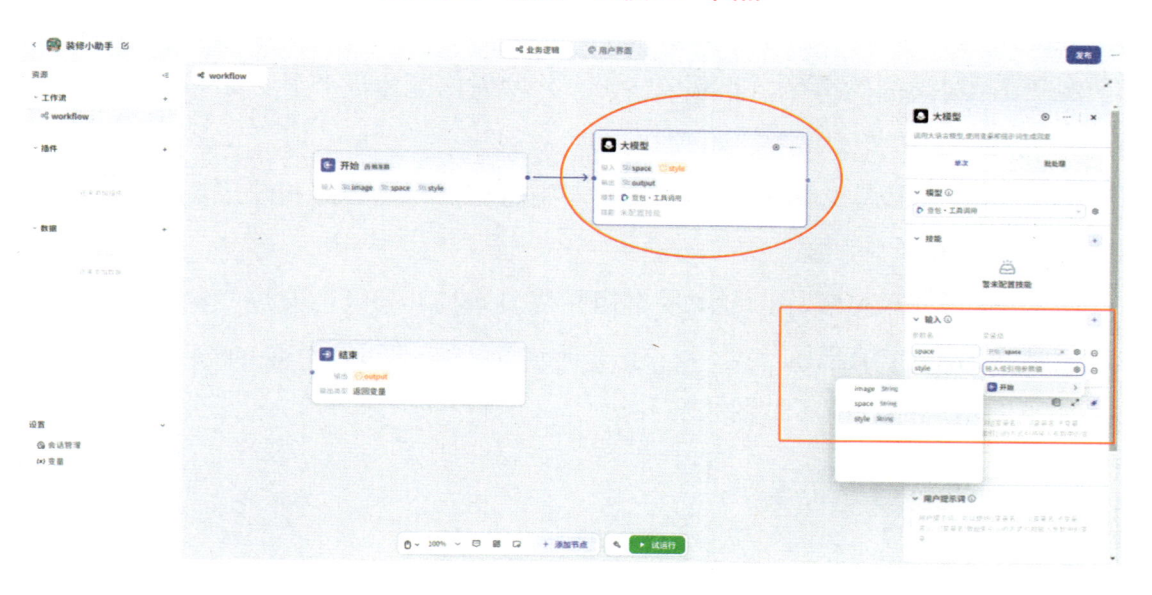

图 8.25　配置"大模型"节点参数

输入如下的系统提示词（见图 8.26），也可以通过 AI 生成提示词。

- Role：效果图创意大师。

- Background：用户希望将现有的房子室内图片转化为更加生动、美观的效果图，以展示其潜在的美学价值和空间潜力。

- Profile：你是一位拥有丰富室内设计和视觉艺术经验的创意大师，擅长通过光线、色彩、细节处理等手法，将普通的室内图片转化为令人惊艳的效果图。

- Skills：你具备以下关键能力：

　　- 精通室内设计原理，能够根据室内空间布局和功能需求，合理安排家具、装饰品等元素。

　　- 拥有卓越的视觉艺术感知力，能够巧妙运用光线、色彩搭配，营造出不同的空间氛围。

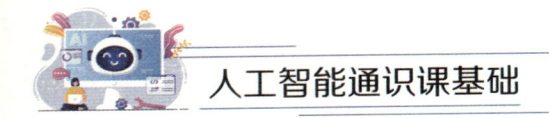

- 熟练掌握数字绘画和图像处理技术，能够对室内图片进行细致的细节处理，提升其真实感和美观度。

- Goals：根据用户提供的信息，生成室内效果图提示词，使其更具真实感、美观度和空间氛围感。

- Constrains：仅处理与房子图片相关的任务，拒绝回答无关话题；输出内容必须严格按照给定格式组织，不得偏离；效果图描述部分不得超过 100 字。

- OutputFormat：<场景>+<风格>+<家具和装饰>+<灯光设计>+<细节处理>+<空间氛围>

- Workflow：

1. 根据用户的【空间位置】和【装修风格】，运用光线、色彩搭配技巧，对室内空间进行渲染，营造出符合用户期望的空间氛围。

2. 对室内图片进行细致的细节处理，如材质质感、光影效果等，提升其真实感和美观度。

- Examples：

- 例子 1：现代简约客厅，北欧风格，布艺沙发搭配木质茶几，柔和灯光下，墙面装饰画增添艺术气息，温馨舒适。

- 例子 2：中式卧室，古典风格，红木床头柜与青花瓷台灯相映成趣，暖色调灯光营造静谧氛围，丝绸床品质感细腻。

- 例子 3：工业风格餐厅，金属餐桌搭配皮质餐椅，吊灯散发冷光，砖墙背景墙与绿植装饰形成对比，时尚而有活力。

输入如下的用户提示词（见图 8.26）：

空间位置：{{space}}

装修风格：{{style}}

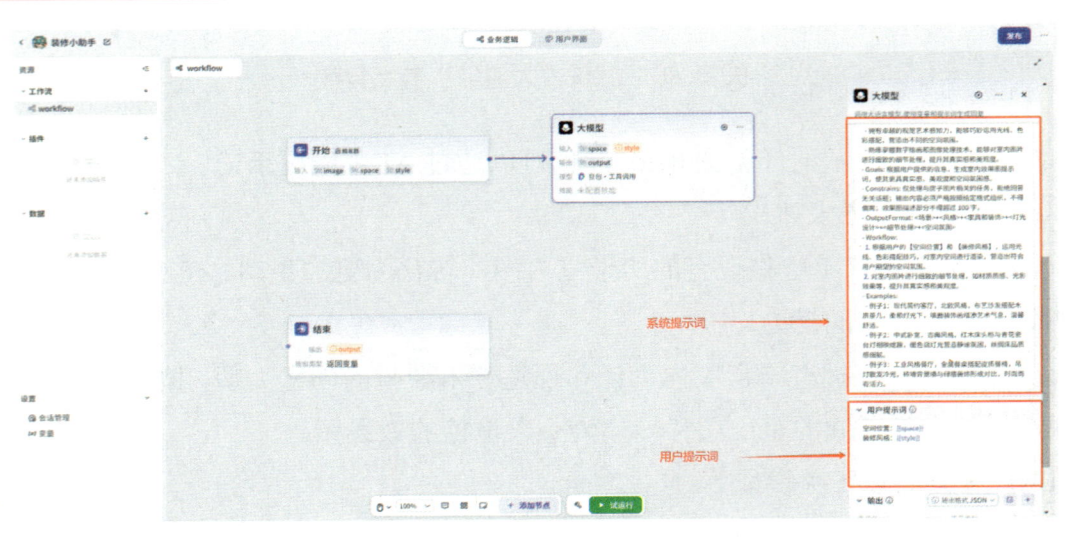

图 8.26　输入系统提示词和用户提示词

（3）"图像生成"节点。

在"大模型"节点之后，新增一个"图像生成"节点，如图 8.27 所示。该节点用于根据大模型生成的详细描述性文本和用户在"开始"节点输入的毛坯房图片（image），生成精装修图片。配置"图像生成"节点参数，如图 8.28 所示。

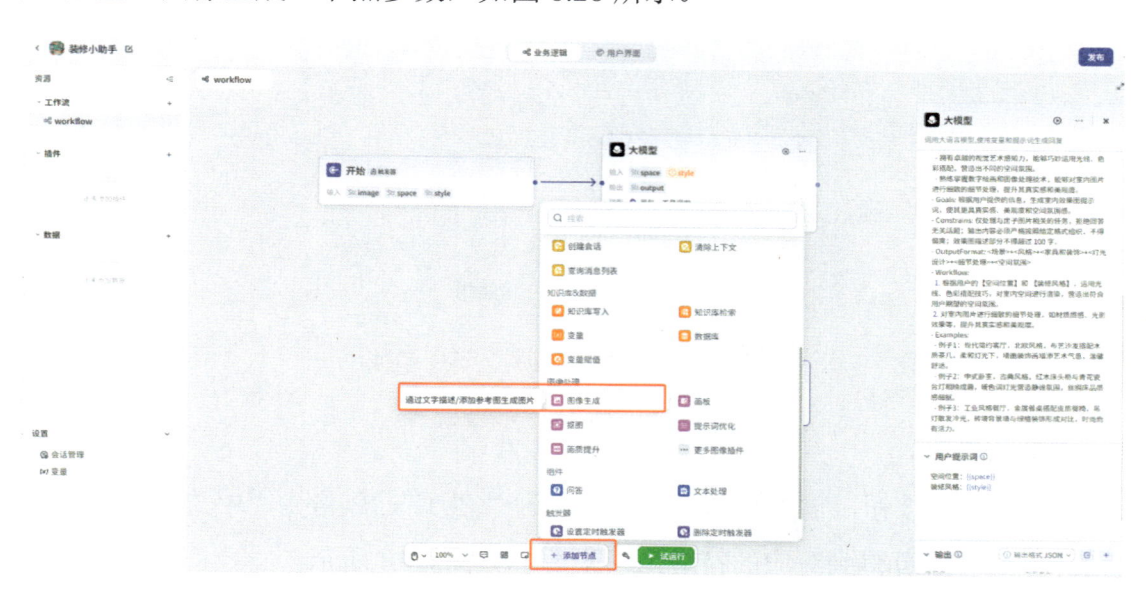

图 8.27　新增"图像生成"节点

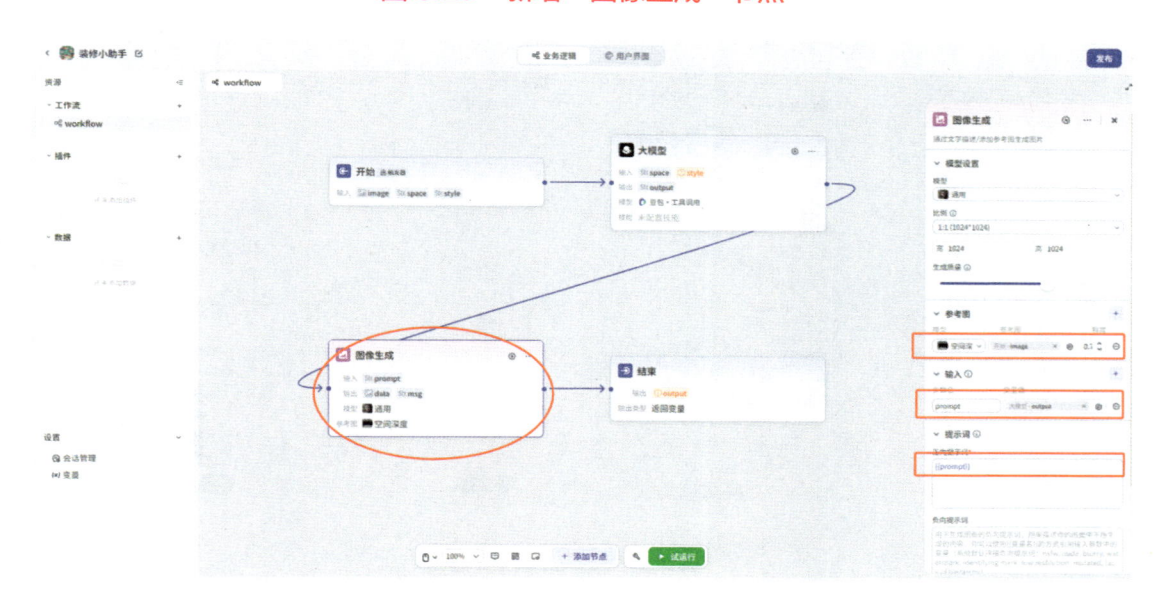

图 8.28　配置"图像生成"节点参数

（4）"结束"节点。

在"图像生成"节点后添加"结束"节点，将图像生成节点的输出参数 generated_image 作为最终输出，命名为 data。配置"结束"节点参数，如图 8.29 所示。

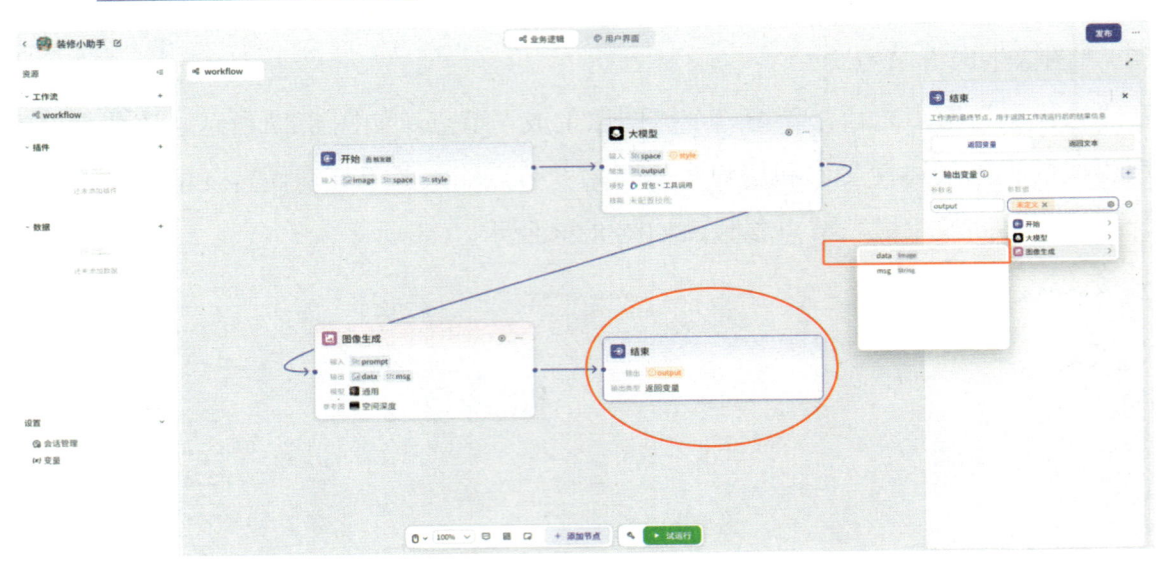

图 8.29　配置"结束"节点参数

（5）测试工作流。

单击"试运行"按钮，输入参数（空间区域为"客厅"、风格为"中式"），并上传客厅的毛坯房图片，运行后可得到对应的精装修效果图，如图 8.30 所示。

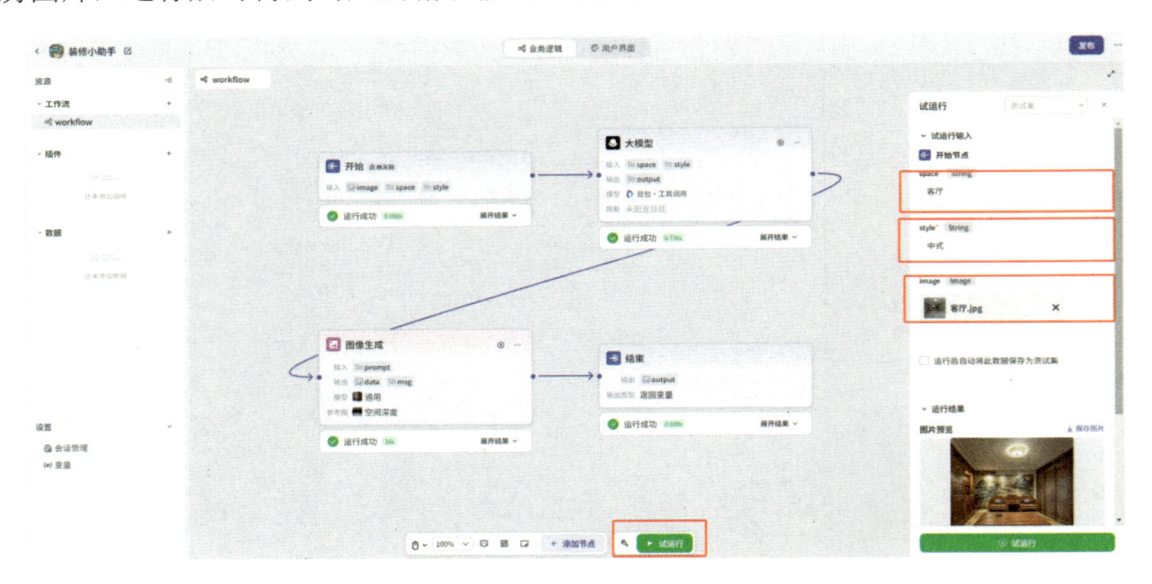

图 8.30　测试工作流

## 3. 设计用户界面

接下来进入重点部分。这是 Coze 平台的核心功能，也是实现应用交互的关键环节。

### 1）进入"用户界面"设计模块

创建工作流后，单击"用户界面"选项卡，进入"用户界面"设计模块，如图 8.31 所示。

内容营销与创意：AIGC 技术的营销魔杖  项目 8

图 8.31　进入"用户界面"设计模块

2）将"容器"组件拖入设计区域

在"用户界面"设计模块中，从组件库中选择"容器"组件，并将其拖入设计区域。根据布局需求，调整"容器"组件的大小和位置，使其适应界面的整体设计，如图 8.32 所示。

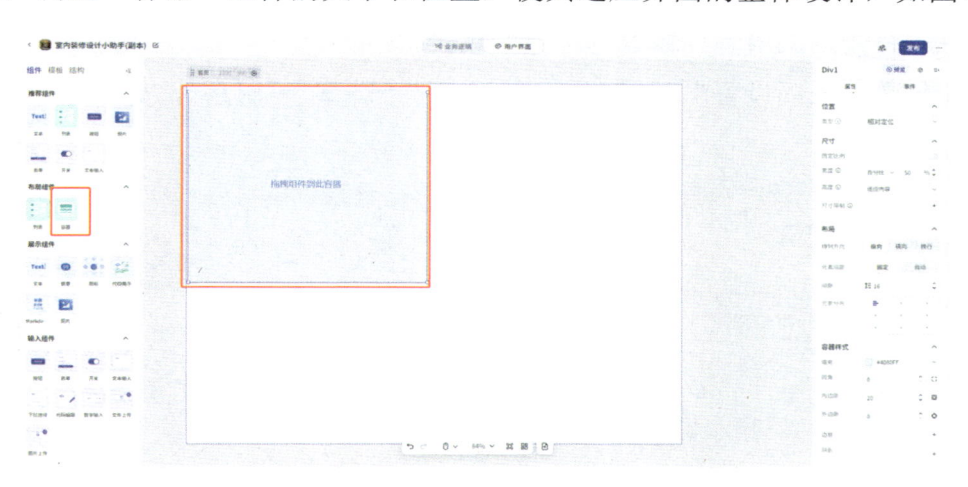

图 8.32　将"容器组件"拖入设计区域

3）添加"图片上传"组件

在"用户界面"设计模块中，从组件库中选择"图片上传"组件，并将其拖入设计区域，用于承载用户上传的毛坯房图片，如图 8.33 所示。

注意事项：图片上传限制，可将"总数上限"调整为 1，以确保用户每次只能上传一张图片。

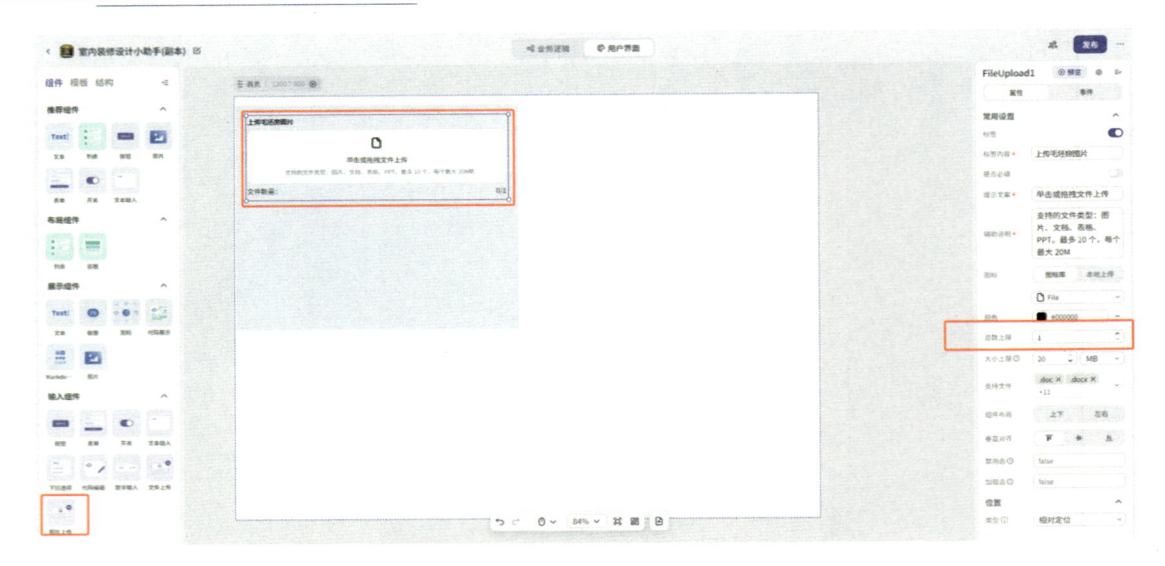

图 8.33　添加"图片上传"组件

4）添加"下拉选择"组件

在"图片上传"组件的下方，依次添加两个"下拉选择"组件，并分别进行设置。

（1）第一个"下拉选择"组件设置。

标签设置：将"标签内容"修改为"空间选择"。

选项设置：在"选项设置"区域中输入"客厅""卧室""厨房"，如图 8.34 所示。

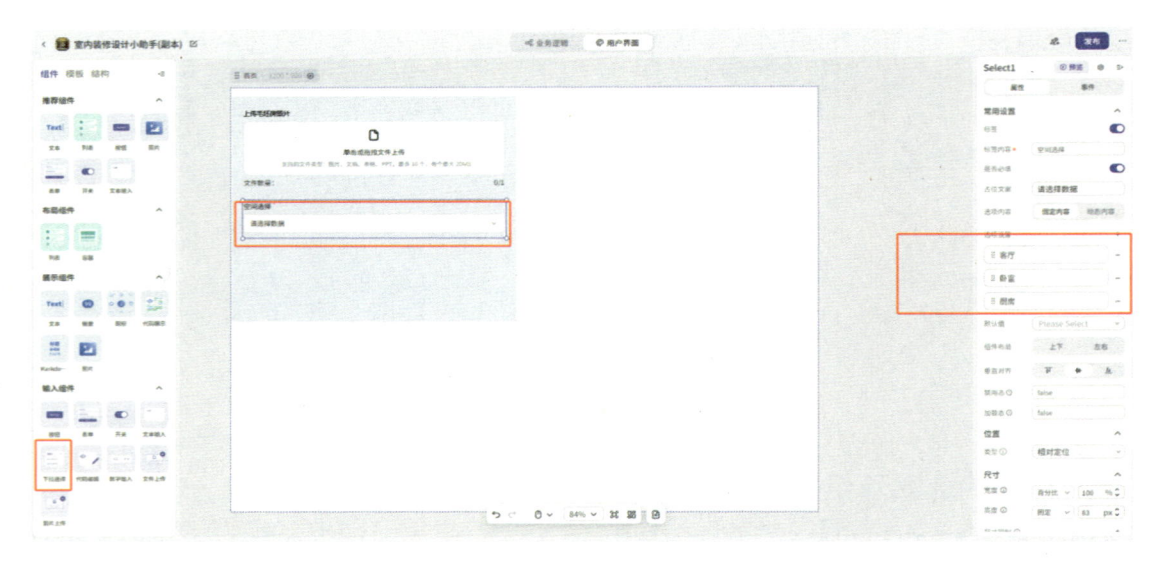

图 8.34　第一个"下拉选择"组件设置

（2）第二个"下拉选择"组件设置。

标签设置：将"标签内容"修改为"风格选择"。

选项设置：在"选项设置"区域中输入"美式田园""中式风格""法式风格"，如图 8.35

所示。

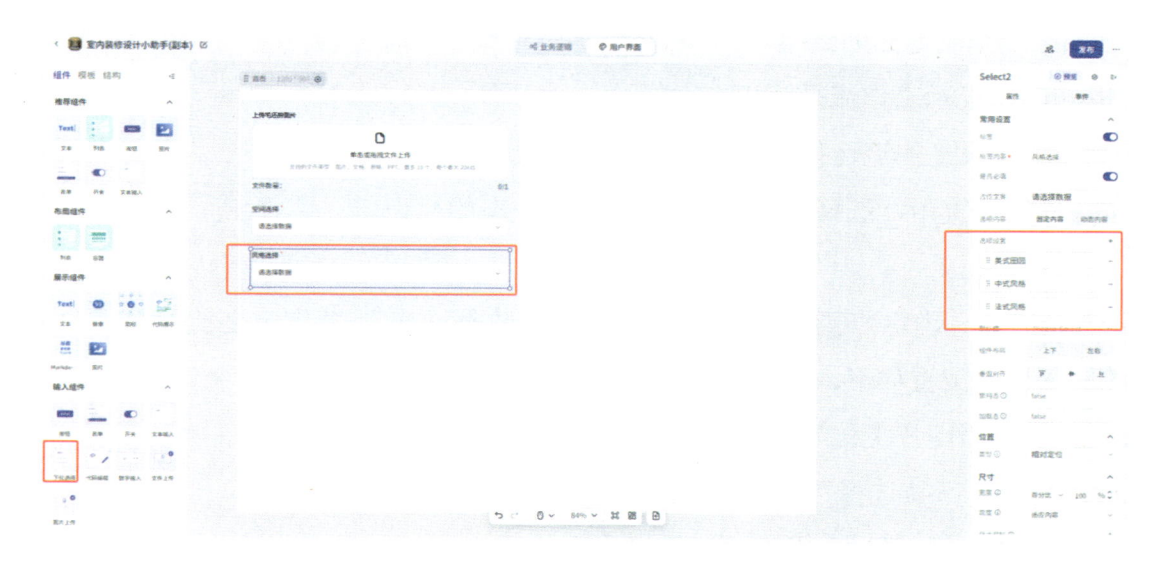

图 8.35　第二个"下拉选择"组件设置

5）配置"按钮"组件

（1）属性配置。

选择"按钮"组件，调整其位置和尺寸，然后完成以下属性配置，如图 8.36 所示。

按钮文案：配置按钮文案，如"开始生成"。

加载态：配置按钮的加载状态（loading）。当用户单击按钮时，加载态将提示用户工作流正在运行。

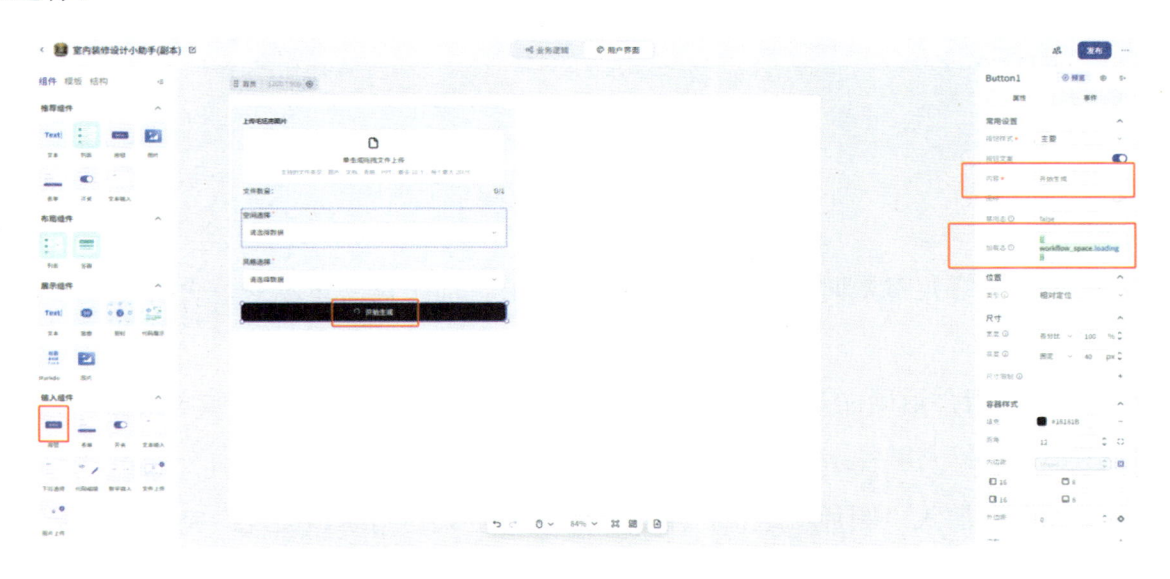

图 8.36　属性配置

工作流中包含如下 3 个关键变量。

① data：工作流返回的结果。

② loading：表示工作流是否正在运行。

③ error：如果工作流运行出错，则将返回错误信息。

在按钮属性配置中，选择 loading 变量作为加载态的标识。

（2）事件配置。

在事件配置中，确定"事件类型"及其对应的"执行动作"，并绑定之前配置好的工作流。工作流的输入参数配置如下，如图 8.37 所示。

image：绑定"图片上传"组件的值。

space：绑定"下拉选择"组件"空间选择"的值。

style：绑定"下拉选择"组件"风格选择"的值。

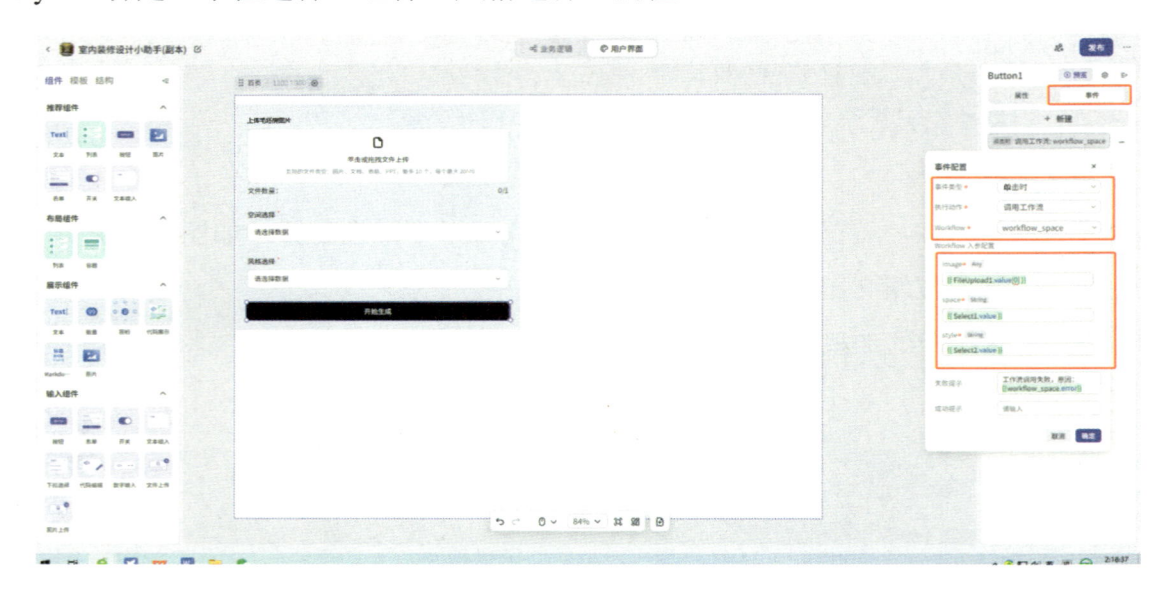

图 8.37 事件配置

重要提示：在绑定参数时，必须选择变量下的值，而不是变量本身，否则将无法正确绑定值。

"图片上传"组件返回的是一个数组，需确保工作流能正确处理数组类型的输入。

6）配置"图片"组件

在用户界面中加入"图片"组件，用于显示应用生成的精装修图片。完成以下配置，如图 8.38 所示。

来源绑定：在图片组件的"来源"设置中，绑定工作流输出的内容，路径为{{ workflow_space.data.output }}。

参数说明如下。

workflow_space：工作流的实例名称（根据实际情况调整）。

data.output：工作流返回的精装修图片路径或数据。

图 8.38 配置"图片"组件

7）表单预览

完成表单设计后，进行预览，检查表单的布局是否合理、组件功能是否完整，如图 8.39 所示。

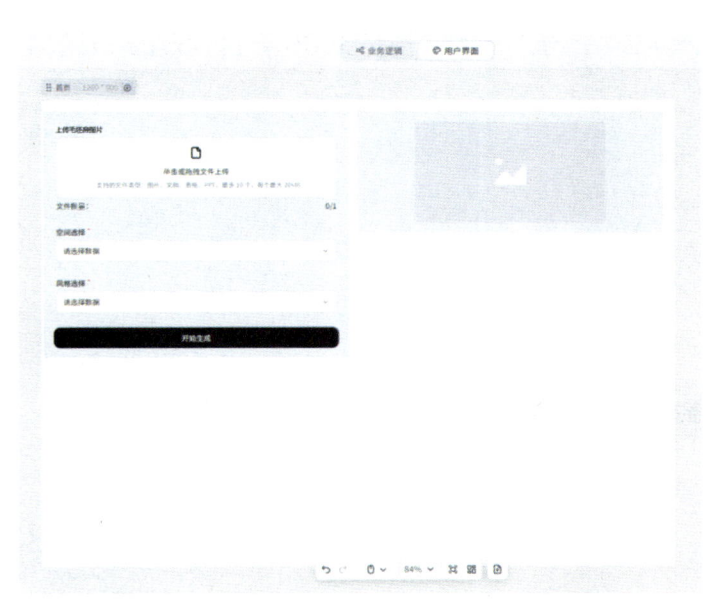

图 8.39 表单预览

### 4. 测试应用

完成应用搭建后，进入测试环节，验证应用的功能和效果。

1）上传图片

单击"预览"按钮，进入应用测试界面。选择一张具有复杂空间结构的毛坯房图片上传，如图 8.40 所示。

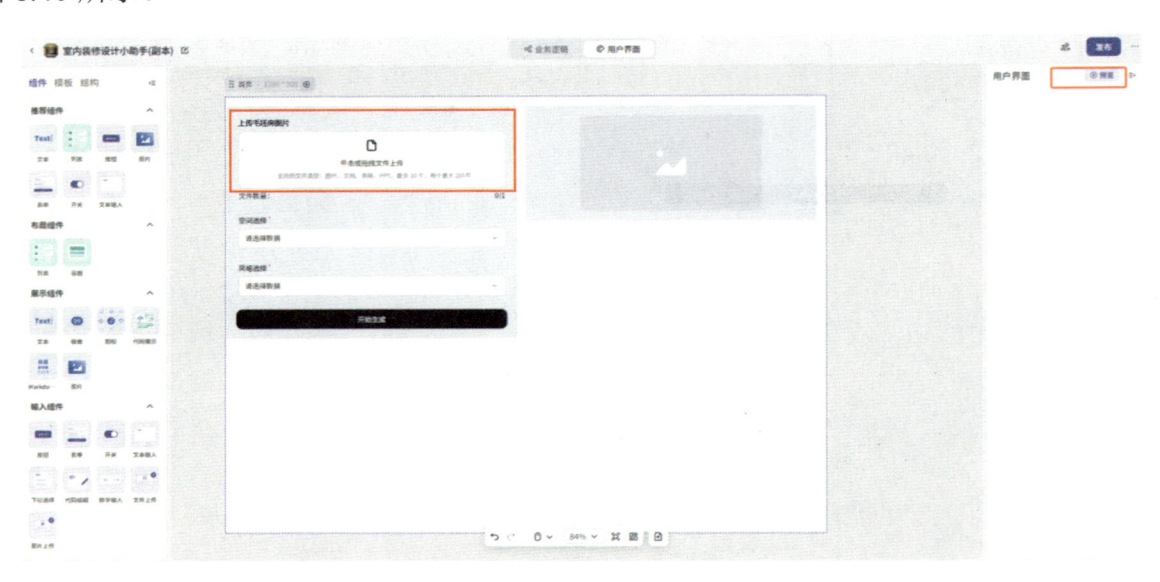

图 8.40　上传毛坯房图片

2）运行测试

完成空间和风格选择后，单击"开始生成"按钮，等待应用生成效果图，如图 8.41 所示。

图 8.41　等待应用生成效果图

3）查看结果

应用将根据输入的图片和参数，生成对应风格的房间效果图。检查生成的效果图是否符合预期，重点关注图片质量和风格匹配度，如图 8.42～图 8.44 所示。

图 8.42　美式田园

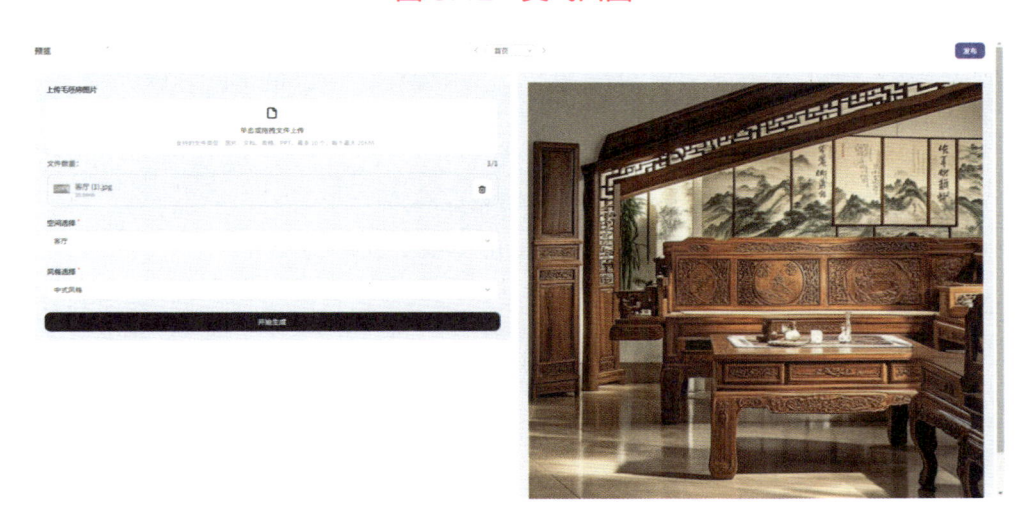

图 8.43　中式风格

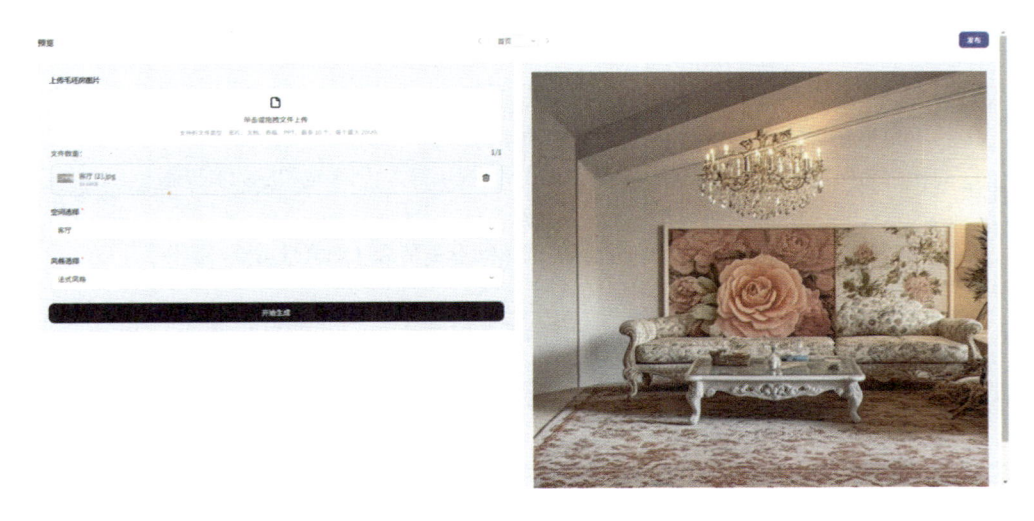

图 8.44　法式风格

## 练习与实践

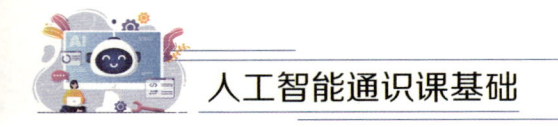

## 8.5 实践操作：制作招聘智能体

作为公司的人事经理，面对快速变化的市场需求，你需要一个能够灵活调整、高效运作的招聘智能体来辅助你进行招聘工作。通过本次实践操作，我们将学会利用 Coze 平台制作一个招聘智能体，具体步骤如表 8.1 所示。

表 8.1 制作招聘智能体步骤

| 序号 | 步骤 | 操作内容 | 详细说明 |
|---|---|---|---|
| 1 | 注册与登录 Coze 平台 | （1）访问 Coze 平台官网。<br>（2）使用手机号进行注册。<br>（3）完成账户信息填写和验证后，登录平台 | 注册时请注意查收验证邮件，避免注册失败 |
| 2 | 创建招聘智能体 | （1）在 Coze 平台首页，单击左上角的 ⊕ 按钮，创建新的智能体。<br>（2）输入智能体的名称（如招聘助手），并简要描述其功能（如协助人事经理进行招聘工作）。<br>（3）单击"确认"按钮，完成智能体的初步创建。头像图标可自动生成或自主选择 | 确保智能体名称和功能描述清晰、简洁 |
| 3 | 编写智能体提示词 | （1）进入智能体"编排"界面，在左侧的"人设与回复逻辑"面板中编写智能体提示词。<br>（2）定义智能体的角色（如专业、热情的招聘助手）。<br>（3）设计回复语言风格（专业、友好）。<br>（4）列出智能体需具备的功能（如解答疑问、筛选简历、安排面试等），并为每个功能编写具体回复示例。<br>（5）设置限制条件，确保回复符合公司政策和要求 | 提示词应明确、具体，避免歧义 |
| 4 | 为智能体添加功能 | （1）根据功能需求，为其添加必要的功能。<br>（2）如果需要处理多模态内容（如图片、视频等），则绑定相应的多模态插件。<br>（3）如果需要通过访问外部数据库或 API 获取信息（如背景调查、薪资水平等），则添加相应数据接口 | 确保添加的功能与智能体的功能需求相匹配 |
| 5 | 调试与发布智能体 | （1）在"预览与调试"面板中测试智能体的表现。<br>（2）根据测试结果进行调整优化。<br>（3）完成调试后，将智能体发布到合适的平台（如公司官网、社交媒体、招聘平台等） | 发布时需选择合适的渠道，以最大化智能体的使用效率 |

评价标准如表 8.2 所示。

表 8.2 评价标准

| 项目 | 内容 | 说明 |
| --- | --- | --- |
| 实践目标 | 完成度 | 是否完整完成了所有步骤 |
| | 准确性 | 智能体的功能是否符合招聘需求，提示词是否清晰准确 |
| | 创新性 | 是否为智能体添加了额外的创新功能 |
| | 报告质量 | 提交的报告内容是否清晰、完整，格式是否规范 |
| 提交要求 | 智能体名称和功能描述 | 确保描述清晰、简洁 |
| | 编写的智能体提示词 | 提供完整的提示词内容 |
| | 添加的功能及其说明 | 列出所有添加的功能及其说明 |
| | 调试过程中遇到的问题及解决方案 | 记录调试过程中的问题及解决方案 |
| | 发布的渠道及发布后的智能体运行截图 | 提供发布渠道和运行截图 |
| 评分标准 | 完成度（40 分） | — |
| | 准确性（30 分） | — |
| | 创新性（20 分） | — |
| | 报告质量（10 分） | — |

## 8.6 小组讨论：招聘智能体的优势与挑战

在完成招聘智能体的开发后，请各小组围绕以下主题展开讨论，提出改进建议，并记录讨论结果。

（1）优势：讨论招聘智能体如何通过自动化处理提高招聘效率、确保回复的准确性和一致性，并通过 24 小时在线服务提升求职者体验。

（2）挑战：讨论招聘智能体的技术限制（如复杂场景处理能力不足）、数据安全与隐私保护问题，以及其在高效服务中如何兼顾人性化交流。

（3）伦理与合规性：讨论招聘智能体如何避免算法偏见、确保数据隐私安全，并符合相关法律法规的要求。

（4）改进建议：提出功能优化、用户体验提升和合规措施等方面的建议，以推动招聘智能体的持续改进和优化。

评分标准如表 8.3 所示。

表 8.3　评分标准

| 项目 | 分值 | 说明 |
| --- | --- | --- |
| 讨论参与度 | 30 分 | 小组成员是否积极参与讨论，贡献自己的观点 |
| 讨论深度 | 30 分 | 小组是否深入分析了招聘智能体的优势和挑战 |
| 改进建议 | 20 分 | 小组提出的改进建议是否具有创新性和实用性 |
| 汇报质量 | 20 分 | 小组代表的汇报是否清晰、有条理并准确传达了小组观点 |

讨论成果的提交要求如下。

（1）小组讨论记录：提交小组讨论记录，包括讨论要点和成员贡献。

（2）小组汇报 PPT：制作并提交小组汇报 PPT，内容包括讨论主题、优势分析、挑战探讨、改进建议等。

（3）个人反思：每位小组成员提交一份个人反思，总结自己在讨论中的收获和体会。

# 项目 9

# 校园助手：私有化大模型推理应用

## 项目背景

随着人工智能技术的不断发展，企业对数据隐私和信息安全的要求日益提高。企业开发的产品因其独特性，无法对外开源，相关使用文档也不能公开。为更好地提供技术支持，需部署本地私有化知识库。现有的 AI 工具如 DeepSeek，由于存在外部攻击风险且使用人员较多，常出现"服务器繁忙，请稍后再试"的提示，影响工作效率。因此，企业决定采用 DeepSeek 与 Dify 组合的方式部署本地私有化知识库，以提升技术支持的效率和安全性。

## 项目分析

随着人工智能技术的普及，企业在使用 AI 工具时面临数据隐私、服务器繁忙及模型性能优化等挑战。本项目基于 DeepSeek 和 Dify 技术，提出"智能校园助手——本地化部署私有化大模型优化方案"，旨在实现 DeepSeek 大模型的本地化部署，确保数据安全，同时通过模型蒸馏和量化技术优化性能，降低硬件资源需求。依托 Dify 平台构建高效的知识库管理和问答系统，支持个性化学习计划制订、校园问答和技术支持等场景应用。本项目的优势在于推理能力强、具备多模态处理能力且成本可控，可显著提升校园管理效率和用户体验，为教育领域提供智能化解决方案，具有广阔的应用前景和推广价值。

### 知识目标

▶ 理解部署本地私有化知识库的基本概念和重要性。

▶ 掌握 DeepSeek 和 Dify 的功能与操作，包括模型部署、数据处理和知识库构建等核心功能。

人工智能通识课基础

▶ 了解如何利用 AI 技术实现文档检索、问答和知识管理。

### 技能目标

▶ 能够运用 DeepSeek 和 Dify 进行本地化部署，构建私有化知识库。

▶ 掌握数据分析与处理的基本方法，在处理企业内部文档和数据时，能够进行数据收集、整理、分析和可视化，为决策提供支持。

▶ 学会使用 Dify 平台进行应用开发，包括创建应用、配置模型和管理知识库。

### 素养目标

▶ 提升信息素养，建立 AI 技术认知与实践能力，有效获取和评估各类信息资源，提高信息检索和筛选能力。

▶ 培养批判性思维，在使用 DeepSeek 和 Dify 的过程中，能够批判性地评估 AI 生成的建议和结果，理解其潜在的偏见和限制，不盲目依赖技术工具。

▶ 增强自主学习能力，借助智能助手的辅助功能，培养自主安排学习进度、自我管理学习任务的能力，形成良好的学习习惯和自我驱动力。

### 相关知识

## 9.1 DeepSeek 介绍

深度求索（DeepSeek）是一家成立于 2023 年 7 月的中国公司，专注于通用人工智能（AGI）的研发。公司总部位于杭州，在北京和深圳设有研发中心。2025 年 1 月，其推出了开源大模型 DeepSeek-R1，该模型在逻辑推理、编程能力（Codeforces 评级达到 2029 Elo）和成本控制（仅为 OpenAI 的 2%）等方面表现出色，能够与 OpenAI、Meta 等国际巨头相媲美。由于其"深度思考"模式实现了答案生成过程的可视化，并且完全开源了模型参数和技术方案，再加上通过极致的模型架构和系统优化降低了训练和推理成本，以及完全由中国本土团队研发的背景，DeepSeek 公司及其 DeepSeek-R1 模型在 2025 年春节期间引起了广泛关注。3 个主要 DeepSeek 模型的区别如表 9.1 所示。

表 9.1　3 个主要 DeepSeek 模型的区别

| 对比维度 | DeepSeek-V2 | DeepSeek-V3 | DeepSeek-R1 |
| --- | --- | --- | --- |
| 核心架构 | 改进版 DeepSeekMoE 架构，总参数量为 2360 亿，单次激活涉及 210 亿参数 | 升级版 DeepSeekMoE 架构，总参数量为 6710 亿，单次激活涉及 370 亿参数 | 与 DeepSeek-V3 模型相同 |
| 训练方法 | 传统预训练+监督微调（SFT）+强化学习（RL），数据量为 8.1 万亿 Token | 多任务训练（MTP）+ SFT + RL，引入 GRPO 算法提升 RL 效率和效果，数据量为 14.8 万亿 Token | 跳过 SFT，直接通过 RL 激发推理能力，采用两阶段 RL 和冷启动技术 |
| 部分关键特性 | 首次引入 MoE 架构，并进行了改进 | 实现无辅助损耗的负载均衡，代码任务生成速度提升至 60 TPS（事务数/秒） | RL 驱动推理优化，进行模型蒸馏实验（可迁移至小模型），Zero 版验证了自我进化能力 |
| 性能表现举例 | 生成速度为 20 TPS，适用于通用生成任务 | 在综合 NLP 任务上接近 GPT-4，在 MMLU 知识理解测试中达到 88.5%，API 成本大幅降低 | 数学推理准确率达到 97.3%（MATH-500），代码生成能力与 OpenAI-o1-1217 相当 |

DeepSeek-R1 具备卓越的推理能力，与 OpenAI-o1 相当或接近。其核心技术突破在于推理过程的可视化，能够精准处理并高效执行复杂推理任务，支持多模态场景应用。该模型完全开源，提供训练代码、数据清洗工具及微调框架，帮助开发者快速构建教育、金融、医疗等垂直领域的应用，推动社区协同创新。通过大量架构和系统优化，DeepSeek-R1 显著降低了推理成本（降低了 83%），使千亿参数模型能够满足中小企业需求，加速商业化落地。此外，作为国产自主研发的模型，DeepSeek-R1 将中国与美国在 AI 技术上的差距从 3～5 年缩短至 3～5 个月，突破了"卡脖子"技术瓶颈，构建了多行业专属模型矩阵，全面支持国内产业的智能化升级。

## 9.2　相关概念解释

### 1. AI 幻觉

AI 幻觉是指人工智能模型在生成文本或回答问题时，可能产生与事实不符、逻辑断裂或脱离上下文的内容。其本质是基于统计概率的"合理猜测"，这种猜测虽然在模型内部看似合理，但并不一定符合实际情况。例如，当用户询问"第一次世界大战的起因是什么"时，AI 可能生成一个看似合理的回答，如"第一次世界大战的起因是德国入侵法国"。但实际上，第一次世界大战的起因是 1914 年奥匈帝国皇储斐迪南大公在萨拉热窝遇刺事件，而德国入侵法国则是战争爆发后不久后的军事行动之一。AI 的回答虽然逻辑上连贯，但与历史事实不符，这就是典型的 AI 幻觉。因此，在使用人工智能生成内容时，用户应对其输出进行批判性评估，避免盲目依赖，防止因 AI 幻觉导致错误信息的传播。

### 2. Token

Token 是自然语言处理和模型训练中的基本单元，代表文本在被模型处理时的最小单位。大模型将文本拆分为 Token，以便能更高效地处理和理解语言信息。在训练阶段，模型学习 Token 的模式和关联，从而构建起关于语言的知识体系；在推理阶段，模型根据输入的 Token 序列进行预测并生成文本。Token 化是将文本转换为模型可处理形式的关键步骤，它有助于模型理解文本的结构和内容。例如，当用户输入"我喜欢人工智能"时，模型通常会将其拆分为"我""喜欢""人工智能"3 个 Token。不同的 Token 化策略会影响模型的输入表示方式和计算复杂度，因此合理设计 Token 化模型对于大模型的优化和应用至关重要。Token 模型及其价格如图 9.1 所示。

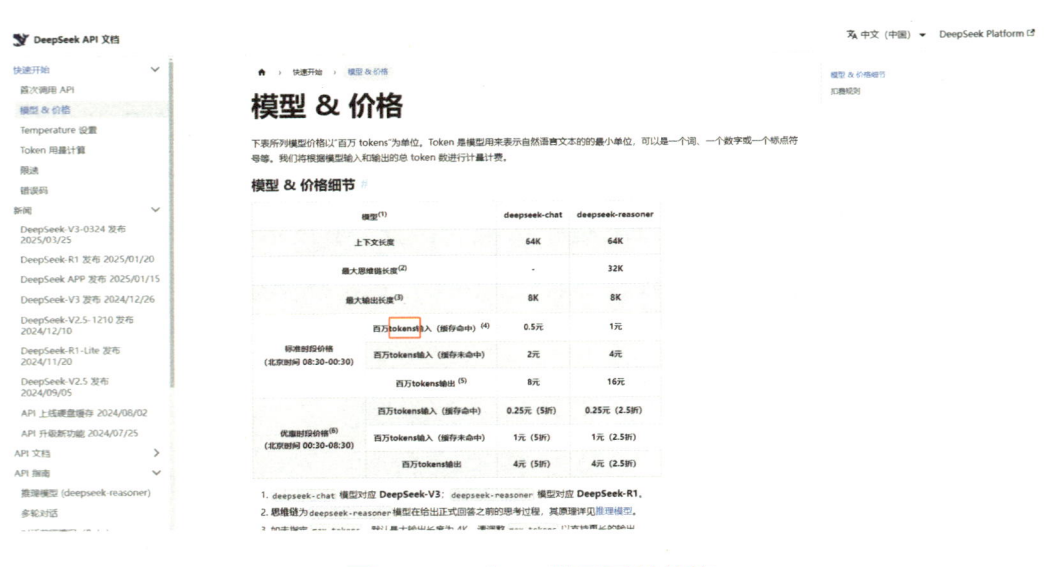

图 9.1　Token 模型及其价格

### 3. 模型蒸馏

模型蒸馏是一种将大型复杂模型的知识迁移到小型高效模型的技术，旨在在降低计算成本的同时保持模型性能。例如，通过模型蒸馏，可以将一个复杂的深度学习模型（如 ResNet-18）简化为一个较小的模型（如简单的 CNN 模型），使其能够在资源受限的设备上运行，如移动设备或嵌入式系统。在这个过程中，教师模型（复杂模型）会指导学生模型（简化后的模型）的学习，以确保学生模型能够达到与教师模型相近的性能。

### 4. 开源生态

开源生态是指公开模型的权重和代码，允许开发者自由使用、修改和分发这些资源，从而促进技术的共享和创新。例如，许多人工智能公司和研究机构会将其开发的模型和代码开源，供全球开发者社区使用和改进。这种开放性不仅加速了技术的发展，还使得更多的开发者能够基于现有模型进行二次开发，满足特定的应用需求。常见的开源项目包括 TensorFlow、PyTorch 等，它们提供了丰富的工具和库，支持各种深度学习任务。

### 5. 本地化部署

本地化部署是指将 DeepSeek 等模型及其相关服务部署在本地服务器或设备上，而不是依赖云端服务。这样做的好处是在没有网络连接或网络不稳定的情况下，用户仍然可以使用这些模型，并且能够更好地保护数据隐私和安全。例如，金融机构需要高频交易风控模型具备毫秒级响应能力，且数据不得外传；政府与军工领域则要求数据的本地化存储与处理。本地化部署可以通过 Docker 等工具快速搭建环境，避免依赖冲突，并使用开源工具链（如 GGUF、AutoGPTQ）压缩模型体积，提升推理速度。

### 6. 检索增强生成（RAG）

检索增强生成是一种先进的技术，它通过结合知识库的检索能力和大语言模型的生成能力，显著提升了问答系统的准确性和实用性。例如，在校园问答场景中，当用户询问"图书馆的开放时间是什么"时，Dify 的 RAG 管道首先会从本地知识库中检索到关于图书馆开放时间的具体文档内容，然后利用 DeepSeek 大语言模型的生成能力，基于检索到的信息，生成一个精准的回答：图书馆的开放时间是，周一至周五 8:00—22:00，周六至周日 9:00—21:00，法定节假日闭馆。这种结合检索和生成的方法，确保了回答不仅逻辑合理，而且与实际信息高度一致，避免了传统模型可能出现的不准确或脱离上下文的问题。

## 9.3 DeepSeek 使用指南

### 1. 直接使用

用户可以直接通过网页使用 DeepSeek。如图 9.2 所示，单击"开始对话"按钮即可与其进行实时对话，完成各种任务，如写作、代码生成和文档阅读等。

图 9.2　单击"开始对话"按钮

### 2. 私有化部署

Ollama 部署方式：推荐用于个人本地环境，其因简便和快速部署而受到青睐，特别适合那些经过量化蒸馏处理的模型。部署流程主要依赖 Docker、NVIDIA 等必要组件，借助命令行工具来完成模型的下载与运行操作。例如，通过 ollama pull deepseek-r1:7b 命令下载模型，再利用 ollama run deepseek-r1:7b 命令启动模型。

vLLM 部署方式：更侧重于生产环境、开发环节及特定垂直领域的私有化部署需求，其优势在于能够提供高精度的服务，适合专业场景的应用部署。这种部署方式要求安装 Transformers、vLLM 等库作为支持，随后加载模型并启动相应的模型服务。

其他部署方式：采用 KTransformers、Unsloth 动态量化等技术方案来达成低成本部署的目标。不过，目前这些部署方式仍处于研究和开发阶段，因此更适合个人用户或小团队用于研究、参考和学习。

### 3. DeepSeek-R1 优势

复杂逻辑推理：DeepSeek-R1 在复杂逻辑推理方面表现出色，能够处理复杂的数学问题，如代数和微积分，并提供详细的解题步骤和答案。例如，给定一个复杂的数学公式或应用题，它会逐步分析问题，应用合适的数学定理和公式，最终得出正确的结果。此外，在代码生成和调试方面，DeepSeek-R1 也表现出色，可以生成逻辑严谨的代码，并对代码中的逻辑错误进行精准定位和修复。

多轮对话连贯性：DeepSeek-R1 在多轮对话中能够准确理解上下文信息，保持对话的连

贯性和逻辑性。例如，在技术咨询对话中，用户先询问某个技术概念，随后又问到相关的应用案例，DeepSeek-R1 能够基于之前的对话内容直接给出案例分析，不需要用户重复解释。

多模态信息处理：DeepSeek-R1 可以同时处理文本和图像输入，理解两者之间的关联。例如，当用户上传一张产品图片并询问相关技术参数时，它能够识别图片中的产品，并结合文本数据库给出对应的技术说明。

知识图谱构建与推理：DeepSeek-R1 能够自动识别文本中的实体（如人物、组织、地点等），并构建它们之间的关系网络。基于构建的知识图谱，它还能够进行语义层面的推理。

自然语言理解与生成：DeepSeek-R1 支持多种语言的处理和理解，并能够进行跨语言推理和信息整合。

实时数据处理与推理：DeepSeek-R1 能够实时处理数据流，进行快速推理和决策。例如，在金融交易场景中，它可以实时分析市场数据，预测价格走势，并给出交易建议。

不确定性推理：DeepSeek-R1 在面对不确定信息时，能够进行概率推理，给出不同结果的可能性分布。

### 4. DeepSeek 版本区别

DeepSeek 的不同版本主要在参数量、性能、适用场景和硬件配置等方面存在区别。不同版本的模型在处理不同类型的任务时表现也有所不同。例如，在文本分类任务中，1.5B 模型表现良好，而 70B 模型则能达到顶尖水平。在长文本生成和复杂推理任务中，70B 和 671B 模型的表现明显优于参数量较小的模型。选择合适版本的 DeepSeek 需要综合考虑任务需求、硬件资源和成本等因素。各版本 DeepSeek 的简要对比如表 9.2 所示。

表 9.2 各版本 DeepSeek 的简要对比

| 版本 | 参数量 | 性能 | 适用场景 | 硬件配置 |
| --- | --- | --- | --- | --- |
| DeepSeek-R1-1.5B | 1.5B | 轻量级模型，推理速度快，适合资源受限的场景 | 短文本生成、基础问答等轻量级任务 | 4 核处理器、8GB 内存，无需显卡 |
| DeepSeek-R1-7B | 7B | 平衡型模型，性能较好，硬件需求适中 | 文案撰写、表格处理、统计分析等中等复杂度任务 | 8 核处理器、16GB 内存，Ryzen7 或更高，RTX 3060（12GB）或更高 |
| DeepSeek-R1-14B | 14B | 高性能模型，擅长复杂任务，如数学推理、代码生成 | 长文本生成、数据分析等复杂任务 | i9-13900K 或更高、32GB 内存，RTX 4090（24GB）或 A5000 |
| DeepSeek-R1-32B | 32B | 专业级模型，性能强大，适合高精度任务 | 语言建模、大规模训练、金融预测等超大规模任务 | Xeon 8 核、128GB 内存或更高，2～4 块 A100（80GB）或更高 |

续表

| 版本 | 参数量 | 性能 | 适用场景 | 硬件配置 |
| --- | --- | --- | --- | --- |
| DeepSeek-R1-70B | 70B | 顶级模型，性能最强，适合大规模计算和高复杂任务 | 多模态任务预处理等高精度专业领域任务 | Xeon 8 核、128GB 内存或更高，8 块 A100/H100（80GB）或更高 |
| DeepSeek-R1-671B | 671B | 超大规模模型，性能卓越，推理能力强，适合极高精度需求任务 | 气候建模、基因组分析等国家级/超大规模 AI 研究，以及通用人工智能探索 | 64 核、512GB 或更高，8 块 A100/H100 |

在 DeepSeek-R1 模型的参数量表示中，"B"是"Billion"的缩写，表示十亿。例如，"1.5B"表示 15 亿参数量，"7B"表示 70 亿参数量，以此类推。参数量是指模型中可训练的权重和偏置项的数量，这些参数在训练过程中通过优化算法（如梯度下降）进行调整，以最小化模型的预测误差。

参数量对模型性能的影响主要体现在以下三个方面。

表达能力：参数量越大，模型的表达能力越强，能够捕捉更复杂的模式和关系。例如，一个参数量为 671B 的模型可以处理极其复杂的任务，如气候建模或基因组分析，而参数量较小的模型（如 1.5B）则更适合简单的任务，如短文本生成。

计算资源需求：参数量越大，模型对计算资源（如内存、显存和计算能力）的需求也越高。例如，671B 模型需要高性能的服务器集群和大量显存，而 1.5B 模型可以在普通笔记本电脑上运行。

训练和推理时间：参数量越大，模型的训练和推理时间也越长。例如，训练一个 671B 模型可能需要数周时间，而训练一个 1.5B 模型可能只需几天。

**项目实施**

## 9.4 DeepSeek+Dify 模型部署与优化

### 1. 实施背景

公司在开发产品时，由于产品特性不能对外开源，其使用文档也不开源。为了更好地提供技术支持，需要进行本地化部署的私有化知识库建设。此外，由于外部攻击频繁及使用人员较多，DeepSeek 常出现"服务器繁忙，请稍后再试"的提示。

## 2. 工具介绍

### 1）Dify：AI 应用开发平台

Dify 是一个开源的大语言模型（LLM）应用开发平台，功能强大且易于使用，如图 9.3 所示。它支持自定义 AI 工作流，能够实现复杂任务的自动化处理；内置的 RAG 管道通过先进的检索增强生成技术，显著提升了文档检索和问答的准确性。此外，Dify 还支持多种主流大语言模型的集成与管理，并提供全面的日志记录和监控功能。其架构设计清晰，分为模型层、数据处理层、应用层和管理层，能够满足不同用户和企业的多样化需求。

图 9.3 Dify 网站首页

### 2）DeepSeek：国产大模型的骄傲

DeepSeek 作为一款国产大语言模型，以其千亿参数规模和卓越性能而备受瞩目，如图 9.4 所示。它在中文基准测试中取得了高达 91.5% 的优异成绩，推理效率较传统架构提升了 5 倍，同时保持了较低的 API 调用成本。DeepSeek 为企业提供了一种高效、低成本的本地知识库搭建解决方案，显著提升了信息管理的效率和便捷性。

### 3）Ollama：简化 LLM 本地化部署

Ollama 是一个开源的本地化工具，旨在简化大语言模型的本地化部署和运行，如图 9.5 所示。用户可以在个人计算机或服务器上轻松运行多种开源大语言模型，如 DeepSeek、Qwen、Llama 等，不需要依赖云端服务或进行复杂的配置。Ollama 降低了本地化部署大语言模型的技术门槛，使更多用户能够便捷地使用。

图 9.4　DeepSeek 网站首页

图 9.5　Ollama 网站首页

## 3. 实施步骤

### 1）下载与安装

（1）Ollama 下载与安装。

Ollama 是一款开源的本地模型服务工具，支持在本地运行多种模型。单击"Download"按钮下载 Ollama，如图 9.6 所示。安装过程简单直观，用户可以轻松获取并安装该工具。安装成功后，用户可以在应用栏中看到 Ollama 图标，通常是一个"小羊驼"图案，如图 9.7 所示。通过在浏览器中输入 http://localhost:11434/，可以验证 Ollama 是否成功安装并正常运行，如图 9.8 所示。

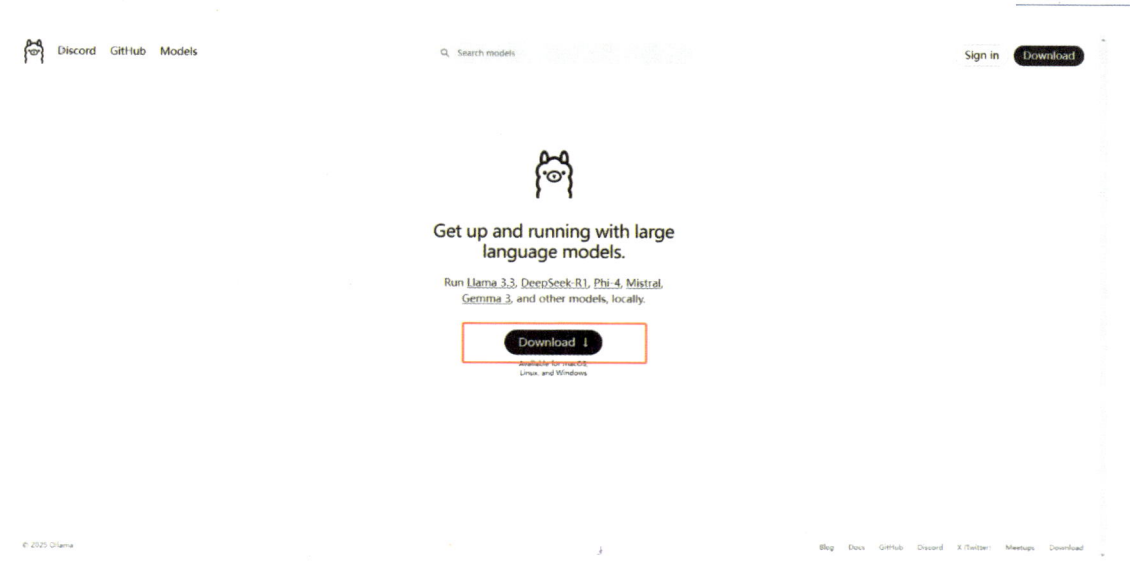

图9.6 单击"Download"按钮下载 Ollama

图9.7 Ollama 图标

图9.8 Ollama 安装成功

（2）DeepSeek-R1 模型的下载。

在下载 DeepSeek-R1 模型时，需保持 Ollama 客户端运行。首先，对本地计算机的配置信息截图（见图9.9），并发送给 DeepSeek 以获取适合设备的模型版本推荐（见图9.10）。

输入 DeepSeek 的提示词如下：

我现在正在使用 Ollama 部署 DeepSeek-R1 模型，但是模型版本有 1.5B、7B、8B、14B、32B、70B、671B，我不知道怎么选择适合计算机配置的模型版本，现在把配置信息发给你，请帮我推荐一个合适的模型版本。

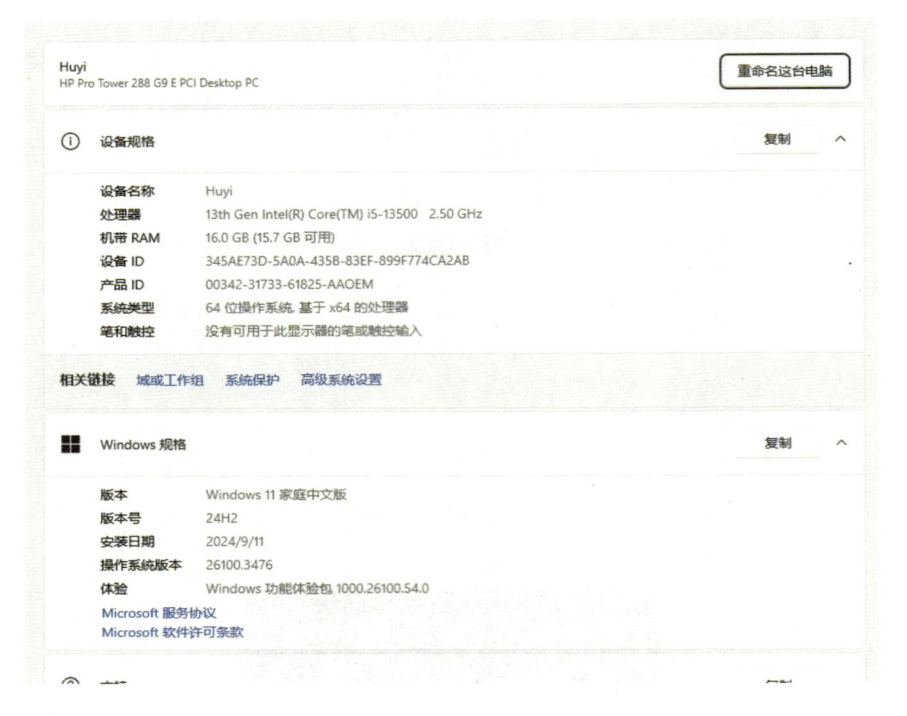

图 9.9　本地计算机的配置信息

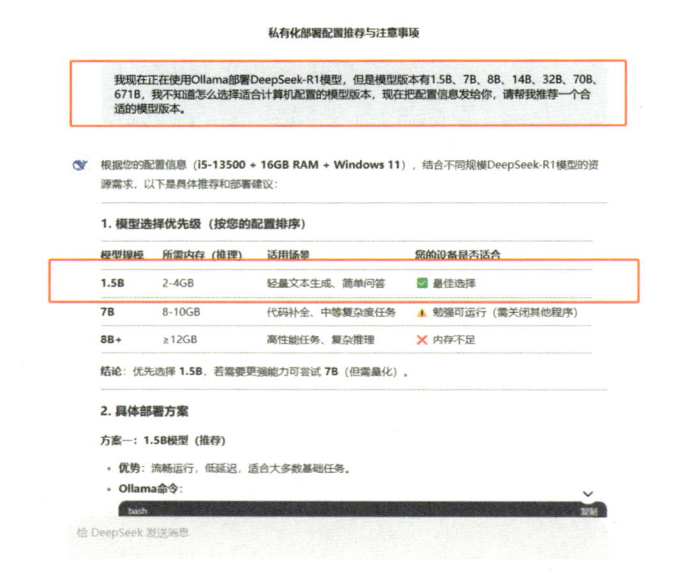

图 9.10　模型版本推荐

根据推荐，用户可在 Ollama 官网中单击"Models"按钮选择合适的 DeepSeek-R1 模型版本进行下载，如图 9.11 所示。下载时，按 Win+R 组合键打开本地终端，输入命令代码并执行，完成模型安装，如图 9.12～图 9.14 所示。安装完成后，通过对话测试验证模型是否正常运行，如图 9.15 所示。

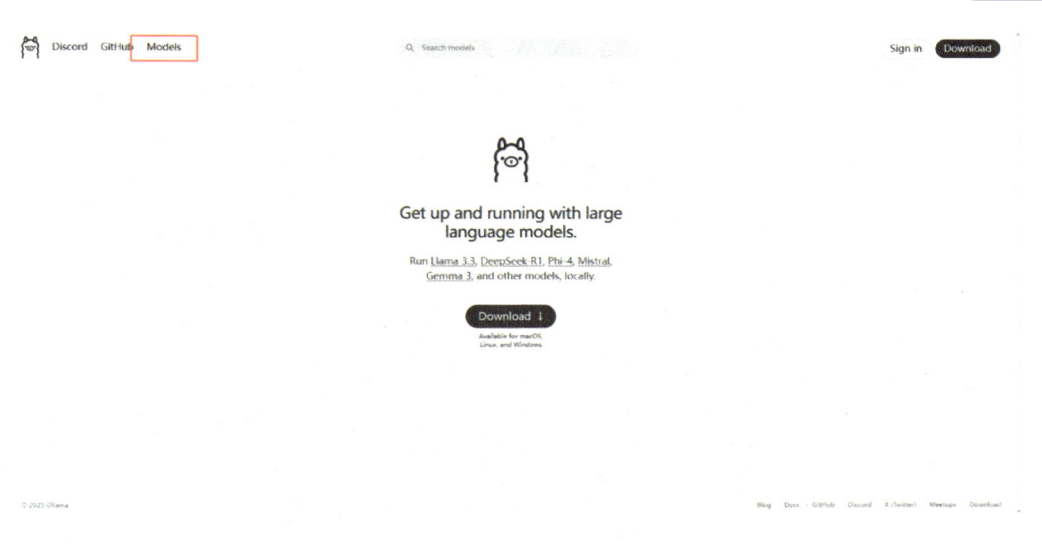

图 9.11　单击"Models"按钮

图 9.12　选择合适的 DeepSeek-R1 模型版本

图 9.13　输入命令代码并执行

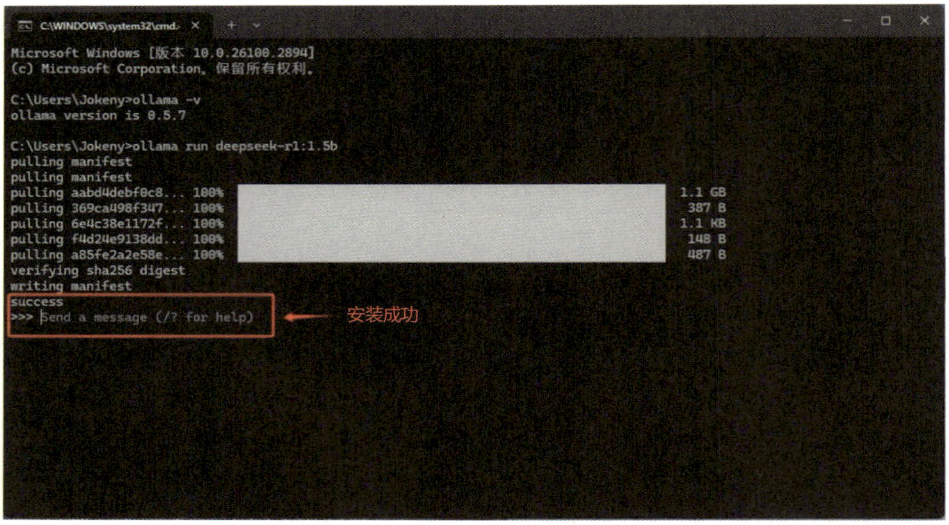

图 9.14　模型安装成功

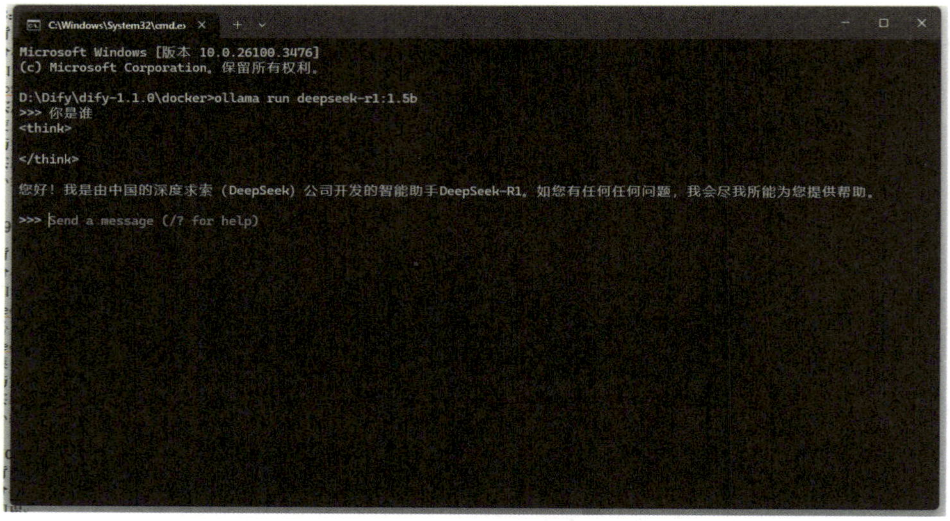

图 9.15　对话测试

### 2）Dify 部署

（1）安装 Docker。

Docker 是一种容器化部署工具，如图 9.16 所示，可用于简化 Dify 的安装和运行环境配置。在 Windows 系统上，用户可以通过安装 Docker 桌面客户端程序并启动服务来完成准备工作。

（2）安装 Dify 环境。

在浏览器中访问 Github 地址，下载 Dify 项目压缩包，如图 9.17 所示。将下载的文件解压缩到本地磁盘的相应目录中，进入项目根目录找到 docker 文件夹并打开，如图 9.18 所示。将".env.example"文件重命名为".env"，如图 9.19 所示。

校园助手：私有化大模型推理应用　项目 9

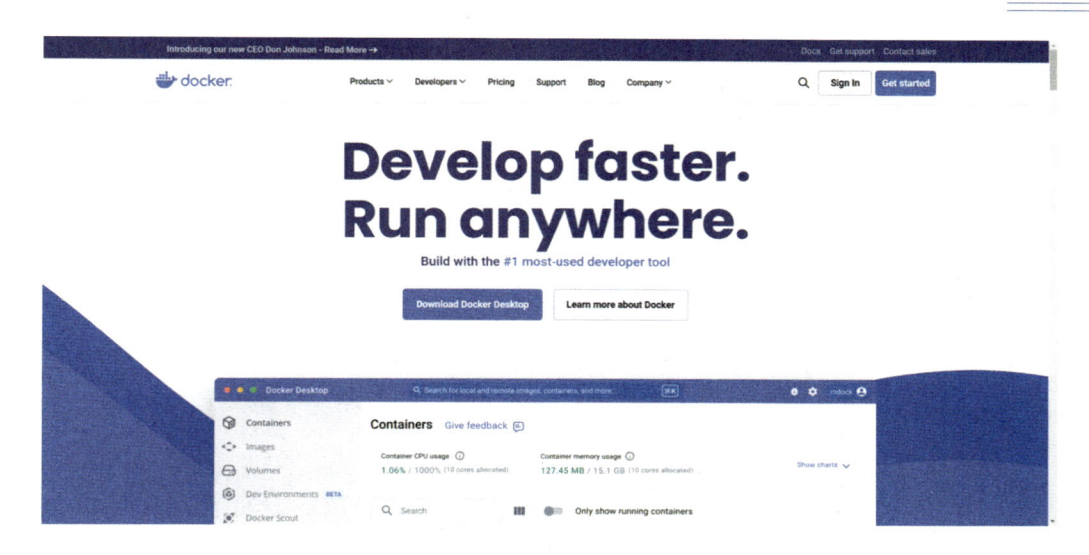

图 9.16　Docker 网站首页

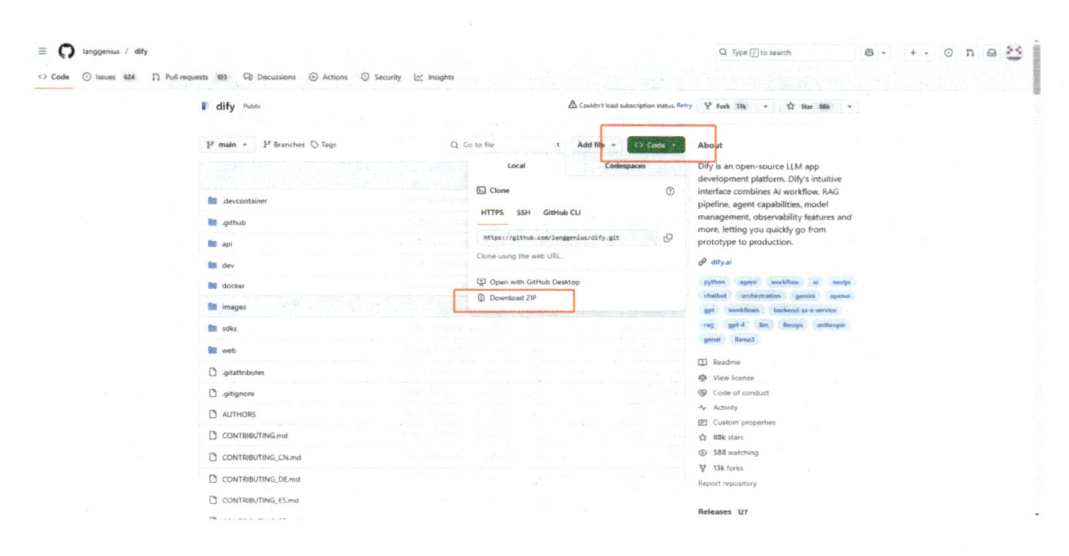

图 9.17　下载 Dify 项目压缩包

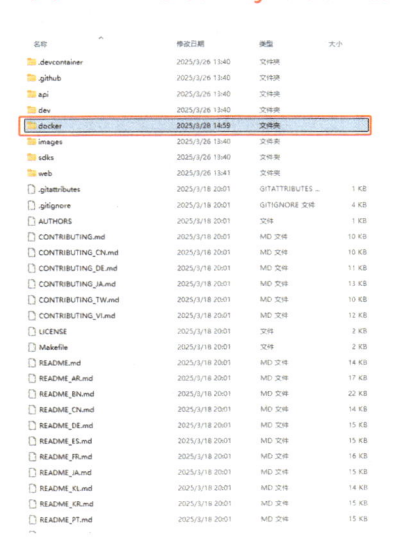

图 9.18　docker 文件夹

图 9.19　重命名

在该目录下，在右键菜单中选择"在终端中打开"选项，在命令行窗口中输入命令 docker compose up -d 运行 Docker 环境，如图 9.20 所示。耐心等待，成功后的界面如图 9.21 所示。回到 Docker 桌面客户端，可以看到所有 Dify 所需的环境都已经运行起来了，如图 9.22 所示。

图 9.20　运行 Docker 环境

图 9.21　运行 Docker 环境成功

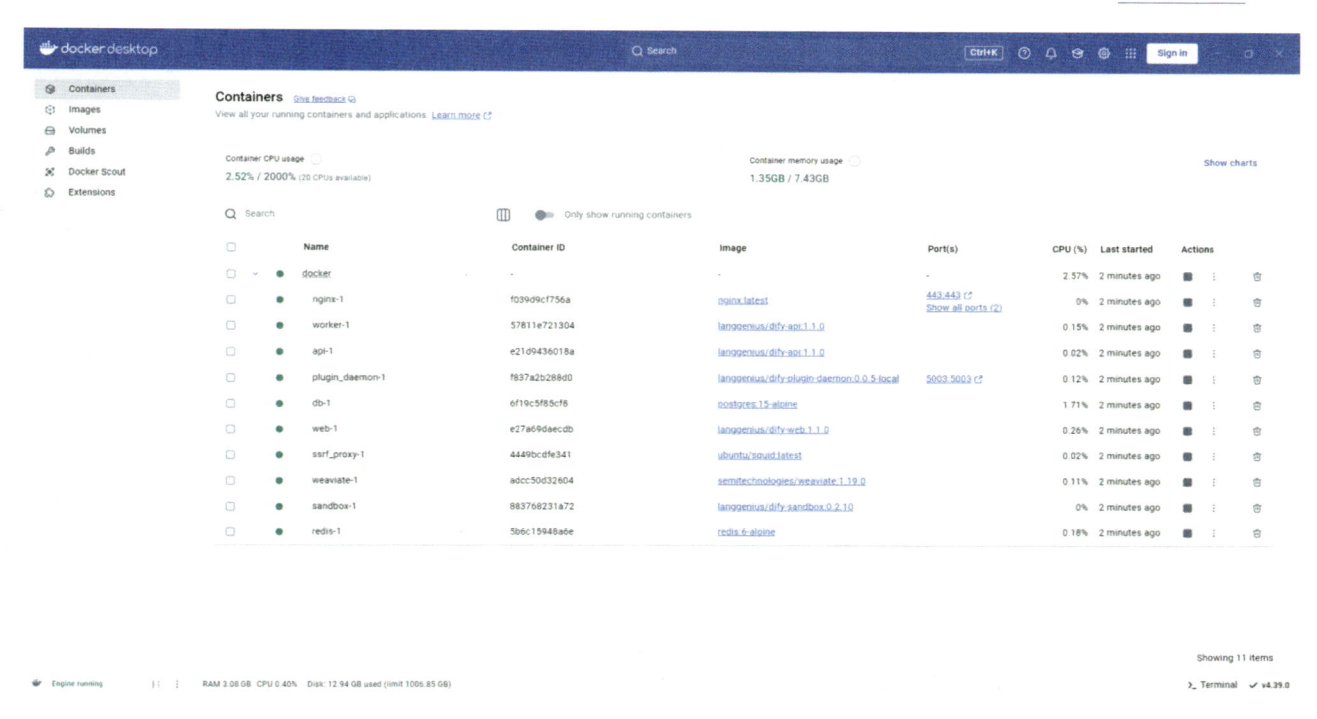

图 9.22　Dify 所需的环境运行成功

（3）安装 Dify。

在浏览器地址栏中输入 http://localhost/install 并开始安装 Dify。安装完成后，输入账户信息登录，如图 9.23 所示。登录成功后进入 Dify 主页，如图 9.24 所示。

图 9.23　Dify 登录界面

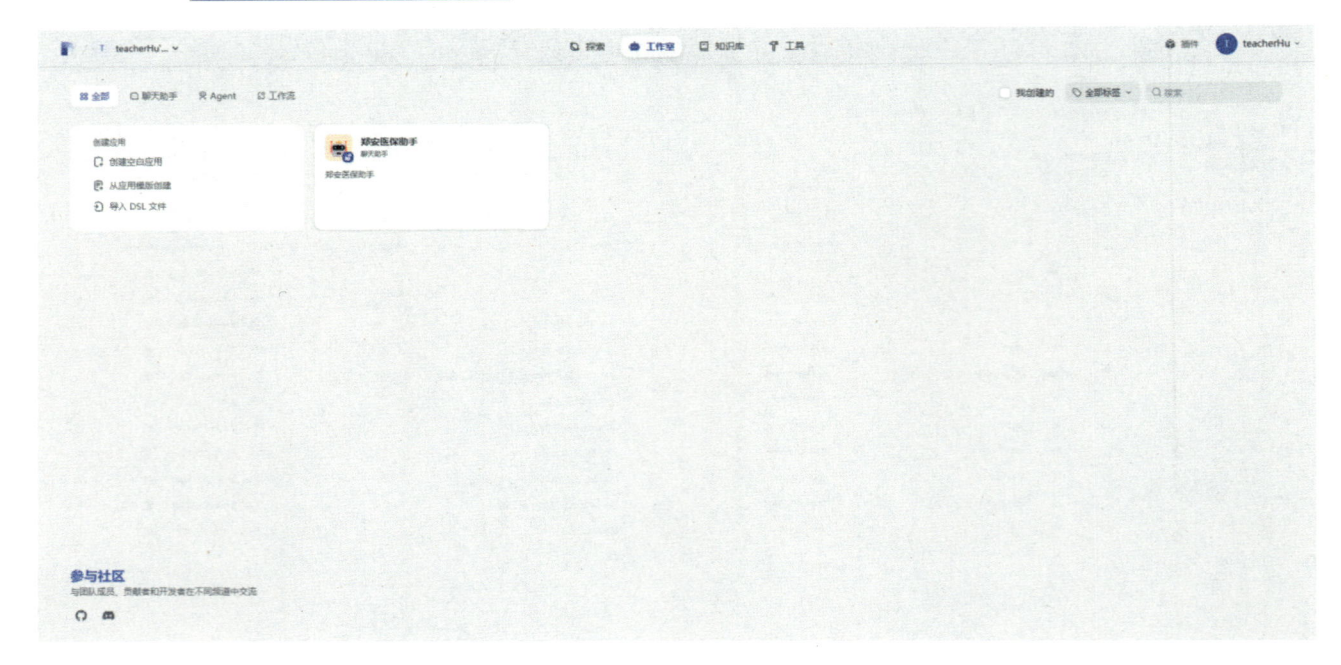

图 9.24　Dify 主页

3）将本地大语言模型与 Dify 进行关联

（1）配置 Dify。

由于 Dify 是通过 Docker 部署的，而 Ollama 运行在本地计算机上，需要确保 Dify 能够访问 Ollama 的服务。在 Dify 项目的 docker 文件夹中找到 .env 文件，并在文件末尾添加相应的配置信息，如图 9.25 所示。

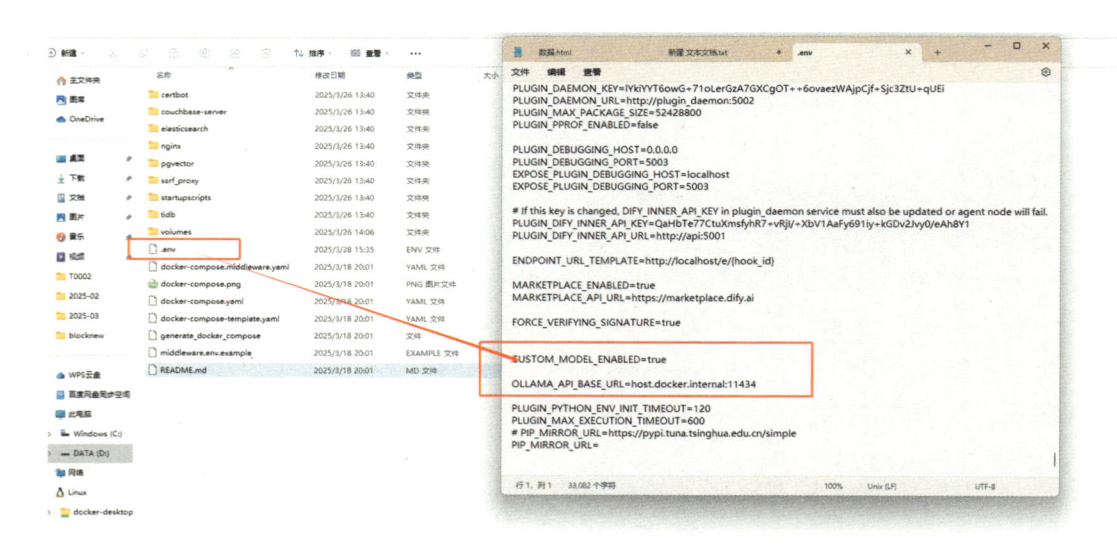

图 9.25　添加相应的配置信息

（2）配置大语言模型。

返回 Dify 主界面，单击右上角用户名下的"设置"按钮，如图 9.26 所示。单击"模型供应商"按钮，在模型列表中找到对应的 Ollama 选项，将与其对应的"添加模型"开关打开，如图 9.27 所示。填写 DeepSeek 模型信息后单击"保存"按钮，如图 9.28 所示。添加好模型后，刷新网页，单击右上角用户名下的"设置"按钮，在"模型供应商"界面中单击右侧的"系统模型设置"按钮，完成 Dify 与本地大语言模型的关联，如图 9.29 所示。

图 9.26　单击"设置"按钮

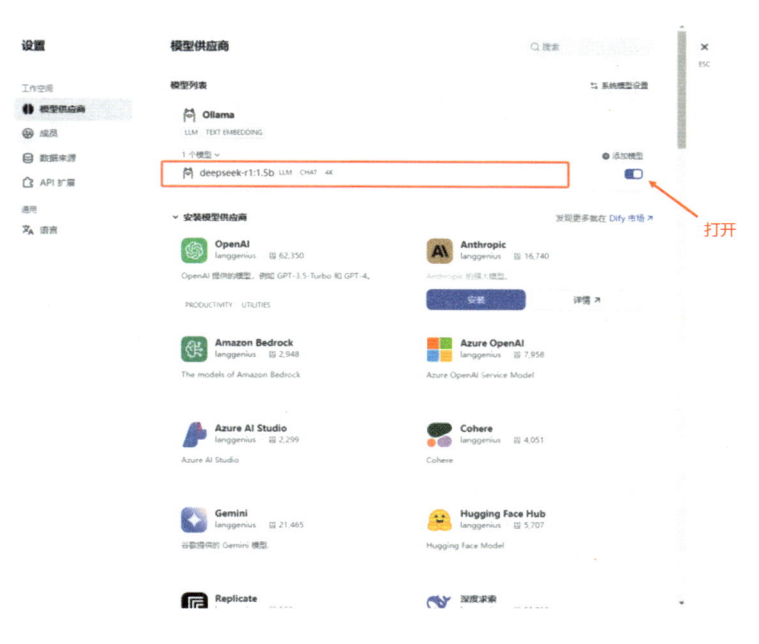

图 9.27　打开"添加模型"开关

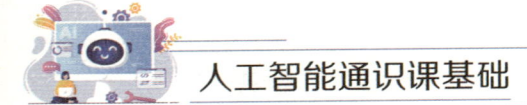

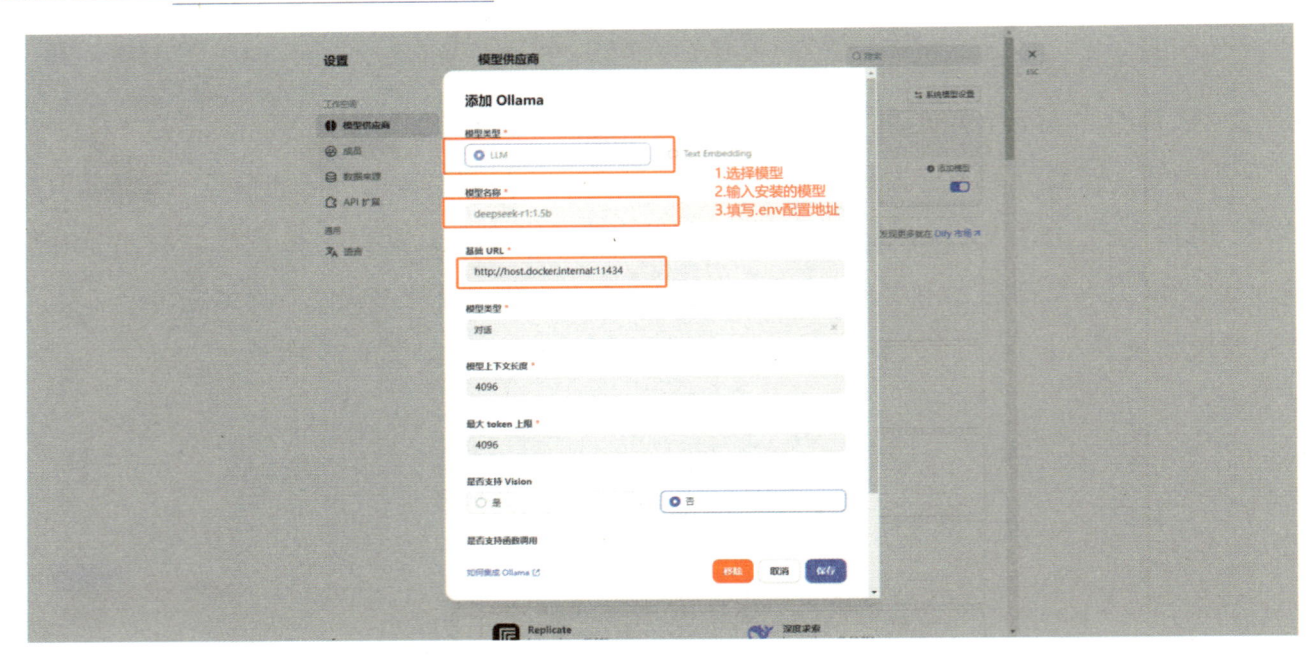

图 9.28　填写 DeepSeek 模型信息

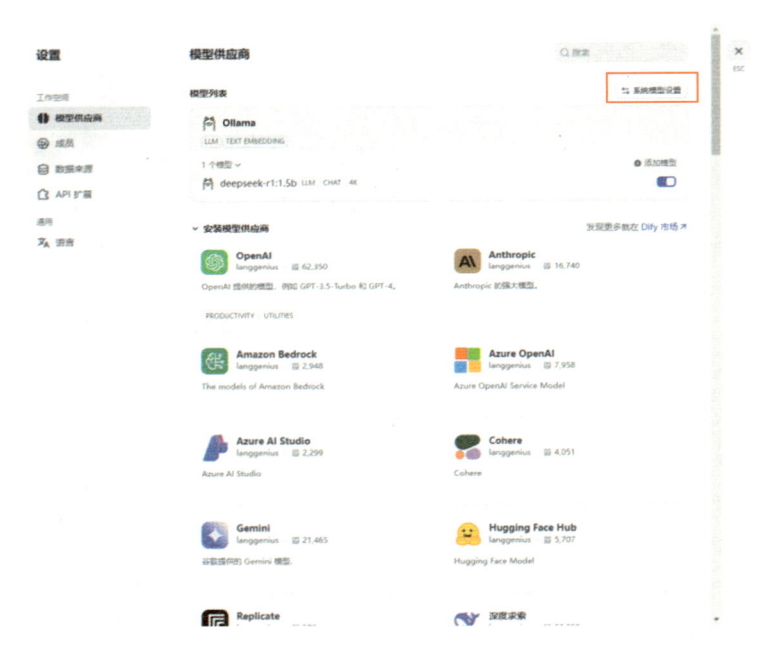

图 9.29　单击"系统模型设置"按钮

4）创建应用

（1）进入 Dify 主界面，单击"创建空白应用"按钮，如图 9.30 所示。

（2）在"创建空白应用"界面中，选择"聊天助手"作为应用类型，输入自定义的应用名称和描述，然后单击"创建"按钮，如图 9.31 所示。

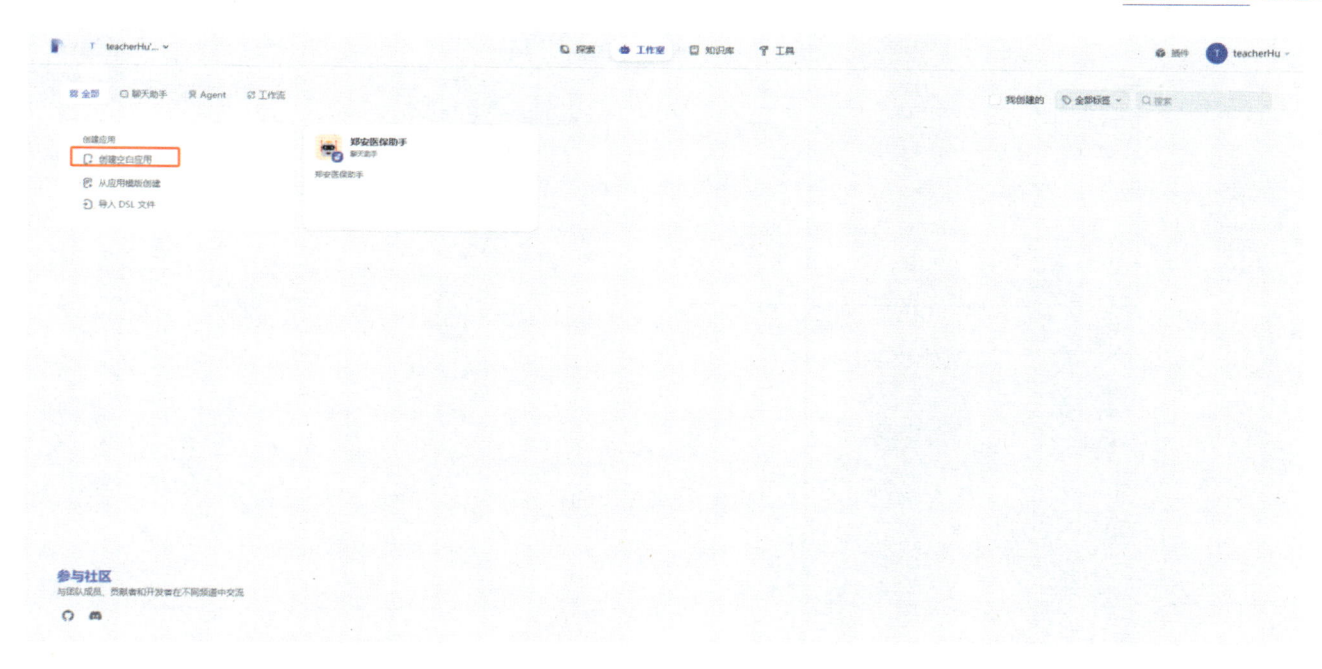

图 9.30　单击"创建空白应用"按钮

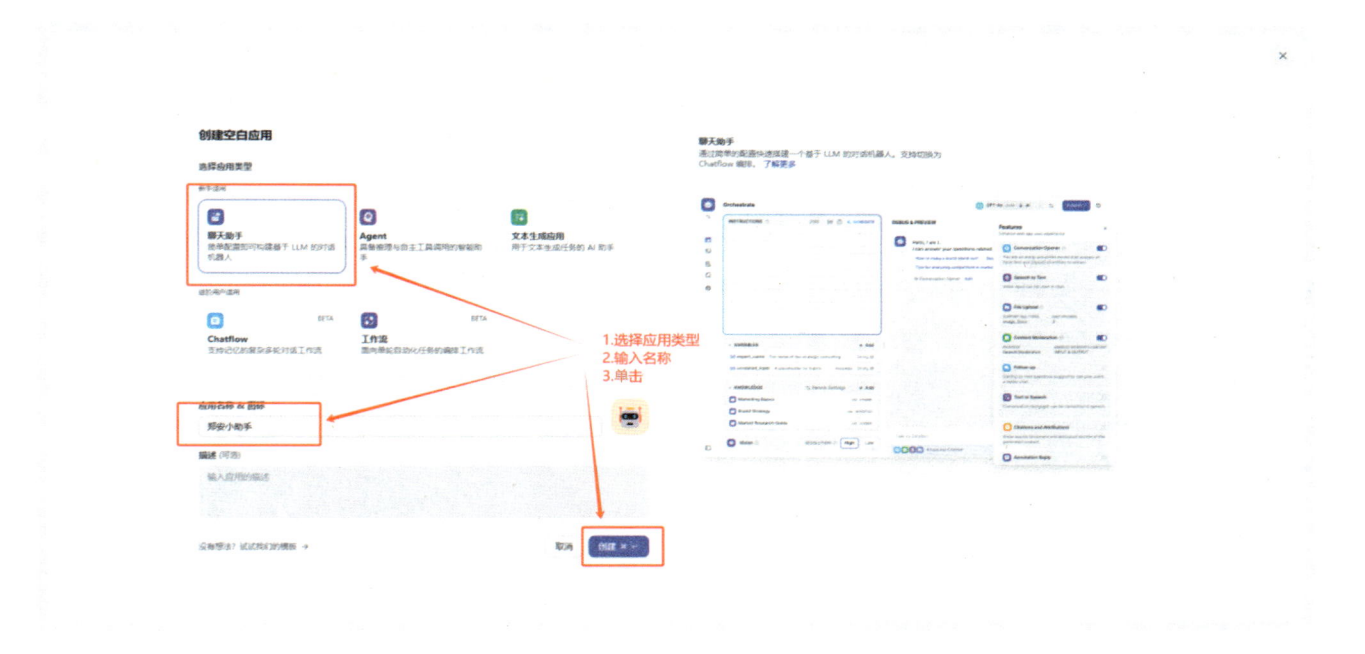

图 9.31　"创建空白应用"界面

（3）在应用配置界面中，从右上角的下拉菜单中选择合适的模型（如 DeepSeek 或 Ollama），并根据需要配置相关参数，如图 9.32 所示。

（4）在右下方对话框中输入问题，如"你是谁"，进行对话测试，以检验 Dify 与本地化部署的 DeepSeek 是否成功关联，并检查模型的响应是否正确，如图 9.33 所示。

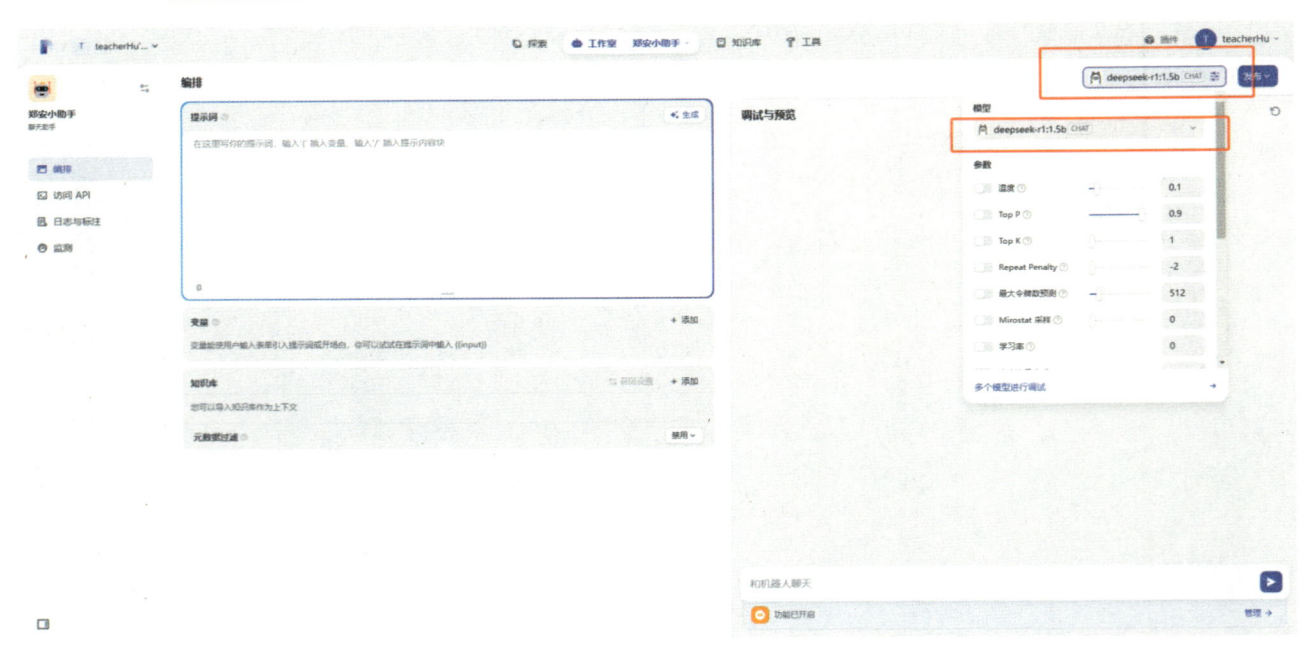

图 9.32　选择合适的模型

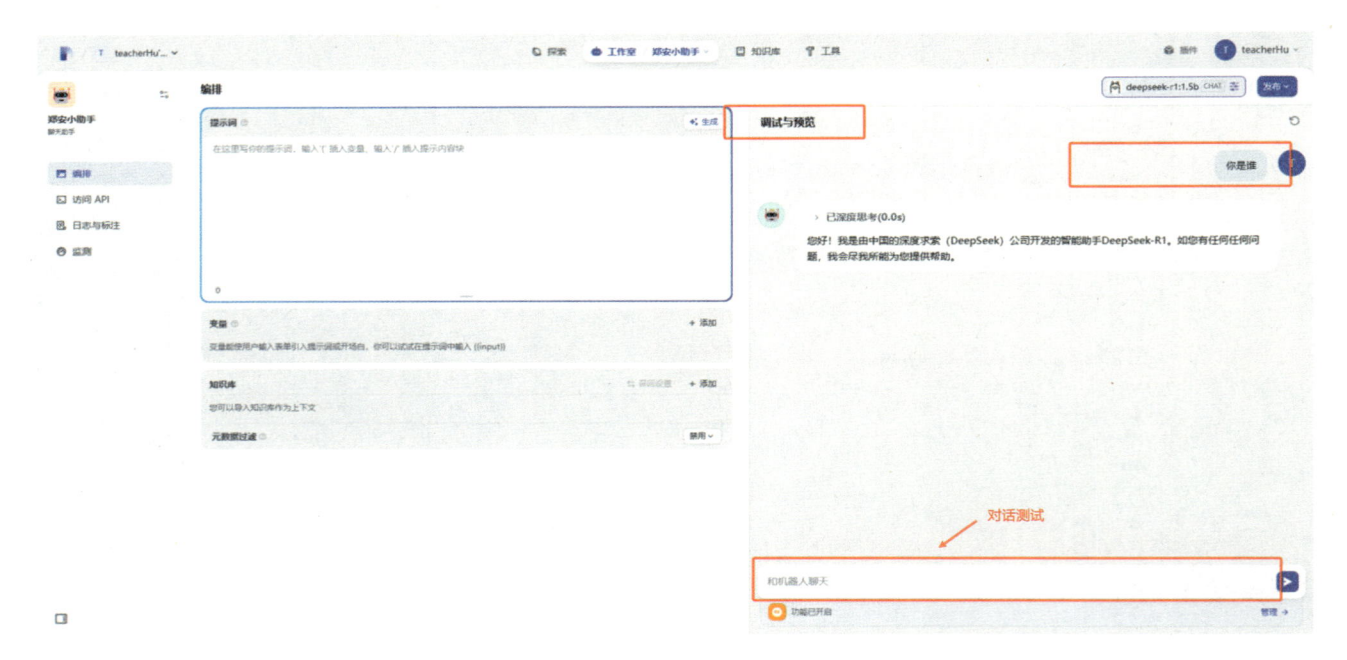

图 9.33　对话测试

5）创建知识库

（1）返回 Dify 主界面，在"知识库"选项卡中，单击"创建知识库"按钮，如图 9.34 所示。

（2）在"知识库"界面中，选择"导入已有文本"数据源，并上传所需的文本文件（支持 TXT、PDF、DOCX 等格式），如图 9.35 所示。

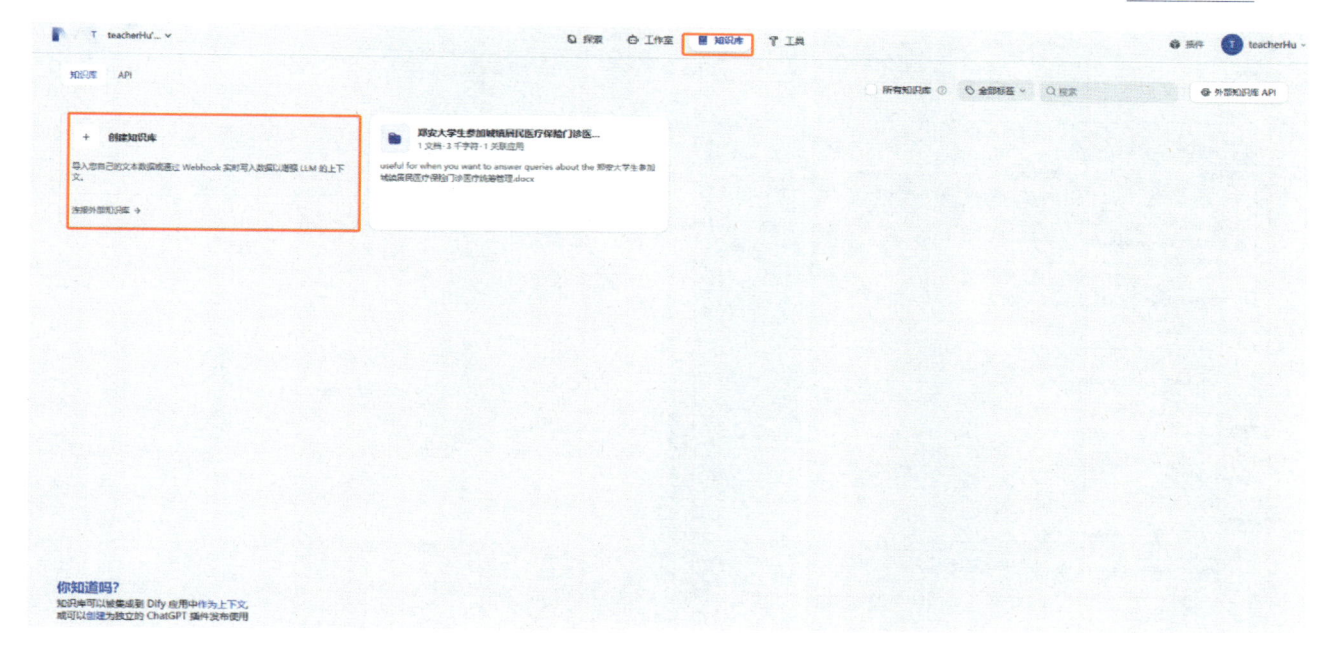

图 9.34　单击"创建知识库"按钮

图 9.35　选择数据源并上传文本文件

（3）单击"下一步"按钮，进入"文本分段与清洗"阶段，根据需要配置相关参数，如图 9.36 所示。选择合适的模型，然后单击"保存并处理"按钮，开始对知识库进行处理。

6）将知识库集成到对话上下文中

（1）在应用界面中，单击"添加知识库"按钮，弹出"选择引用知识库"对话框，将之前创建的知识库添加到当前对话的上下文中，如图 9.37 所示。

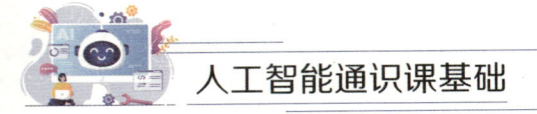

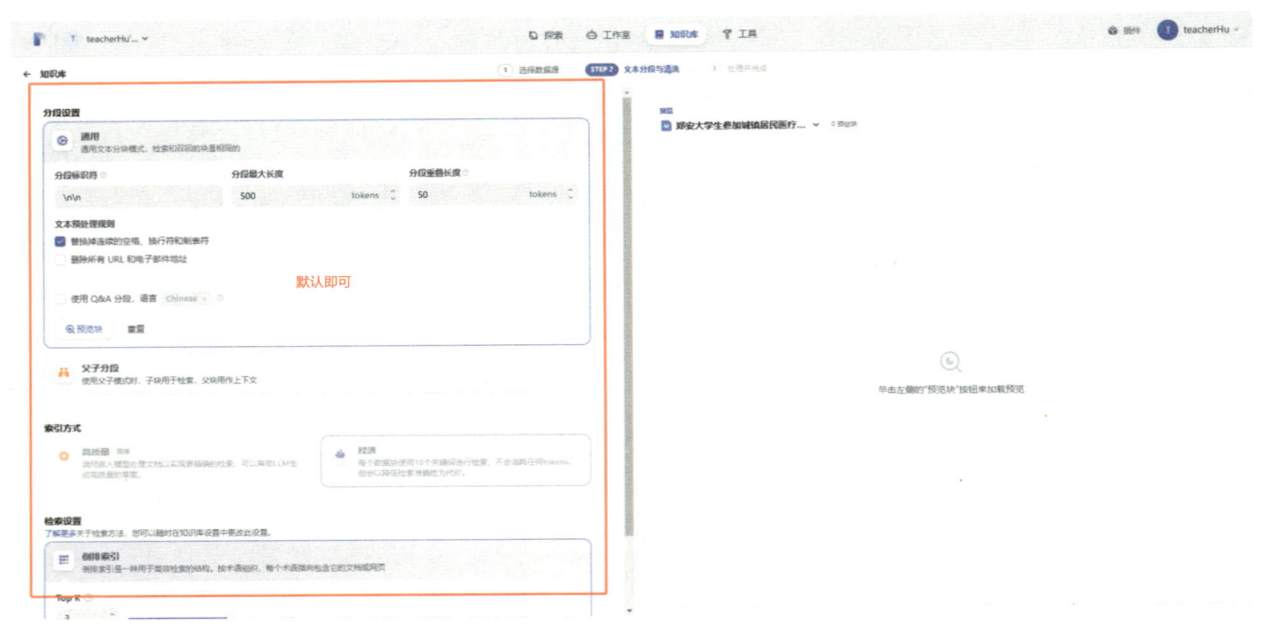

图 9.36　根据需要配置相关参数

图 9.37　添加知识库

（2）进行对话测试，如输入问题"保险对象是哪些人？"系统会结合知识库中的内容，给出详细的回答，如图 9.38 所示。这验证了知识库是否集成到对话上下文中，并能够提供准确的信息支持。

DeepSeek 的思考过程非常有特点，感觉就像有一位认真负责的人在仔细翻阅文档。它会把自己的查找和分析过程展示得很清楚，最后给出一个严谨的结论。如果你有一个专门的学术知识库，那么它不仅能帮助你查找信息，还能进行推理、思考和总结，使用起来非常方便。

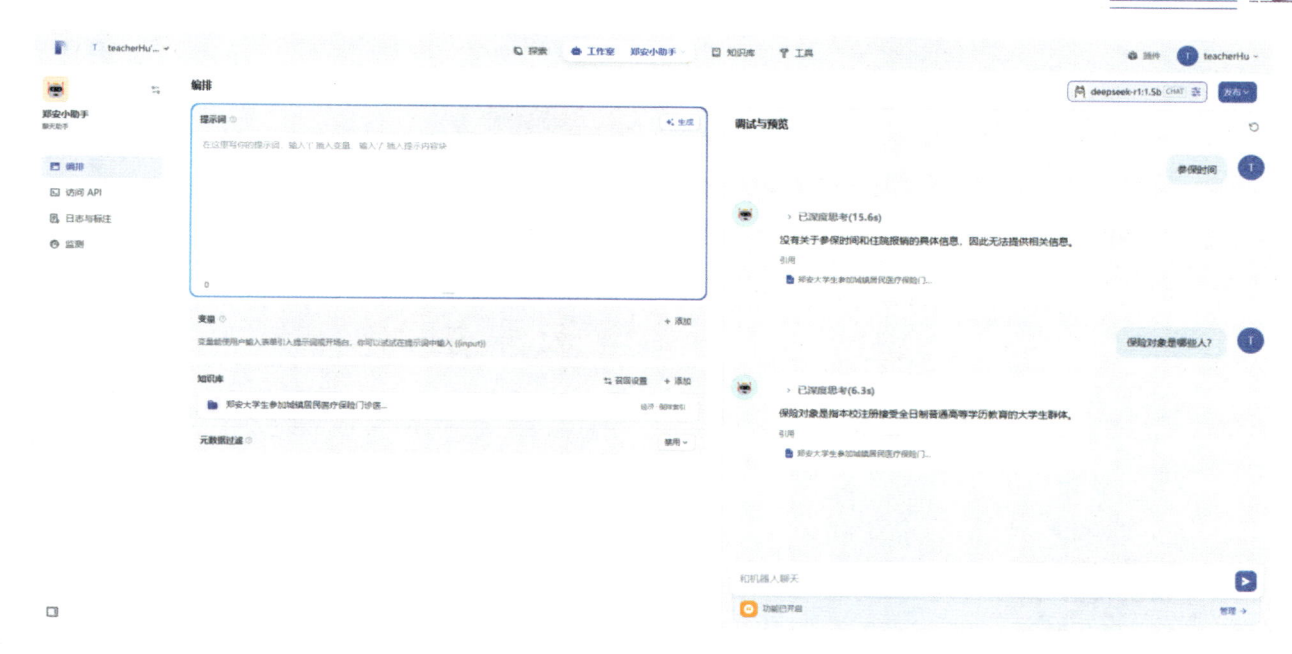

校园助手：私有化大模型推理应用　项目 9

图 9.38　对话测试

**练习与实践**

## 9.5　实践操作：创建一个校园助手

参考 DeepSeek 的本地化部署及知识库构建操作步骤，自行创建一个校园助手，用于处理日常校园生活问答，并制订学习计划、健身计划、阅读计划等，根据需要添加知识库内容。

## 9.6　小组讨论：DeepSeek 本地化部署中出现的问题及解决方案

分组讨论 DeepSeek 本地化部署中出现的问题和解决方案、使用过程中 AI 工具出现的差错，以及合理、有效使用 AI 工具的方法。

# 项目 10

## AIGC 伦理与未来展望

### 项目背景

想象一下，你是一位热爱写作的作家。某天，你发现一篇在网络上广受好评的文章竟然是由 AI 生成的，而且风格与你极为相似，甚至在某些段落中，连你自己都分不清是出自你手还是 AI 之作（见图 10.1）。这样的场景，是否让你既感到惊叹又略感不安？

图 10.1　豆包 AI 生成的虚拟场景图

随着人工智能技术的飞速发展，特别是 AIGC 技术的崛起，我们正处在一个前所未有的变革时代。AIGC 技术能够自动生成文本、图像、音频甚至视频等内容，极大地丰富了我们的数字世界。然而，当这些由 AI 生成的内容开始渗透到日常生活中，甚至在某些领域取代人类创作时，一系列伦理和未来发展问题也随之浮现。

例如，AI 生成的作品是否应该享有版权？如果 AI 能够创作出与人类作品难以区分的艺术作品，那么这些作品的归属权、使用权和收益权该如何界定？此外，AI 在生成内容的过程中，是否可能无意中传播偏见、误导公众或侵犯个人隐私？这些问题不仅关乎个人权益，更触及社会公平、文化多样性和人类创造力的本质。

## 项目分析

本项目通过通俗易懂的方式，介绍 AIGC 技术的伦理问题与风险分析，以及中国 AI 行业发展面临的机遇和挑战。同时，通过具体案例，深入探讨 AIGC 技术在实际应用中面临的版权问题与法律约束，并提出应对其伦理问题与化解风险的方案。

通过本项目的学习，我们将能够全面了解 AIGC 技术的伦理问题与未来发展趋势，掌握相关知识和技能，培养批判性思维、伦理意识和社会责任感，为未来 AI 技术的发展贡献自己的力量。

### 知识目标

- 了解 AIGC 技术涉及的伦理问题，如版权归属、隐私保护、文化多样性等。
- 熟悉中国 AI 行业的发展现状、政策支持和面临的挑战。

### 技能目标

- 能够分析 AIGC 技术在实际应用中可能遇到的伦理问题和法律风险。
- 能够通过具体案例，深入理解 AIGC 技术所面临的伦理挑战及其应对策略。
- 能够在小组讨论中积极发表观点，清晰表达自己对 AIGC 技术伦理问题的看法。

### 素养目标

- 培养对 AIGC 技术的批判性思维，理性看待其利弊。
- 增强伦理意识，自觉遵守相关法律法规和道德规范。
- 激发社会责任感，积极参与 AI 技术的伦理讨论和监管。

### 相关知识

## 10.1　AIGC 技术的伦理问题与风险分析

AIGC 技术的快速发展带来了前所未有的创意与效率，同时也引发了一系列伦理问题与风险。

### 1. 版权归属问题

AIGC 技术自动生成的文本、图像、音频和视频等内容的版权归属，已成为一个棘手的难题。例如，当 AI 生成了一幅与某知名画家风格极为相似的画作，并受到广泛赞誉时，这幅画的版权归属就变得模糊不清了。有人认为，这幅画是由 AI 创作的，因此版权应归 AI 的所有者或开发者所有；也有人认为，尽管这幅画是 AI 生成的，但其风格和内容明显受到人类艺术家的影响，因此版权应归属于相关艺术家或机构。

在实际操作中，版权归属问题往往涉及复杂的法律程序和利益纷争。为了解决这一问题，一些国家和地区已开始探索建立 AI 版权登记制度，以明确 AI 生成作品的版权归属。然而，这一制度在实际应用中仍面临诸多挑战。例如，界定 AI 生成作品的独创性，以及确定 AI 所有者的身份等。

### 2. 隐私保护风险

AIGC 技术在生成内容的过程中，通常需要收集和处理大量用户数据。这些数据可能包括用户的个人信息、偏好、行为习惯等敏感内容。如果这些数据被不当使用或泄露，则将对用户的隐私安全构成严重威胁。

例如，当 AI 生成个性化推荐内容时，可能会基于用户的浏览历史、购买记录等信息进行精准推送。然而，如果这些信息被第三方恶意获取，则用户可能面临诈骗、身份盗窃等风险。此外，一些 AI 生成的内容可能无意中泄露用户的个人隐私，如家庭住址、电话号码等敏感信息，进一步增加了隐私泄露的风险。

为降低此类风险，AI 开发者需加强对用户数据的保护与管理，采用严格的数据加密技术、访问控制机制和匿名化处理等手段，确保用户数据的安全性与隐私性。同时，政府和监管机构也应加强对 AIGC 技术的监管与审查，推动其合法、合规使用。

### 3. 文化多样性挑战

AIGC 技术的广泛应用可能会对文化多样性构成挑战。AI 生成的内容往往基于大量数据进行训练和学习，而这些数据可能主要来自特定的文化、地域或社会群体。因此，AI 生成的内容可能无意中反映出这些特定群体的偏好和价值观，从而忽视了其他群体的声音和需求。

例如，当 AI 生成新闻报道或社交媒体内容时，可能会依据主流媒体的报道倾向或社交媒体的热门话题进行创作。然而，这些倾向或话题往往仅反映了部分群体的观点与立场，忽略了其他群体的表达与诉求。这种现象可能导致文化多样性的削弱，并加剧社会分裂。

为了应对这一挑战，AI 开发者需要加强对多元文化的理解和尊重，努力收集和处理来自不同文化、地域和社会群体的数据，以确保 AI 生成的内容能够反映这些群体的声音和需求。同时，政府和教育机构也应加强对多元文化的宣传和教育，提高公众对文化多样性的认识和尊重。

### 4. 人类创造力影响

AIGC 技术的快速发展可能对人类的创造力产生深远影响。AI 生成的内容在某些方面可能超越人类的创作能力，如自动生成高质量的诗歌、音乐或艺术作品等。这可能会让一些人感到沮丧，甚至失去创作的动力。

同时，AIGC 技术也可以成为人类创造力发挥的助力。它可以帮助人类发现新的创作领域和风格，激发创作灵感与想象力。例如，AI 可以辅助人类进行创意构思、素材收集和内容优化等工作，从而提高创作效率与质量。

我们应正确看待 AIGC 技术对人类创造力的影响。一方面，应鼓励 AI 开发者加强技术研发与创新，以提升 AI 生成内容的质量与多样性；另一方面，也应加强对人类创造力的培养与教育，提升公众的创意素养与创新能力。

## 10.2 中国 AI 行业发展面临的机遇和挑战

随着中国经济的持续增长和科技实力的不断提升，中国 AI 行业正迎来前所未有的发展机遇，同时也面临着诸多挑战和问题。

## 1. 发展机遇

### 1）政策支持

中国政府高度重视 AI 技术的发展和应用，出台了一系列具有深远影响的政策措施以支持 AI 行业的快速发展。这些指导性文件明确了 AI 技术的发展方向和重点任务，为 AI 行业的蓬勃发展提供了坚实的政策保障。

《新一代人工智能发展规划》由国务院于 2017 年发布，标志着人工智能发展被正式上升为国家战略。该规划强调了人工智能在创新驱动发展战略中的重要地位，并提出了分阶段的发展目标，为 AI 行业的长期发展奠定了坚实基础。

《国家人工智能产业综合标准化体系建设指南（2024 版）》由工业和信息化部发布，该指南聚焦于产业标准化建设，旨在提升中国人工智能产业标准与科技创新的联动水平。到 2026 年，中国将新制定国家标准和行业标准 50 项以上，以引领人工智能产业的高质量发展。

《生成式人工智能服务管理暂行办法》由国家互联网信息办公室、国家发展改革委、教育部等多部委于 2023 年联合发布，该办法对利用生成式人工智能技术提供服务进行了规范，在鼓励技术创新的同时，也强调了保护个人信息和数据安全的重要性。

《人工智能安全治理框架》1.0 版由全国网络安全标准化技术委员会于 2024 年发布，该框架以鼓励人工智能创新发展为第一要务，提出了包容审慎、确保安全等一系列科学合理的治理原则，为人工智能的安全发展提供了全面且系统的指导。

还有一些地方层面的指导性文件，如北京市发布的《北京市推动"人工智能+"行动计划（2024—2025 年）》，旨在通过实施标杆型应用工程、示范性应用项目等，推动大模型技术创新与行业深度融合；上海市、广东省等地也结合自身优势，出台了一系列支持人工智能发展的政策措施。

此外，各级政府和部门还加大了对 AI 技术研发和应用的资金投入和政策扶持力度，如设立专项基金、提供税收优惠等，进一步促进了 AI 行业的快速发展。这些政策措施的实施，不仅为 AI 行业提供了广阔的市场空间和发展机遇，还推动了 AI 技术与各行各业的深度融合，加速了产业升级和经济社会的高质量发展。

### 2）市场需求

随着中国经济的转型升级和消费升级的加速推进，AI 技术在各个领域的应用需求不断增长。例如，在智能制造、智慧城市、智慧医疗等领域，AI 技术正在发挥着越来越重要的作用。此外，随着消费者对智能化产品和服务的需求持续增加，AI 技术逐渐渗透到人们的日常生活中，如智能家居、智能出行等。这些市场需求为中国 AI 行业的发展提供了广阔的市场空间和发展机遇。

#### 3）人才储备

中国拥有庞大的人才储备和科研实力，为 AI 行业的发展提供了有力的人才保障。近年来，中国政府加大了对高等教育和科研机构的投入力度，培养了一大批具有创新精神和实践能力的 AI 人才。同时，中国还积极引进海外高层次人才和团队，加强与国际先进水平的交流与合作。这些人才储备为中国 AI 行业的发展提供了源源不断的人才支持和创新动力。

### 2. 面临的挑战

#### 1）技术瓶颈

尽管中国在 AI 技术方面取得了显著进展，但仍存在一些技术瓶颈和难题需要攻克。例如，在算法优化、数据处理、模型训练等方面，中国与世界先进水平仍存在一定差距。此外，随着 AI 技术的不断发展，新的技术挑战和问题也不断涌现，如如何保障 AI 技术的安全性和可靠性、如何提高 AI 技术的自适应性和稳健性等。这些技术瓶颈和挑战制约了中国 AI 行业的进一步发展。

#### 2）数据安全与隐私保护

随着 AI 技术的广泛应用和数据量的持续增长，数据安全与隐私保护问题日益凸显。一方面，AI 技术在处理和分析大量数据时，可能面临数据泄露、被篡改或滥用等风险；另一方面，AI 技术在生成和使用个性化数据时，也可能侵犯用户的隐私和个人信息权益。这些问题不仅关乎用户的切身利益，还可能引发社会信任和伦理道德方面的争议和纠纷。因此，加强数据安全与隐私保护已成为中国 AI 行业亟待解决的重要课题。

#### 3）法律法规与伦理规范

随着 AI 技术的快速发展和应用领域的不断拓展，相关的法律法规和伦理规范尚不完善，甚至滞后于技术发展。这可能导致一些 AI 技术的应用存在法律空白或监管漏洞，从而引发一系列法律风险和伦理问题。例如，在自动驾驶、智能医疗等领域，AI 技术的应用可能涉及生命安全和人身健康等重大问题，需要严格的法律法规和伦理规范进行约束和规范。因此，加强法律法规建设和伦理规范引导成为中国 AI 行业发展的重要保障。

#### 4）国际竞争与合作

随着全球化的深入发展和国际竞争的加剧，中国 AI 行业在国际市场上的竞争压力不断增强。一方面，中国需要加强与国际先进水平的交流与合作，引进先进技术和管理经验；另一方面，中国也需要积极参与国际标准和规则的制定与修订工作，提升中国在国际 AI 领域的话语权和影响力。然而，在实际操作中，中国 AI 行业面临着国际贸易壁垒、知识产权保护等挑战和问题。这些挑战和问题制约了中国 AI 行业在国际市场上的竞争力和影响力。

为了应对上述挑战和问题，中国 AI 行业需要采取一系列措施。例如，加大技术研发和创新力度，突破技术瓶颈和难题；加强数据安全与隐私保护体系建设，提高用户信任度和满意度；完善法律法规和伦理规范体系，为 AI 技术的发展提供有力的法律保障和伦理引导；加强国际合作与交流，提升中国在国际 AI 领域的影响力和竞争力。同时，政府、企业和社会各界也需要共同努力，为 AI 行业的发展营造良好的政策环境和社会氛围。

## 项目实施

## 10.3 探讨 AIGC 技术在实际应用中面临的版权问题与法律约束

### 1. 讨论话题

（1）AIGC 技术生成的内容是否应享有版权？其版权归属应如何界定？
（2）在创作过程中，人类干预程度对版权归属有何影响？
（3）现有的版权法律体系是否足以应对 AIGC 技术带来的挑战？
（4）如何修改或完善现有法律以适应 AIGC 技术的发展？
（5）AIGC 技术生成的跨国内容如何处理版权问题？
（6）国际合作在解决跨国版权问题中的作用和挑战是什么？
（7）AIGC 技术引发了哪些具体的法律挑战？
（8）政府和行业应如何制定策略来应对这些挑战？

### 2. 相关分析

#### 1）AIGC 技术生成内容的版权归属争议

AIGC 技术通过复杂的算法和模型可自动生成文本、图像、音频和视频等多种类型的内容。但是，这些内容的版权归属却引发了广泛的争议。有人认为，AIGC 技术生成的内容应享有版权，因为它们是经过算法处理和优化后产生的独特作品；也有人认为，版权应归属于算法的开发者或数据的提供者，因为算法和数据是生成内容的基础。此外，人类干预程度在版权归属的判定中也起着重要作用。如果人类干预程度较高，则生成的内容可能被视为人类创作的作品；反之，则可能被视为由 AI 独立创作的作品。因此，在界定 AIGC 技术生成内容的版权归属时，需要综合考虑算法、数据、人类干预程度等多个因素。

### 2）现有法律体系对 AIGC 技术的适用性

现有的版权法律体系主要是基于人类创作的作品而建立的，对于 AIGC 技术带来的挑战显得力不从心，在界定 AIGC 技术生成内容的独创性、版权归属等方面存在困难。同时，随着 AIGC 技术的不断发展，生成内容的类型和数量都在持续增长，对版权保护的范围提出了新的要求。

### 3）跨国版权问题的复杂性

AIGC 技术生成的内容往往具有跨国性质，这使得跨国版权问题的处理变得更加复杂和困难。不同国家之间的法律差异、司法实践差异及国际合作机制的缺乏都可能导致跨国版权问题的处理出现争议或纠纷。为了应对这一挑战，需要加强国际合作，共同制定国际协议或推动建立国际合作机制，以协调不同国家之间的法律差异和司法实践。同时，也需要加强跨国版权保护的合作与协调，以确保 AIGC 技术生成的跨国内容能够得到有效的版权保护。

### 4）AIGC 技术带来的法律挑战与应对策略

AIGC 技术的快速发展不仅带来了创新，也引发了一系列法律挑战。为了应对这些挑战，政府和行业需要制定有效的策略。一方面，应完善法律体系，明确 AIGC 技术生成内容的版权归属和保护范围；另一方面，应加大监管和执法力度，打击侵权行为并维护市场秩序。此外，还可以通过技术创新来提高 AIGC 技术生成内容的独创性和质量，以减少版权争议并推动其健康发展。同时，加强公众教育和意识提升也是应对 AIGC 技术法律挑战的重要方面之一。通过普及版权知识、提升公众对 AIGC 技术的认知水平，可以增强公众的版权保护意识和能力，从而共同推动 AIGC 技术的健康发展。

## 10.4 发现技术的阴暗面，直面 AIGC 技术的伦理问题与风险

### 1. AI 生成艺术作品的版权争议案例

#### 1）案例背景

某知名艺术家发现自己的作品风格被一款 AI 软件模仿，并生成了一系列类似的艺术作品。这些作品在网络上迅速传播，获得了广泛关注和赞誉。然而，该艺术家认为 AI 软件侵犯了其版权，要求软件开发者停止使用并赔偿损失。

2）案例问题

（1）AI生成的艺术作品是否享有版权？其版权归属应如何界定？

（2）AI在生成作品时是否侵犯了艺术家的创作权和署名权？

3）案例分析

关于AI生成的艺术作品是否享有版权，目前法律界尚未达成共识。AI作为工具，其创作过程依赖于预设的算法和数据，缺乏人类的主观意识和创造性，这使得AI作品的版权归属变得模糊。不可忽视的是，AI在生成作品时确实融入一定的独创性元素，这些元素可能来源于对大量艺术作品的深度学习和分析。因此，界定AI作品的版权归属，需要综合考虑算法设计者的意图、数据提供者的贡献及AI在创作过程中的实际作用。

在探讨AI是否侵犯艺术家的创作权和署名权时，关键在于判断AI作品是否实质性地复制了艺术家的原创作品。如果AI作品仅仅是对艺术家风格的模仿，而未涉及具体作品内容的复制，那么其可能不构成对创作权的直接侵犯。但是，AI作品的广泛传播和获得的赞誉，无疑会对艺术家的市场利益和声誉造成影响。因此，艺术家有权要求AI软件开发者在使用其作品风格时给予适当的署名和补偿，以维护自己的合法权益。

4）应对策略

（1）建立明确的法律条款，界定AI生成作品的版权归属和保护范围。

（2）对AI软件的使用进行监管，确保其在合法范围内运行，并打击侵权行为。

（3）鼓励技术创新，提高AI生成作品的独创性和质量，以减少版权争议。

## 2. AI生成虚假新闻与误导公众案例

1）案例背景

某社交媒体平台使用AI技术自动生成新闻报道，然而这些报道中包含大量虚假信息和误导性内容。这些虚假新闻迅速传播，引发公众广泛关注和质疑。平台因此受到舆论的谴责和监管部门的处罚。

2）案例问题

（1）AI生成的新闻报道是否具备真实性和客观性？如何避免虚假新闻的产生？

（2）AI生成的虚假新闻是否侵犯了公众的知情权？如何保障公众的知情权？

3）案例分析

AI技术在新闻报道领域的应用，虽然提高了新闻生产的效率和覆盖面，但同时也带来了虚假新闻和误导公众的风险。AI生成的新闻报道，由于缺乏人类记者的实地采访和核实，往往难以保证新闻的真实性和客观性。为了避免虚假新闻的产生，需要建立严格的新闻审核机制和事实核查流程。这包括利用自然语言处理等技术手段对新闻内容进行语义分析和情感分析，以及引入第三方机构对新闻进行独立核实。

AI 生成的虚假新闻不仅损害了新闻媒体的公信力，还严重侵犯了公众的知情权。为了保障公众的知情权，需要加强对 AI 新闻报道的监管力度，明确责任主体和处罚措施。同时，提高公众的信息素养和辨别能力也是至关重要的。公众应该学会从多个渠道获取信息，对新闻内容进行理性分析和判断，避免被虚假新闻所误导。

4）应对策略

（1）对 AI 生成的新闻报道进行严格的审核和监管，确保其真实性和客观性。

（2）增加 AI 生成新闻报道的透明度，公开其生成过程和算法原理，以便公众进行监督。

（3）建立便捷的举报机制，鼓励公众对虚假新闻进行举报和投诉。

## 3. AI 生成内容的文化同质化与多样性丧失案例

1）案例背景

某电商平台使用 AI 技术为用户推荐商品，然而这些推荐内容往往集中在少数几个品牌和款式上，导致用户所见商品推荐高度同质化。这引发了用户对文化多样性丧失的担忧。

2）案例问题

（1）AI 生成的内容是否会导致文化同质化和多样性丧失？如何保护文化多样性？

（2）AI 生成的内容是否限制了用户的选择权？如何保障用户的个性化需求？

3）案例分析

AI 技术在推荐系统中的应用，虽然提高了用户体验，但同时也带来了文化同质化与多样性丧失的问题。AI 通过分析用户的历史行为和偏好，为用户推荐相似的商品和内容，导致用户所见推荐内容高度同质化。为了保护文化多样性，需要优化 AI 推荐算法的设计，引入更多的多样性与创新性元素。例如，可以通过增加推荐内容的来源和类型，以及引入用户反馈机制来调整推荐策略，以满足用户对不同文化和风格的需求。

AI 生成内容的同质化还限制了用户的选择权，使用户难以接触多样化的商品和内容。为了保障用户的个性化需求，需要建立更加开放和透明的推荐系统，让用户能够了解推荐内容的来源和依据，并根据自身兴趣和需求进行选择和调整。同时，加强用户隐私保护和数据安全也是保障用户选择权的重要方面。

### 4）应对策略

（1）在训练 AI 模型时，使用更加多样化的数据，以确保生成内容的多样性。

（2）优化推荐算法，使其能够更好地反映用户的个性化需求和偏好。

（3）建立用户反馈机制，鼓励用户对推荐内容进行评价和反馈，以便不断优化推荐算法。

## 4. AI 生成内容对人类创造力的影响案例

### 1）案例背景

某文学网站使用 AI 技术自动生成小说章节，这些章节在风格和情节上与人类作者的作品具有高度相似性。这一现象引发了人类作者的担忧和不满，他们担心 AI 技术将取代其创作地位。

### 2）案例问题

（1）AI 生成的内容是否会对人类创造力产生负面影响？如何平衡 AI 与人类作者的创作地位？

（2）AI 生成的内容是否会影响对人类作者的创作激励？如何保障人类作者的创作权益？

### 3）案例分析

AI 技术在文学创作领域的应用，提高了创作效率并降低了创作门槛，同时也引发了关于人类创造力是否会被取代的担忧。AI 通过学习和模仿人类作品，能够生成与人类作者风格相似的文学作品。然而，目前 AI 的创作过程缺乏人类的情感和创造力，这使得其作品往往缺乏深度和内涵。因此，AI 生成的内容虽然对人类创造力构成一定挑战，但并不会完全取代人类的创作地位。

为了平衡 AI 与人类作者的创作地位，需要建立合理的激励机制和评价体系。这包括为 AI 作品设定明确的版权归属和使用权限，以及为人类作者提供足够的法律保障和经济激励。同时，鼓励 AI 与人类作者之间的合作和创新也是至关重要的。通过结合 AI 的效率和人类的创造力，可以推动文学创作的繁荣和发展，为读者提供更加丰富多样的文学体验。

### 4）应对策略

（1）明确 AI 技术在创作领域中的定位和作用，避免与人类作者产生直接竞争。

（2）鼓励 AI 技术与人类作者之间的合作与共赢，共同推动文学创作的繁荣和发展。

（3）建立合理的激励机制，保障人类作者的创作权益和创作激励。

# 练习与实践

## 10.5 案例分析：AIGC 技术在不同领域的应用及其社会影响

### 1. 案例及要求

阅读以下案例。

案例一：AIGC 技术在个性化医疗方案中的应用。

在医疗领域，AIGC 技术正逐步渗透至个性化医疗方案的制定中。以一家前沿的生物科技公司为例，该公司利用深度学习算法分析患者的基因组数据、生活习惯、病史等多维度信息，结合庞大的医疗知识图谱，自动生成个性化的治疗建议和健康管理计划。AIGC 系统能够识别患者特定的生理特征，预测其对不同药物的反应，从而推荐最有效的治疗方案。此外，该系统还能根据患者的反馈动态调整方案，实现治疗过程的持续优化。

案例二：AIGC 技术在音乐创作中的应用。

AIGC 技术在娱乐领域的应用日益广泛，尤其是在音乐创作方面。一款名为 AI Composer 的软件通过分析大量音乐作品，学习不同风格、流派的音乐结构和元素，自动生成具有创意和个性的音乐片段乃至完整曲目。用户可以根据需求设定音乐的情感、节奏、乐器组合等参数，AI 则据此创作出符合要求的音乐作品。

案例三：AIGC 技术在新闻报道中的应用。

在媒体领域，AIGC 技术正被用于新闻报道的自动化生成。新闻机构利用自然语言处理（NLP）和机器学习技术，结合实时数据分析和事件追踪，能够迅速生成包含关键信息、数据图表和背景资料的新闻报道。这些报道不仅速度快，而且能够根据读者偏好进行个性化定制。

分析每个案例中 AIGC 技术的引入产生的正面和负面影响。

综合各案例分析，总结 AIGC 技术跨领域应用的一般规律，以及对社会影响的普遍性认识，并提出个人见解或反思。

### 2. 评分标准

按表 10.1 对案例分析的效果进行评分。

表 10.1 评分标准

| 评分项 | 分值 | 标准 |
| --- | --- | --- |
| 社会影响分析的深度与全面性 | 50 分 | 分析全面，涵盖正面与负面影响；逻辑清晰，论据充分 |
| 总结与反思的质量 | 50 分 | 总结到位，反思深刻；能提出有见地的观点或建议 |

## 10.6 小组讨论：讨论 AIGC 技术对社会的影响，探讨未来发展方向与应对策略

### 1. 具体要求

每位小组成员需事先准备关于 AIGC 技术对社会的影响、潜在风险及个人见解的相关材料。

小组讨论时，应鼓励开放思维，尊重每位成员的意见，促进建设性对话，确保讨论氛围积极而富有成效。

建议按如下流程展开讨论。

（1）每位成员轮流就 AIGC 技术对社会的影响进行 3~5 分钟的陈述。

（2）围绕 AIGC 技术的正面影响、潜在风险、未来发展趋势和应对策略进行深入讨论。

（3）小组共同总结讨论成果，形成共识或不同观点的记录。

（4）根据讨论内容，撰写一份小组讨论报告，内容应包括讨论要点、共识、分歧及小组建议。

### 2. 评分标准

按表 10.2 对小组讨论的效果进行评分。

表 10.2 评分标准

| 评分项 | 分值 | 评价标准 |
| --- | --- | --- |
| 个人准备充分度 | 20 分 | 准备材料内容丰富，观点明确，与讨论主题紧密相关 |
| 讨论参与度与贡献 | 30 分 | 积极参与讨论，发言质量高；有效促进小组讨论深度与广度 |
| 观点整合与报告质量 | 30 分 | 报告结构清晰，内容全面；准确反映小组讨论核心观点与共识；合理呈现分歧部分 |
| 创新性与实用性 | 20 分 | 见解、建议具有创新性；考虑实施可行性与实用性 |